普通高等教育统计与大数据专业"十三五"规划教材

数据挖掘方法与应用

徐雪琪　编著

清华大学出版社

北　京

内容简介

本书以应用为导向介绍数据挖掘的相关工具、理论和方法,包括数据挖掘概述、数据挖掘工具、数据与数据平台、数据预处理、关联分析、决策树、贝叶斯分类和神经网络。通过循序渐进地讲解数据挖掘可使用的工具、数据存储及分析环境、原始数据可能存在的问题及相应的预处理方法、数据挖掘经典算法等相关知识,使读者对数据挖掘有整体的认识和了解。此外,本书以解决问题为目的,结合实例阐述了使用IBM SPSS Modeler 和 R 软件进行数据挖掘的方法与步骤,便于读者更好地理解和掌握。

本书可作为统计学、大数据等相关专业高年级本科生及硕士研究生数据挖掘课程的教材,也可作为其他数据挖掘爱好者的参考用书。

图书在版编目(CIP)数据

数据挖掘方法与应用 / 徐雪琪 编著. —北京:清华大学出版社,2020.6(2024.1重印)
普通高等教育统计与大数据专业"十三五"规划教材
ISBN 978-7-302-55062-4

Ⅰ.①数… Ⅱ.①徐… Ⅲ.①数据采集—高等学校—教材 Ⅳ.①TP274

中国版本图书馆 CIP 数据核字(2020)第 039854 号

责任编辑:崔 伟
装帧设计:马筱琨
责任校对:牛艳敏
责任印制:丛怀宇

出版发行:清华大学出版社
　　　　网　　　址:https://www.tup.com.cn,https://www.wqxuetang.com
　　　　地　　　址:北京清华大学学研大厦 A 座　　　　邮　　编:100084
　　　　社 总 机:010-83470000　　　　邮　　购:010-62786544
　　　　投稿与读者服务:010-62776969,c-service@tup.tsinghua.edu.cn
　　　　质 量 反 馈:010-62772015,zhiliang@tup.tsinghua.edu.cn
印 装 者:三河市春园印刷有限公司
经　　销:全国新华书店
开　　本:185mm×260mm　　　印　　张:17.5　　　字　　数:426 千字
版　　次:2020 年 8 月第 1 版　　　印　　次:2024 年 1 月第 4 次印刷
定　　价:55.00 元

产品编号:083786-02

前　言

数据挖掘出现于 20 世纪 80 年代后期，随着信息化技术的持续发展，它不断汲取统计学、机器学习、数据库技术、人工智能、模式识别和数据可视化等多学科领域的知识，无可争议地成为当今利用大数据分析获取知识的核心利器。

本教材是浙江省"十三五"优势专业(经济统计学)、浙江省一流学科(统计学)、浙江省优势特色学科(统计学)、浙江省普通高校新形态教材项目的建设成果之一，具有以下显著特点：

(1) 重视数据挖掘项目实现的整个流程。本教材除了包含数据挖掘的经典理论与方法，还详细介绍了数据挖掘工具、挖掘的数据类型和存储环境、大数据平台及数据预处理方法。

(2) 重视数据挖掘理论和方法的基本思想。本教材在不失严谨的前提下，略过了一些复杂程度高，但又不影响理解的数学推导，将各个知识点言简意赅地阐述透彻。

(3) 重视实际案例应用及实现。本教材中每类经典方法都结合多个案例，以运用恰当的方法解决实际问题为导向，以培养分析问题能力为重点，详细介绍 IBM SPSS Modeler 和 R 软件的实现过程。

(4) 重视自主学习能力的培养。为使学生较好地掌握教材内容，又考虑到相关理论和方法的不断丰富与发展，每章最后都给出练习与拓展题，便于有兴趣的学生进一步思考与学习。

本教材共分为 8 章：第 1 章为数据挖掘概述，主要介绍数据挖掘的发展历程、相关技术与发展趋势等；第 2～3 章主要介绍数据挖掘工具、数据类型及数据平台；第 4 章介绍数据预处理相关技术；第 5～8 章介绍了各种数据挖掘经典算法原理、案例应用及实现。

本教材主要针对统计学、大数据相关专业的高年级本科生和硕士研究生编写，以学生深入理解并掌握数据挖掘的基本方法、了解相关的应用环境、熟练运用相关软件进行数据挖掘为目标，也可作为其他各专业读者学习数据挖掘方法与应用的教材或参考书。

本教材教学资源丰富，以二维码形式链接教学课件、拓展阅读资料、每章课后自测题、案例数据、IBM SPSS Modeler 分析数据流、R 软件代码等数字资源，将教材与教学资源两者融合，实现线上线下学习高度结合。

本教材由浙江工商大学徐雪琪副教授结合十多年的教学工作经验编写而成。结合笔者的教学实践，以 48 学时为例(一学期 16 周，每周 3 学时)，本教材的理论教学内容可安排 30 或 33 学时，第 5～8 章的应用部分可安排 15 或 18 学时实验教学。在编写过程中，笔者参考了国内外数据挖掘领域许多学者的研究成果，在此深表谢意！

笔者虽已尽心竭力，但限于水平和时间仓促，书中谬误之处在所难免，敬请读者批评指正。

教学资源包　　　　　　　　数据流及 R 代码说明

徐雪琪

2021 年 1 月

目　　录

第 *1* 章

数据挖掘概述

本章内容
- 数据挖掘的产生与发展
- 数据挖掘过程
- 数据挖掘功能与使用技术
- 数据挖掘应用

━━━━━ 绕不开的传说：啤酒和尿布 ━━━━━

不管真相如何，啤酒和尿布的传说已被写入数据挖掘发展的历史。过去几年，在介绍数据挖掘的不同场合及许多出版物上，不断有人以此为例。

据说在 20 世纪 90 年代，沃尔玛对其在美国本土超市的销售数据展开研究，结果发现，和尿布一起购买次数最多的商品竟然是啤酒！啤酒和尿布，似乎风马牛不相及，沃尔玛管理层对这个结果产生了疑问：真是这样吗？为什么？于是决定对同时购买过啤酒和尿布的客户进行电话回访，询问其为什么会同时购买。答案是一些年轻的爸爸在下班途中经常会接到妻子的电话，要求其回家时顺便购买孩子的尿布，有 30%~40%的爸爸会顺便买点啤酒犒劳自己。证实了这个规律后，管理层就把啤酒和尿布摆放在一起进行销售，不出意料，销售量双双增加。

1.1　数据挖掘的产生与发展

自 20 世纪 60 年代以来，随着信息技术的飞速发展，数据库及数据仓库技术被广泛应用，遍及超级销售市场、银行、天文学研究、医学研究以及政府部门等各个领域。以全球最大的零售企业沃尔玛为例，其创始人山姆·沃尔顿非常重视信息的沟通和信息系统的建设，早在 1969 年，便购买第一台计算机用来支持公司日常业务。20 世纪 70 年代，沃尔玛建立了物流的管理信息系统(management information system，MIS)。20 世纪 80 年代初，沃尔玛与休斯公司合作发射物流通信卫星，实现了全球联网；1983 年开始使用 POS 机；1985 年建立了电子数据交换系统(electronic data interchange，EDI)，开始无纸化作业，所有信息全部在电脑上运作；1986 年建立了快速反应系统(quick response，QR)用于订货业务和付款通知业务。20 世纪 90 年代，沃尔玛开始采用全球领先的卫星定位系统(GPS)，控制公司物流。由此，沃尔玛成为全球第一个实现集团内部 24 小时计算机物流网络化监控的企业，使采购、库存、订货、配送和销售一体化。信息化建设，使沃尔玛积累了大量的各类业务数据，但是我们知道，数据作为一种资源，本身并没有什么直接的价值，有价值的是从中所能获得的信息和知识。数据挖掘正是基于这种需要而产生、发展起来的，如图 1.1 所示。

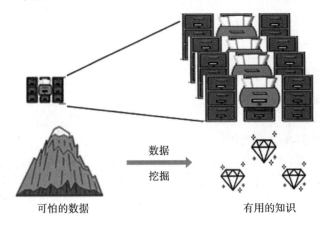

可怕的数据　　数据挖掘　　有用的知识

图 1.1　数据挖掘产生示意图

1.1.1　数据挖掘概念的提出

1. KDD 国际学术会议

1989 年 8 月在美国底特律召开的第 11 届国际联合人工智能学术会议(IJCAI-89)上，Gregory Piatetsky-Shapiro 组织了"数据库中的知识发现"(KDD：Knowledge Discovery in Database)专题讨论会。该讨论会的重点是强调发现的方法以及发现的知识两个方面，这是基于数据挖掘概念的首次国际学术会议。

随后在 1991、1993 和 1994 年都举行了 KDD 专题讨论会，来自各个领域的研究人员和应用开发者集中讨论了数据统计、海量数据分析算法、知识表示和知识运用等问题。随着参与科研和开发人员的不断增加，国际 KDD 组委会于 1995 年把专题讨论会发展成为国际年会。在加拿大的蒙特利尔市召开了第 1 届 KDD 国际学术会议，会议全称为 ACM SIGKDD(Special Interested Group on Knowledge Discovery in Databases)International Conference on Knowledge Discovery and Data Mining，是世界数据挖掘领域的顶级学术会议。在这次会议上，"数据挖掘"(data mining)概念第一次由 Usama M. Fayyad 提出。Fayyad 同时界定了数据挖掘的内涵，指出数据挖掘是从大量的、不完全的、有噪声的、模糊的、随机的数据中，提取隐含在其中的、有效的、新颖的、潜在有用的并且最终可理解的模式的非平凡过程。以后每年召开一次，参加人数由几十人发展到上千人，研究重点也逐渐从发现方法转向系统应用，并且注重多种发现策略和技术的集成，以及多种学科之间的相互渗透。其中，1997 年第 3 届 KDD 国际学术大会上进行的数据挖掘工具的竞赛评奖活动，就是一个生动的证明。1998 年，在美国纽约举行的第 4 届 KDD 国际学术会议上，与会者不仅进行了学术讨论，而且领略了 30 多家软件公司展示的数据挖掘软件产品。第 25 届 ACM SIGKDD 于 2019 年 8 月 4 日至 8 日在美国阿拉斯加安克雷奇市举行。

KDD 2020 简介

2. 其他国际性数据挖掘年会

除了美国人工智能协会主办的 KDD 年会外，还有许多国际性数据挖掘年会，包括 ICDM、SDM、PAKDD、PKDD 等。ICDM(IEEE International Conference on Data Mining) 是由 IEEE(Institute of Electrical and Electronics Engineers) 组织主办的国际数据挖掘会议，会议涉及数据挖掘的所有内容，包括算法、软件、系统及应用，从 2001 年开始，每年召开一次，第 19 届会议于 2019 年 11 月 8 日至 11 日在中国北京举行。SDM(SIAM International Conference on Data Mining) 是 SIAM(Society for Industrial and Applied Mathematics) 组织召开的数据挖掘讨论会，2001 年 4 月召开第 1 届讨论会，专注于科学数据的数据挖掘，以后每年召开一次，第 19 届会议于 2019 年 5 月 2 日至 4 日在加拿大艾伯塔省的卡尔加里市举行。PAKDD(Pacific-Asia Conference on Knowledge Discovery and Data Mining) 是亚太平洋地区数据挖掘年会，从 1997 年开始，每年召开一次，第 23 届会议于 2019 年 4 月 14 日至 17 日在中国澳门举行。PKDD(European Symposium on Principles of Data Mining and Knowledge Discovery) 是欧洲数据挖掘会议，也是从 1997 年开始，每年召开一次。但是从 2008 年开始，PKDD 已和欧洲机器学习会议(European Conference on Machine Learning，ECML) 合并，称为 ECML PKDD，2019 年 ECML PKDD 于 9 月 16 日至 20 日在德国维尔茨堡举行。

1.1.2　数据挖掘系统的发展

数据挖掘技术所表现出的广阔应用前景及其所蕴含的巨大商业价值，吸引了国内外众多研究人员和商业机构从事数据挖掘系统的理论研究和原型开发。

1. 四代数据挖掘系统：基于技术角度的划分

从数据挖掘系统研究的技术角度看，早在 1998 年，Grossman 就提出把数据挖掘系统发展划分为四代的观点[1]，如表 1.1 所示。

表 1.1　四代数据挖掘系统

代	特征	数据挖掘算法	集成	计算模型分布形式	支持数据类型
第一代	独立应用程序	一个或少数几个算法	独立的系统	单台机器	向量数据
第二代	与数据库和数据仓库集成	多个算法；能够挖掘一次不能放进内存的数据	数据管理系统，包括数据库与数据仓库	同质、局部区域的计算机集群	一些系统支持对象、文本和连续的媒体数据

（续表）

代	特征	数据挖掘算法	集成	计算模型分布形式	支持数据类型
第三代	与预言模型系统集成	多个算法	数据管理系统和预言模型系统	内部/外部网络计算	半结构化数据和 Web 数据
第四代	与移动设备及各种计算设备结合（普适计算）	多个算法	数据管理系统、预言模型系统、移动系统	移动和各种计算设备（普适计算）	普遍存在的各种类型数据

(1) 第一代数据挖掘系统

第一代数据挖掘系统支持一个或少数几个数据挖掘算法，这些算法用来支持挖掘向量数据，作为一个独立的系统在单台机器上运行，数据一般一次性调进内存进行处理。这类工具要求用户对具体的算法和数据挖掘技术有相当的了解，还要预先完成大量的数据预处理工作。典型的系统有 Salford Systems 公司早期推出的 CART 系统等。

(2) 第二代数据挖掘系统

如果数据量非常大，需要利用数据库与数据仓库技术进行管理，第一代数据挖掘系统显然不能满足需求。第二代数据挖掘系统的主要特点是能够与数据库管理系统(DBMS)集成，支持数据库和数据仓库系统，与它们具有高性能的接口，具有高的可扩展性，支持多个算法，能够挖掘一次不能放进内存的数据，而且有些系统还能够支持挖掘对象、文本和连续的媒体数据。典型的系统如 DBMiner[2]，能通过 DMQL 挖掘语言进行挖掘操作。

(3) 第三代数据挖掘系统

第三代数据挖掘系统除了可以与数据管理系统集成外，一个重要的优点是由数据挖掘系统产生的预言模型能够自动地被操作型系统吸收，从而与操作型系统中的预言模型相联合，提供决策支持的功能。另一个特点是支持半结构化数据和 Web 数据，能够挖掘网络环境下的分布式和高度异质的数据，并且能够有效地与操作型系统集成。典型的系统如早期被 SPSS 公司收购的 Clementine，以 PMML 格式提供与预言模型系统的接口。该系统现在被命名为 IBM SPSS Modeler，是 IBM 公司的数据挖掘工具之一。

PMML(predictive model markup language)是一种与平台无关的统计和数据挖掘模型表示标准，由数据挖掘协会(the Data Mining Group, DMG)开发，已经被 W3C(万维网联盟)接受，成为对数据挖掘模型进行描述和定义的国际标准。PMML 通过定义规范化的数据挖掘建模过程以及统一的模型表达，使得模型构造和基于模型的预测功能得以分离并可模块化实现，使得不同平台、不同数据挖掘产品之间能够共享所获得的数据挖掘模型，并为基于模型的可视化提供了条件。

(4) 第四代数据挖掘系统

第四代数据挖掘系统旨在挖掘嵌入式系统、移动系统及各种普适计算设备产生的各种类型数据。普适计算(ubiquitous computing)是软件工程和计算机科学中的概念，指计算可以使用任何设备，在任何位置，以任何格式进行。用户与计算机交互，计算机可以许多不同的形式存在，包括膝上型计算机、平板电脑和日常生活中的终端，例如汽车、冰箱或一副眼镜。支持普适计算的基础技术包括 Internet、高级中间件、操作系统、移动代码、传感器、微处理器、新的输入输出(I / O)和用户界面、网络、移动协议、位置和定位以及新材料。物联网的不断发展，云计算、雾计算技术的广泛应用，将会进一步推动第四代数据挖掘系统的研究与发展。

2. 数据挖掘系统发展的三个阶段：基于应用角度的划分

从应用的角度，朱建秋将数据挖掘系统的发展归纳为三个阶段[3]。

(1) 独立的数据挖掘系统

独立的数据挖掘系统对应第一代数据挖掘系统，出现在数据挖掘技术发展早期。一般研究人员开发出一种新型的数据挖掘算法，就会形成一个软件。如 1993 年 Quinlan 提出的 C4.5 决策树算法，1994 年 Agrawal 和 Srikant 提出的 Apriori 关联挖掘算法等。

(2) 横向的数据挖掘工具

随着数据量的增大，数据库与数据仓库技术广泛应用于数据管理，数据挖掘系统与数据库和数据仓库的结合成为必然的选择；现实领域问题的多样性，导致一种或少数几种数据挖掘算法难以解决所有的问题；用于挖掘的数据通常不符合算法的要求，需要有数据清洗、转换等预处理的配合，才能得出有价值的模型。由于以上三方面的原因，人们认识到数据挖掘软件迫切需要结合数据库和数据仓库、多种类型的数据挖掘算法以及数据清洗、转换等预处理功能。1995 年前后，软件开发商开始提供称之为"工具集"的数据挖掘系统。此类系统的特点是提供多种数据挖掘算法(通常包含分类、聚类和关联等)，同时也包括数据的预处理与可视化，它是通用算法的集合，而非针对特定的应用，所以称为横向的数据挖掘工具。典型的横向工具有 IBM 公司的 IBM Intelligent Miner、IBM SPSS Modeler 和 SAS 公司的 Enterprise Miner 等。

(3) 纵向的数据挖掘解决方案

分析人员使用横向数据挖掘工具不仅需要熟悉分析的业务问题，还要精通数据挖掘算法。如果对业务或者算法不了解，就难以获得有效的模型用于决策。从 1999 年开始，国外大量的数据挖掘工具研制者开始提供纵向的数据挖掘解决方案，即针对特定的应用提供完整的数据挖掘方案。如在客户关系管理系统中嵌入基于神经网络的客户流失分析功能；在欺诈防护系统中嵌入基于贝叶斯的欺诈行为预测功能；在零售管理系统中嵌入客户行为分析功能，预测客户购买情况，并发送相应的优惠；在机场管理系统中嵌入旅客人数预测功能；在生产制造系统中嵌入质量控制功能等。

1.1.3 当前热点和未来趋势

1. 云计算与大数据

2006 年，谷歌首席执行官埃里克·施密特推出了"Google 101 计划"，正式提出"云"的概念和理论。2008 年 2 月，美国《商业周刊》发表了一篇题为"Google 及其云智慧"的文章，开篇就宣称："这项全新的战略旨在把强大得超乎想象的计算能力分布到众人手中。"随后各大 IT 公司相继推出了自己的"云计划"。在中国，2009 年以来，胡锦涛等前国家领导人也先后在不同场合多次谈到"云计算""云服务",并把"云计算""云服务"提到生产方式的高度。国内各大电信企业、地方政府和相关企业先后启动了云计算项目。所有这一切,预示着云计算和大数据时代的到来。

(1) 云计算

2006 年,云计算创始人谷歌工程师克里斯托夫·比希利亚向首席执行官埃里克·施密特提出以谷歌设备为核心的"云计算"的想法。谷歌提供在线的网页创建、文档处理、电子表格处理等服务,用户只需要通过网络连接到谷歌的计算"云",就可以进行相应的操作,而且能实现多人协同工作。自此,业界展开了"什么是云""什么是云计算""什么是云服务"的热烈讨论。

Mather 等基于五个特性来定义云计算:多重租赁(分享资源)、大规模可扩展性、弹性、随用随付以及自行配置资源。[4]Vaquero 等分析了已有关于云计算的定义,认为现有定义都较多地体现某一项技术,缺乏全面性和综合性,其通过界定"云"将云计算定义为:云是一个具有大量易得易用的虚拟资源(如硬件、开发平台或服务)的资源池,这些资源可以根据不同的需求规模进行动态的重新分配,以提高资源的利用率,并实行按使用量付费的支付模式。[5]Wang 等从云计算系统功能的角度给出了云计算系统的定义,指出云计算系统不仅能够向用户提供硬件即服务(hardware as a service,HaaS)、软件即服务(software as a service,SaaS)、数据资源即服务(data as a service,DaaS),而且还能够向用户提供能够配置的平台即服务(platform as a service,PaaS),因此用户可以按需向计算平台提交自己的硬件配置、软件安装、数据访问需求。[6]Fingar 认为"云"包含三个层面:云计算,即一种设计模式,可实现自助服务自动化、可扩展、灵活、费用机动、数据分析方法丰富多样;云平台,即各种工具、编程与信息模型、辅助性的软件运行时组件及相关技术;云服务,一种用于信息服务的分发模型。[7]Armbrust 等认为云计算既指在互联网上以服务形式提供的应用,也指在数据中心里提供这些服务的硬件和软件,而这些硬件和软件则被称为"云"。[8]姚宏宇和田溯宁认为云计算应该包括两方面内容:服务和平台,云计算既是商业模式,也是技术。[9]

基于以上不同学者的分析,本书认为云计算不仅是技术,更是一种全新的商业服务模式。云计算服务,以云资源为实现基础,以云计算技术为实现保障,以低成本、按需付费的形式,向用户提供软(硬)件基础设施、计算平台和软件服务,使用户在无基础投入的前提下直接实现数据的存储、管理和分析,也可利用提供的云服务平台创建和开发应用程序,或直接使用云服务平台提供的各类服务软件。

(2) 大数据

对于大数据,虽然众说纷纭,但有一个相对一致的说法是:大数据是超出了典型(传统、常用)硬件环境和软件工具收集、存储、管理和分析能力的数据集。由此可知,"大数据"是一个动态发展的、相对的概念。随着软(硬)件技术的发展,大数据的内涵会发生相应的变化。结合目前常用的软(硬)件技术,当下的"大数据"可以具体理解为日常关系型数据库无法收集、存储和管理的数据集。关系型数据库适合管理结构化数据,所以,当下的"大数据"除了数据量庞大(一般指 PB 量级及以上),数据形式还复杂、多样,不仅有大量的结构化数据，还有大量半结构化及非结构化的数据。社交网站、智能化移动设备及传感器的大规模使用，促使数据产生的速度越来越快，半结构化和非结构化的数据已占有绝对比重。虽然因为数据量大，数据的价值密度相对低，但从绝对数来看，大数据中蕴含着大量有价值的信息。

正是因为大数据中蕴含着大量有价值的信息，大数据被人们认为是下一个社会发展阶段的石油和金矿。各个国家把大数据当作一种全新的社会资源，并把大数据产业的发展提升到国家战略发展的高度。类比于石油资源，从石油的勘探、开采、运输、提炼到石油产品的生产与销售等多个环节形成了石油产业，对于大数据的生产、采集、传输、存储、分析及应用则形成了大数据产业。在大数据产业链中，大数据分析环节非常重要。它既是前几个环节的成果体现，又是大数据应用及创新的基础。大数据分析的需要促进了大数据挖掘的发展，与传统的数据挖掘相比较，大数据挖掘将更多依赖于云计算技术，虚拟化、可扩展的分布式数据存储模式使数据存储不仅在量上没有了限制，而且数据形式也更为复杂，不仅包含了大量半结构化和非结构化的数据，还包括大量流数据。大数据挖掘将面临更海量的数据，更复杂的数据预处理过程，更多变的挖掘环境。

2. 从数据角度看当前热点

(1) Web 数据挖掘

Web(world wide web)是万维网的简称，包括 Web 客户端和 Web 服务器程序。万维网可以让用户通过 Web 客户端(常用浏览器)访问 Web 服务器上带有超文本结构和多媒体的网页内容。Web 数据挖掘是数据挖掘技术在 Web 上的应用，是从 Web 的网页内容、超链接结构和用户使用日志中获取有用知识的过程，包括 Web 内容挖掘、Web 结构挖掘和 Web 使用挖掘。

Web 内容挖掘是指从 Web 上的文本、图像、音频、视频等其他各种类型数据及通过 Web 可以访问的数据库中的数据中发现有用知识的过程。如利用 Web 文本内容挖掘，可以对文档进行分类、聚类。

Web 结构挖掘是从 Web 的组织结构和链接关系中发现有用知识的过程。它不仅包括文档之间的超链接结构，还包括文档内容的结构。如利用 Web 结构挖掘，分析网页间的超链接关系、被链接的次数及被链接的网页内容的质量，可以对搜索引擎的文档进行重新排序。

Web 使用挖掘是从保留在 Web 服务器日志的用户访问和交互数据中提取有用信息的过程。如搜索公司利用 Web 使用挖掘探索用户的搜索模式，预测其搜索趋势，并向其进行相应推荐，来提升服务质量。

(2) 文本数据挖掘

文本数据挖掘是从半结构化或非结构化文本中获取用户有用信息的过程。这一过程主要包括文本数据的获取、文本预处理、挖掘分析和结果可视化四个步骤。其中，文本预处理一般包含数据清洗、分词(适用于中文文本)、词性标注(可选)、去停用词、特征构造、特征提取等环节；挖掘分析主要有文本结构分析、关键词提取、文本摘要、文本分类、文本聚类、文本关联分析、文本主题分析、观点抽取、文本情感分析等。

文本数据挖掘已广泛应用于各个领域，前述 Web 文本内容挖掘也是文本数据挖掘的一种。以某电商平台客户对电子产品的评论数据为例，单条评论数据如图 1.2 所示。

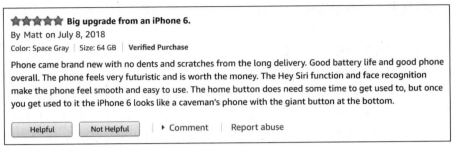

图 1.2　某电商平台客户对电子产品的评论数据示例

图 1.2 中数据反映了电商平台中某位用户对 iPhone X 的评论，该用户列出了他所认为的 iPhone X 的一些优点，并提到了该商品的许多方面，如 battery、feel、button 等。对所有用户评论数据进行去停用词、词形还原、词性标注、文本向量化等预处理，继而进行主题提取，可以获知用户偏好主题及电子产品特征主题，其相应词云图分别如图 1.3 和 1.4 所示。从图 1.3 我们可以发现，与用户偏好主题相关的词均为名词，其中 work、time、problem、feature、product 等词汇占据了词云图的大部分画面，说明用户更关注商品的工作性能、运行效率、特征以及存在的问题。从图 1.4 我们可以发现，与商品特征主题相关的词大部分为形容词，其中 nice、small、easy、pretty 等词汇占据了词云图的大部分画面，说明商品在外观、实用性、便捷性等方面均有不错的表现。

图 1.3　用户偏好主题词云

图 1.4　电子商品特征主题词云

3. 未来趋势

(1) 数据挖掘与各专业领域的广泛结合

早在 2011 年，全球知名咨询管理公司麦肯锡在其一份研究报告《大数据：下一个创新、竞争和生产力的前沿》中提出："数据，已经渗透到当今每一个行业和业务职能领域，成为重要的生产因素。人们对于海量数据的挖掘和运用，预示着新一波生产率增长和消费者盈余浪潮的到来。"各行业的生产系统每时每刻都在产生海量数据，如政务管理数据、电子商务数据、物联网传感器数据、医疗数据等。与各行业生产系统的深度结合，对这些数据展开广泛深入的挖掘，不仅是这些行业发展的需要，也是数据挖掘保持长久生命力的源泉所在。

(2) 数据挖掘与人工智能(AI)在应用层面的不断融合

大数据技术的加速发展，使得从海量数据中获取智能成为可能。数据挖掘技术，尤其是作为其技术支撑之一的机器学习方法，将在未来各类应用系统中，与人工智能不断融合，共同发展，例如智慧城市、智慧医疗、智慧交通、智慧家居等。

(3) 数据挖掘与云计算技术的紧密结合

目前，很多人认为，云计算是解决大数据生产、采集、传输、存储、分析及应用的最佳平台。人们在提到大数据的时候，总会想到云计算。两者如一个事物的一体两面，云计算强调的是技术，大数据强调的是效用和价值。量大(volume)、形式多样(variety)、产生和处理速度快(velocity)及价值密度低但价值量大(value)，这四个特征(4V)促使大数据挖掘与云计算技术紧密结合。

(4) 数据挖掘与区块链技术的可能结合

区块链技术被认为是互联网发明以来最具有颠覆性的技术创新，它依靠分布式算法，不依赖任何第三方中心，通过自身分布式节点进行网络数据的存储、验证、传递和交流。

从当前来看，数据挖掘与区块链技术还是相对独立的，但未来数据挖掘与区块链技术很可能形成技术互补。例如，区块链的可信任性、安全性和不可篡改性等，可以用来解决数据挖掘领域一直伴随的隐私与安全问题。

1.2　数据挖掘过程

从工程学的角度来看，数据挖掘是一个多环节、多处理阶段的闭环过程。如同软件工程中的软件过程模型在软件开发中的作用，数据挖掘过程模型为数据挖掘提供了宏观指导和工程方法。早期人们进行数据挖掘研究是为了将知识发现的研究成果应用于实际数据处理中，为科学决策提供支持。因此，大多数研究人员只着眼于数据挖掘的算法和应用层面，而忽视了其他方面。事实上，数据挖掘首先是一个处理过程，如果我们仅仅着重于挖掘，可能就看不到实际工作中数据处理过程的数据提取、组织和显示方式的难度。合理的数据挖掘过程模型能将各个处理阶段有机地结合在一起，指导人们更好地开发、使用数据挖掘系统和实施数据挖掘项目。从数据挖掘进入工程应用领域起，就有人对数据挖掘的过程进行归纳和总结，以便于人们开发及使用数据挖掘应用系统。目前被业界广泛认可并已应用于商用软件的数据挖掘过程模型主要有两种：一种是 Fayyad 等人总结的过程模型，另一种是遵循 CRISP-DM 标准的过程模型。

1.2.1　Fayyad 过程模型

Fayyad 等将知识发现过程定义为：从数据中鉴别出有效模式的非平凡过程，该模式是新颖的、可能有用的和最终可理解的。[10]图 1.5 是 Fayyad 给出的过程模型。早期开发的大部分数据挖掘系统都是遵循 Fayyad 过程模型，例如 IBM Intelligent Miner 和 SAS Enterprise Miner 等。

如图 1.5 所示，Fayyad 过程模型包括数据选择(data selection)、数据预处理(data preprocessing)、数据转换(data transformation)、数据挖掘(data mining)、模式解释与评价(pattern interpretation)。

1. 数据选择

数据选择是指根据分析任务的要求从原始数据中提取与挖掘目标相关的数据，并将不同数据源中的数据集成在一起，形成本次数据挖掘任务的数据集。在此过程中，会利用一些数据库操作对数据进行处理。

2. 数据预处理

数据预处理是指对数据选择阶段产生的数据进行再加工，检查数据的完整性及数据的一致性，对其中的噪音数据进行处理，对缺失的数据进行填补等。

3. 数据转换

数据转换是指对经过预处理的数据，根据挖掘事务的任务对数据进行再处理，主要转换成数据挖掘算法所需要的形式，如将连续型数据转换成离散型等。

4. 数据挖掘

数据挖掘是指运用合适的数据挖掘算法，从数据中提取出用户所需要的知识，这些知识可以用一种特定的方式表示或使用一些常用的表示方式，如产生规则等。

5. 模式解释与评价

模式解释与评价是指根据分析目的，对发现的模式进行解释，并评价模式的有效性。在此过程中，为了取得更有效的模式，可能会返回前面处理步骤中的某些步骤，从而提取出更有用的知识。

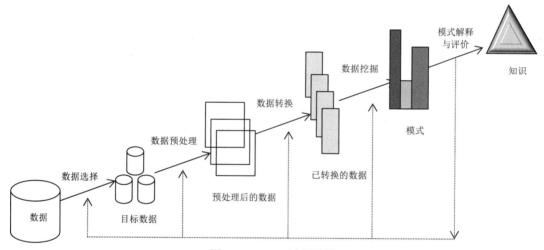

图 1.5　Fayyad 过程模型

从上述 Fayyad 过程模型来看，这个过程已经包括了数据挖掘过程中必要的各个处理阶段，并且也形成了一个可以根据各个处理阶段的结果来决定是否返回以前的阶段进行再处理的闭环过程。但是，Fayyad 过程模型从数据入手，到知识结束，过多地偏重于从技术的角度来理解数据挖掘过程。在实际使用过程中会存在两个问题：第一，数据选择对于整个分析至关重要，但是该如何选择，选择哪些数据呢？这是由具体的商业问题决定的，需要领域专家、数据管理员与数据挖掘专家一起讨论确定。如何明确商业问题，并把商业问题和数据相关联，这在 Fayyad 过程模型中没有反映。第二，数据挖掘一般在分析型环境中获得知识，获得的知识只有返回到操作型环境中使用，才能产生真正的价值。在 Fayyad 过程模型中，模式评价阶段结束后，对于挖掘到的知识应该如何使用，这方面也没有体现。

1.2.2　CRISP-DM 过程模型

CRISP-DM(cross-industry standard process for data mining)即跨行业数据挖掘过程标准，它由 SPSS、NCR 以及当时的戴姆勒-克莱斯勒等公司在 1996 年提出，后来得到欧洲共同体研究基金的资助。2000 年 8 月，CRISP-DM 1.0 版正式推出[11]。CRISP-DM 强调，数据挖掘不单是数据的组织或者呈现，也不仅是数据分析和统计建模，而是一个从理解业务需求、寻求解决方案到接受实践检验的完整过程。如图 1.6 所示，CRISP-DM 过程模型包括商业理解(business understanding)、数据理解(data understanding)、数据准备(data preparation)、建模(modeling)、评价(evaluation)和部署(deployment)六个阶段。图 1.6 的外圈形象地表达了数据挖掘过程的循环特性。一个数据挖掘项目并不是一次部署完就结束，在挖掘的过程中或部署过程中获得的经验可能会触发新的商业问题。后续的挖掘过程将从前一次的经验中受益。内部的箭头表示阶段之间最重要和最频繁发生的关联关系。阶段间的顺序不是严格不变的，可以根据具体的任务需要进行来回选择。

　　CRISP-DM 过程模型标准不仅被许多数据挖掘软件商用来指导开发数据挖掘软件，如 IBM 公司的 IBM SPSS Modeler 就是遵循了 CRISP-DM 过程标准。同时，该标准也被广泛用来指导数据挖掘项目的实施。

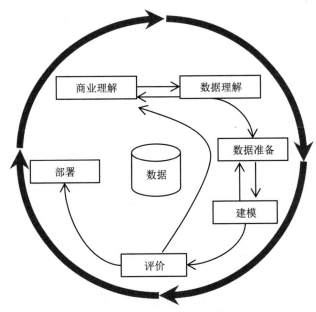

图 1.6　CRISP-DM 过程模型

1. 商业理解

　　商业理解是对企业运作、业务流程和行业背景进行了解，专注于从商业的角度理解项目目标和需求，然后将这种目标和需求转换成一个数据挖掘的问题定义及相应的项目计划，其一般任务和输出内容如图 1.7 所示。

　　(1) 确定商业目标

　　数据分析师最重要的能力是对业务的理解和把握，没有正确的业务理解，再好的理论，再强的工具，都只会徒劳无益。所以，一个数据挖掘项目的实施，其首要任务就是从业务的角度真正理解所要解决的问题和所要实现的目标。完成确定商业目标这一任务，其相应的输出文档内容一般包括背景、商业目标和商业成功标准三个方面。

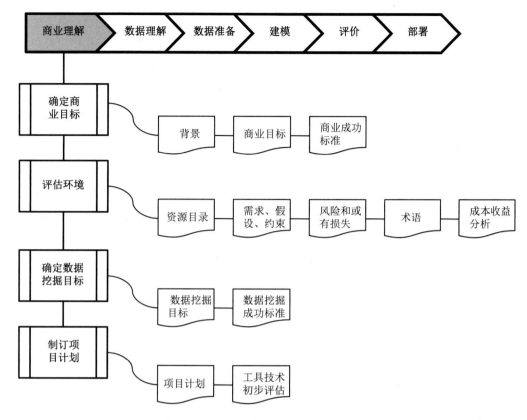

图 1.7　商业理解的一般任务(加粗显示部分)和输出

① 背景包括项目的商业环境，问题涉及的范围，项目的前提(如现有解决方案的优缺点、项目的动机、是否已经使用数据挖掘等)，项目需要的人力和物质，项目将会影响到的部门和使用项目结果的目标群体等。

② 商业目标是从商业的角度来描述打算用数据挖掘来解决的问题。尽可能准确地分析所有相关的商业问题，分清主要的商业目标及其他次要目标，制订尽可能实现的目标，并使用商业术语，详细说明期望收益。

③ 商业成功标准是从商业角度衡量项目结果成功的度量标准，包括客观度量标准(如投诉率下降 15%、下单转换率增加 20%等)和主观度量标准。主观度量标准要明确主观的主体，即是谁给出的主观判断。

(2) 评估环境

评估环境任务主要围绕已确定的商定目标和初步计划细化各种影响因素，其相应的输出文档内容一般包括资源目录，需求、假设和约束，风险和或有损失，术语及成本收益分析五个方面。

资源目录文档需要列出项目可用的各类资源，包括参与人员(项目发起人、相关商业领域专家、数据库管理员、市场分析师、数据挖掘专家及其他技术支持人员)，数据(企业内部固定抽取的数据、访问内部数据库或数据仓库的数据、外部调查或购买的数据等)，计算资源(硬件平台)和软件(数据挖掘工具及其他相关软件)。

需求、假设和约束文档要求列出项目执行的全部需求、围绕项目整个过程的各方面假设及约束。全部需求可包括：项目完成的时间进度表及相应进度的需求，项目和模型的可理解性、准确性、可部署性、可维护性和可重复性等方面的需求，安全、隐私及法律限制等方面的需求。假设包括对外部因素(如商业环境、经济问题、技术因素等)的假设，数据质量(如可用性、准确度等)的假设，模型理解、解释与评估时可能的假设等。约束包括一般性约束(如法律问题、经费、时间及其他所需资源)，数据源访问权利，数据访问时的技术性问题等。

风险和或有损失(contingencies)文档要求列出可能导致项目延期或失败的风险、可能的损失和为避免这些风险可采取的相应措施。确定每个风险可能发生的条件，如法律风险、商业风险、组织风险、经济风险、技术风险及与数据或数据源有关的风险(数据质量相关问题)等，并计算相应的可能损失，制订损失计划。

术语文档要求编辑一个与项目有关的术语表。术语表至少包括与商业问题有关的术语和与数据挖掘有关的术语两部分内容，以帮助不同专业背景的项目参与人员更好地理解项目。

成本和收益文档要求分析项目执行的成本和项目部署后可能产生的收益(如投资回报率、客户满意度等)。除了数据收集、项目开发和运行等成本，还必须考虑数据重复抽取和准备、工作流程的改变等隐含成本。

(3) 确定数据挖掘目标

确定数据挖掘目标这一任务就是要根据已确定的商业目标，从数据挖掘的角度，用数据挖掘技术术语来描述项目目标和项目成功的标准。其相应的输出文档内容一般包括数据挖掘目标和数据挖掘成功标准两个方面。

数据挖掘目标要求把商业问题转换成数据挖掘问题，也即确定业务问题需要用什么类型的挖掘模型加以解决。如商业目标是要确定哪些客户会流失，则数据挖掘目标是构建一个客户流失预测模型，可以是客户是否流失的分类预测，也可以是客户流失概率预测。

数据挖掘成功标准指模型评估的标准。如对于客户是否流失的分类预测模型，可以使用准确率、精准率和召回率等评价指标来评估模型。如果是主观评价标准，和商业成功主观标准一样，需要明确这个标准是由哪个人或哪些人作出的主观判断。

(4) 制订项目计划

为达到数据挖掘目标进而实现商业目标，需要制订详细的项目计划。该计划要求详细列出项目需要完成的一系列步骤，包括对工具和技术的选择。其相应的输出文档内容一般包括项目计划及工具和技术的初步评估。

项目计划需要列出每个阶段的详细计划，包括持续的时间、需要的资源、输入、输出、可能的风险及关联性。在计划中要交代清楚可能的重复步骤及所需的时间。在估计项目时间进度时可以参考他人的经验，如数据理解和数据准备通常需要占用60%~80%的时间。分析时间进度和可能的风险之间的关联性，尽可能避免风险。

工具和技术的选择可能影响整个项目，所以要尽早列出工具和技术的选择标准，评估技术的合适程度，选择最合适的工具和技术。

2. 数据理解

数据理解是对企业现有应用系统进行了解，对数据挖掘所需数据进行全面调查以获取完成挖掘目标所需的初步数据，然后从总体上对获得的数据的属性进行描述，包括数据格式、数据量、一致性、数据出处、收集时间频度等多个方面，并检查数据是否能够满足相关的要求，探测数据和检验数据质量等。其一般任务和输出文档内容如图 1.8 所示。

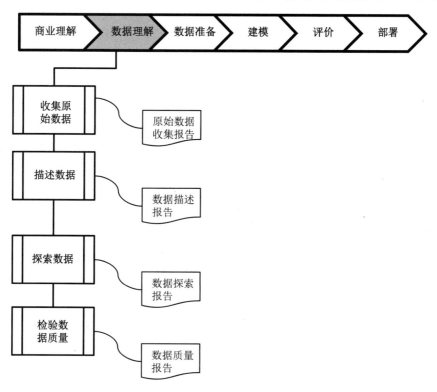

图 1.8　数据理解的一般任务(加粗显示部分)和输出文档

(1) 收集原始数据

收集原始数据任务是根据资源目录列出的数据资源选择感兴趣的表或文件，并选择表或文件中感兴趣的数据。完成这一任务要求产生相应的输出文档——原始数据收集报告。该报告应包括以下内容：数据来源(内部数据库或数据仓库、外部提供者)，负责维护、收集或购买此数据的人，调查或购买数据需要的费用，数据存储方式，安全和隐私需求、使用限制等。

(2) 描述数据

描述数据任务要求描述所获得的数据，包括数据数量(表、各个表的字段数和记录总数)，数据类型，编码方案，计量单位，取值范围或个数，属性和属性值的含义，主键和外键的关系，缺失数据占比等。该任务相应的输出文档是数据描述报告。

(3) 探索数据

探索数据任务是根据数据挖掘目标，结合数据描述报告，采用表格、图形和其他可视化技术细致探索数据，包括关键属性的分布、属性间的关系及一些简单的统计分析。这些分析丰富或细化了数据描述，可以作为后续数据准备工作的输入，或可能直接达到某个数据挖掘目标。这一任务将产生相应的输出文档——数据探索报告。

(4) 检验数据质量

检验数据质量任务需要对收集的数据从是否完整、是否缺失、是否一致、有无异常等方面进行检查，并产生该任务相应的输出文档——数据质量报告。该报告要求列出数据质量检验的结果，对于存在的质量问题，列出可能的解决方法。质量问题的解决方法很大程度上依赖于数据和商业知识。

3. 数据准备

数据准备是数据挖掘过程中最重要的一个环节，通常需要花费大量的时间，一般占用整个数据挖掘项目 50%～70% 的时间和工作量。数据准备需要从所收集的大量原始数据中取出一个与业务目标相关的样本数据集，对该数据集进行描述，在此基础上，将该数据集转化为适合数据挖掘工具处理的最终目标数据，包括选择数据、清洗数据、构造数据、集成数据和格式化数据。其一般任务和输出文档内容如图 1.9 所示。

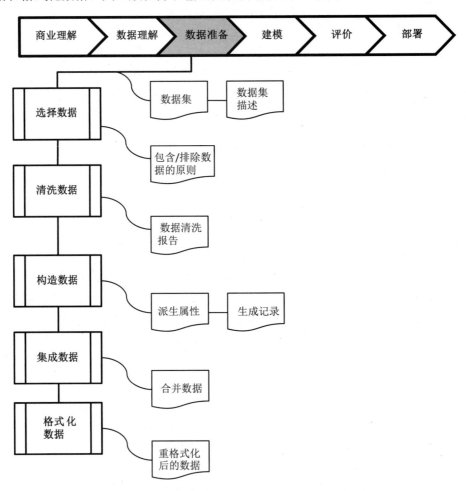

图 1.9　数据准备的一般任务(加粗显示部分)和输出文档

(1) 选择数据

选择数据需要确定用于分析的数据，包括对样本的选择和对属性或特征的选择。选择的标准直接影响用于分析的数据质量，所以选择标准的确定至关重要，可以从与数据挖掘目标的相关性角度考虑，进行显著性检验或相关性分析作为属性或特征的选择标准，也可以从数据质量、容量与类型等方面限制作为选择的标准。其相应的输出文档为包含/排除数据的原则，需要列出被包含进来的和被排除出去的数据，并给出理由。

(2) 清洗数据

清洗数据主要是基于已选择的数据，选择合适的方法处理噪声、填补缺失值等，保证数据的正确性和一致性，提升数据质量。其相应的输出文档为数据清洗报告。该报告不仅要描述清洗的策略和行为，还要指出清洗后的数据用于挖掘时仍然可能存在的质量问题以及对挖掘结果的潜在影响。

(3) 构造数据

构造数据主要指派生属性(列或特征)、生成全新的记录(行)及对现有属性值进行转换等。派生属性是在一个或多个现有属性基础上构造符合挖掘目标需要的属性，例如为了预测客户是否会流失，通过对客户消费行为的分析，界定流失的内涵，构造新的属性"是否流失"，作为目标变量用于预测。该任务相应的输出文档即为构造的结果——派生属性和生成记录。

(4) 集成数据

集成数据是指把来自不同数据源的数据整合在一起，可以合并多个表，也可以通过数据合并构造新的记录和属性。例如，一家电子商务公司有两张客户信息表：一张为客户基本信息表，包括客户 ID 号、姓名、年龄、性别等客户基本信息；另一张为客户购买信息表，包括客户 ID 号、客户近一个月的购买明细记录，每一条记录对应每笔购买。对这两张表进行集成，可以先根据客户购买信息表生成一个新表，其中每条记录对应每个客户，属性则为客户 ID 号、购买次数、平均购买额、购买促销商品的比例等，再利用客户 ID 号，集成新表和客户信息表。该任务相应的输出文档即为集成的结果——合并数据。

(5) 格式化数据

格式化数据作为建模前的最后一个步骤，主要针对某些建模对数据的特殊格式要求进行改变。例如有些建模算法要求记录按某个属性值排序，有些建模算法又要求记录是随机排列的。对于文本数据，某些建模算法要求去掉文本字段内的标点符号，或者规定每个字段的值所允许的最大字符数。该任务相应的输出文档即为格式化后的结果——重格式化后的数据。

4. 建模

建模是根据对业务目标的理解，在数据准备的基础上，选择和应用多种不同的建模技术，调整它们的参数使其达到最优值，包括选择建模技术、产生测试设计、构建模型和评估模型。其一般任务和输出文档内容如图 1.10 所示。

(1) 选择建模技术

选择建模技术是结合数据挖掘目标确定实际所要使用的建模技术，可以是一种技术，也可以是多种技术，或者是基于多种技术的集成。确定了相应的技术后，需要了解所选技术对数据的假定要求，并产生相应的输出文档——建模技术和建模假设。

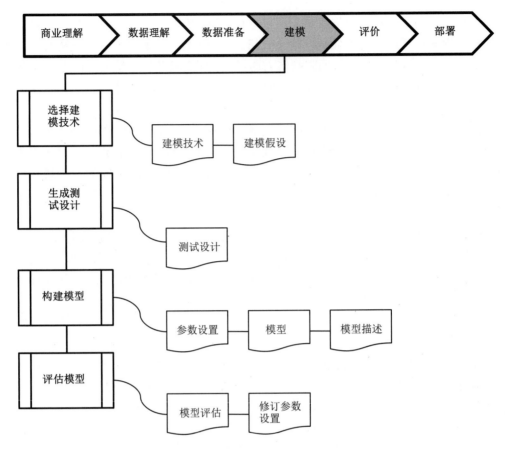

图 1.10　建模一般任务(加粗显示部分)和输出文档

(2) 生成测试设计

生成测试设计是指在实际构建模型前，建立一个用来测试模型质量和有效性的机制，包括数据集如何划分、划分成几部分(如训练集和测试集)、如何验证模型质量。其相应的输出文档是测试设计。

(3) 构建模型

构建模型指在准备好的数据集上使用建模工具，创建一个或多个模型。相应的输出文档为参数设置、模型和模型描述。参数设置列出模型需要调整的参数、相应的设置值及选择设置值的基本原则。模型指产生的实际模型，如决策树模型、神经网络模型。模型描述指描述模型的特征，生成解释模型的报告。

(4) 评估模型

评估模型是指数据挖掘工程师根据领域知识、数据挖掘目标成功标准和已生成的测试设计来解释模型。这一任务仅考虑模型，对后续的评价阶段会产生影响。评价阶段需要数据挖掘工程师和领域专家、业务分析人员一起考虑项目实施过程中产生的所有结果。相应的输出文档是模型评估和修订参数设置。模型评估列出全部建成的模型及其评估结果，如按准确率比较建成模型的优劣。根据模型评估结果，重新修订参数设置，并调整其值建立新的模型，直到数据挖掘工程师确信已找到最优模型为止。修订参数设置指记录所有这些修订和评估。

5. 评价

评价是由分析人员和领域专家一起从业务目标的角度全面地评价得到的模型，以确定它是否完全达到了业务目标，最终做出是否应用数据挖掘结果的决策。其一般任务和输出文档内容如图 1.11 所示。

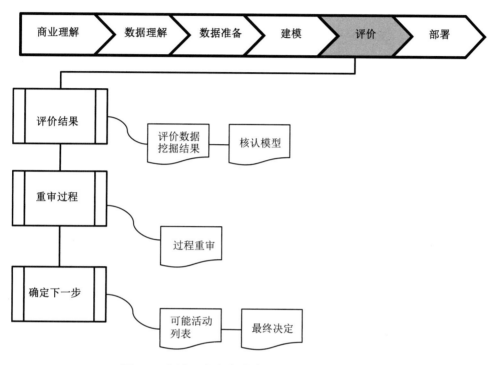

图 1.11　评价一般任务(加粗显示部分)和输出文档

(1) 评价结果

评价结果是评价模型是否符合商业目标，若存在不足，说明其商业理由，相应的输出文档为评价数据挖掘结果和核认模型。评价数据挖掘结果是指使用商业成功标准术语概述模型评价的结果，包括是否已满足既定商业目标的最终声明。核认模型是核准认可满足既定商业成功标准的模型。

(2) 重审过程

重审过程是指对数据挖掘项目实施的整个过程进行重新审核，用来确定是否忽略了某些重要的因素或任务，或者是否存在某些质量问题。其相应的输出文档为过程重审，即概述重审过程，并特别注明被忽略的因素或应该重复的环节。

(3) 确定下一步

确定下一步是指根据评价结果和重审过程，来分析项目该如何推进，需要确定是进入部署阶段还是继续重复前面步骤或者创建新的数据挖掘项目，同时，还要分析剩余的资源和预算。其相应的输出文档是可能活动列表和最终决定。可能活动列表列出潜在的进一步活动，并给出支持和反对每个结果的理由。最终决定描述如何合理推进。

6. 部署

部署是数据挖掘的最终目的，是将数据挖掘结果部署到商业环境中，成为日常商业运作的一部分，并生成一份基于项目整个过程的最终报告。其一般任务和输出文档内容如图 1.12 所示。

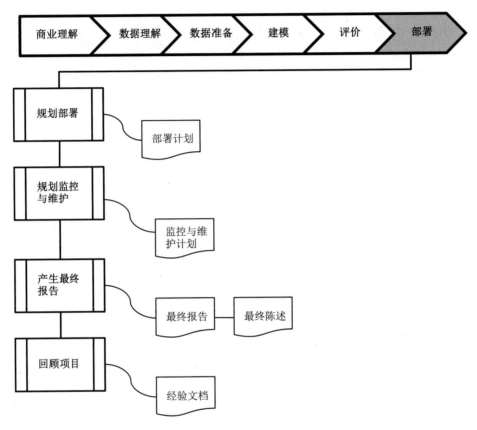

图 1.12　部署一般任务(加粗显示部分)和输出文档

(1) 规划部署

规划部署是指为了把数据挖掘结果部署到商业环境中，利用评估的结果给出部署的策略。其相应的输出文档是部署计划，即概述部署策略，包括必要的步骤和如何执行这些步骤。

(2) 规划监控与维护

数据挖掘结果成为日常商业运作的一部分时，监控和维护就成为重要问题。规划详细有效的监控和维护策略有助于避免长期错误应用数据挖掘结果。其相应的输出文档是监控与维护计划，即概述监控和维护策略，包括必要的步骤和如何执行这些步骤。

(3) 产生最终报告

项目的结束需要项目成员撰写一份最终报告，这份报告可能仅对项目和其经历进行概述，也可能对数据挖掘结果进行全面展示。其相应的输出文档是最终报告和最终陈述。最终报告可以描述全部过程并标明全部取得的结果，说明与原始计划的偏差，并给出将来工作的建议。其具体内容和形式很大程度依赖于报告的接受者。最终陈述一般只包括最终报告的一部分内容，可以不同于报告的形式呈现。

(4) 回顾项目

回顾项目指总结经验，评论成功与失败之处，并指出如何改进。其相应的输出文档为经验文档，即描述项目期间获得的重要经验。

1.3　数据挖掘功能与使用技术

数据挖掘功能用于指定数据挖掘任务发现的模式。一般而言，这些任务可以分为两类：描述性的和预测性的。描述性数据挖掘任务是刻画目标数据中数据的一般性质。预测性数据挖掘任务是在当前数据上进行归纳，以便作出预测。[12]随着信息技术的持续发展，数据挖掘吸纳了统计学、机器学习、模式识别、数据库与数据仓库、信息检索、可视化、分布式并行计算等更多领域的大量技术。

1.3.1　数据挖掘功能

常见的数据挖掘功能可以概括为六个方面：数据描述、聚类、偏差检测(孤立点检测)、关联分析、预测和分类，如图 1.13 所示。其中，数据描述、聚类、偏差检测和关联分析可以认为是描述性任务，分类和预测可以认为是预测性任务。

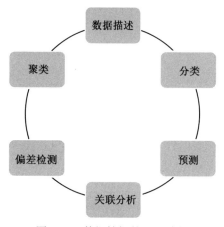

图 1.13　数据挖掘的主要功能

1. 数据描述

数据描述可以分为特征性描述和区别性描述。特征性描述用来反映目标数据的一般特征；区别性描述用来比较目标数据与一个或多个类比数据的不同特征。数据描述通常以图形、二维或多维表呈现描述结果，也可以以规则的形式呈现。

2. 聚类

聚类指按照尽量使同一个类(簇)中的数据之间具有较高的相似性，而不同类(簇)中的数据之间具有较大的差异性的原则将数据划分成有意义或有用的类(簇)。数据事先不存在类标号。

3. 偏差检测(孤立点检测)

偏差检测也称孤立点检测,指通过发现数据集中特殊的变化,寻找孤立点,并对其进行分析,探究原因,以确定是否是事物发生的突变。

4. 关联分析

关联分析指通过挖掘频繁模式来发现大量数据中有趣的关联或相关联系。例如通过购物篮分析,确定哪些商品通常会被一起购买,从而制订交叉销售等相应的营销策略。

5. 预测

预测指用过去和现在的数据去拟合模型,并使用模型预测未来。广义上,预测包含分类,是对类别变量的预测,狭义的预测仅指对连续型变量的预测。

6. 分类

分类指找出描述并区分数据类或概念的模型(或函数),从而使用该模型(或函数)来预测类标记未知的对象类。用于寻找模型的数据存在类标号,分类一般针对类别变量。

1.3.2 数据挖掘使用技术

数据挖掘的产生和发展一直受应用驱动。随着应用不断拓宽,其所使用的技术也越来越丰富,而且还将持续发展,如图 1.14 所示。

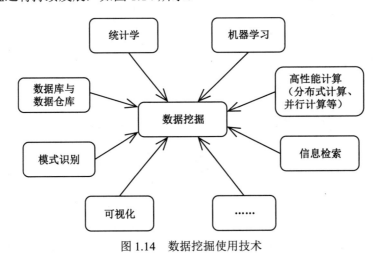

图 1.14 数据挖掘使用技术

1. 统计学

从统计学的发展过程看,统计学一直面临着来自自然科学、工业及商业等各个领域的挑战,从而不断得到充实和发展。随着计算机软硬件技术的飞速发展,数据存储能力无限量的提高,面对海量且形式多样的数据,传统统计学方法在应用时遇到了新的挑战。数据挖掘正是统计学适应这一变化的新的发展方向。数据挖掘并不是为了替代传统的统计分析技术，而是统计分析方法的延伸和扩展。Ganesh(2002)认为，从统计学的视角看，数据挖掘可以被看成是对大容量复杂数据的计算机自动化的探索和分析，可以被认为是"智能化统计"[13]。因此，统计方法自然成为数据挖掘的一大技术支撑。

传统的统计方法可以分为描述统计和推断统计。描述统计主要对观察到的数据进行汇总、分类和计算，并用表格、图形和指标的形式来反映现象的数量特征。推断统计则以已知的数据(部分的或过去的)去推断未知的数据(整体的或未来的)。这两类方法正好符合数据挖掘两大任务(描述和预测)的需要，数据挖掘把统计学技术与计算机技术相结合，从数据中发现有用的知识。

2. 机器学习

机器学习是指计算机利用各种学习算法，从输入的数据中学习，识别复杂的模式，从而作出智能的决断。因为学习算法中涉及了大量的统计学理论，机器学习与推断统计学的联系尤为密切，也被称为统计学习理论。

机器学习的基础是数据，核心是各种学习算法，只有通过这些算法，机器才能识别分析这些数据，获得知识，从而不断提升自身性能。机器学习的算法很多，根据学习方式不同，可以分为有监督学习(supervised learning)、无监督学习(unsupervised learning)、半监督学习(semi-supervised learning)和强化学习(reinforcement learning)。

(1) 有监督学习

用于有监督学习训练的数据集包含输入(特征)和输出(目标)，也称为有标记的数据集。从有标记数据集中根据输入和输出学习出一个模型，即为有监督学习。当新的数据输入时，可以根据这个模型预测结果。由于训练集中存在目标，因此学习得到的模型可以使用历史数据进行验证，从而起到监督的作用。有监督学习算法主要应用于分类和回归，如决策树、朴素贝叶斯、Logistic 回归等。

(2) 无监督学习

用于无监督学习训练的数据集只包含输入(特征)，而没有输出(目标)，也称为无标记数据集。从无标记数据集中通过学习进行归纳，获得数据分布特征或数据与数据之间的关系，即为无监督学习。由于训练数据不存在目标，因此学习得到的模型不能使用历史数据进行验证，从而无法监督。无监督学习算法主要应用于聚类和关联分析，如 K-均值聚类、Apriori 算法等。

(3) 半监督学习

有两个数据集用于半监督学习，一个为有标记的数据集，一个为无标记的数据集，通常无标记数据集的数据量要远远大于有标记数据集的数据量。如上所述，如果单独使用有标记数据集，我们能够生成有监督模型；单独使用无标记数据集，我们能够生成无监督模型。但为了最大限度利用现有数据的信息，我们希望使用两个数据集进行学习。用户可以在有标记数据集中加入无标记数据，增强有监督学习的效果，如半监督支持向量机；也可以在无标记数据集中加入有标记数据，增强无监督学习的效果，如半监督聚类。一般而言，半监督学习侧重于在有标记数据集中加入无标记数据来增强学习效果。

(4) 强化学习

强化学习是智能体(agent)在尝试的过程中学习在特定的环境下选择哪种行动可以得到最大的回报。如图 1.15 所示，智能体在学习的过程中选择一个动作，环境接受该动作后状态发生变化，同时产生一个强化信号(奖励或惩罚)，反馈给智能体，智能体根据强化信号和环境当前状态再选择下一个动作，选择的原则是使受到的正强化(奖励)最大。智能体当下选择的动作不仅影响当下的强化值，而且影响环境下一时刻的状态及最终的强化值。

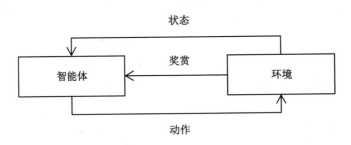

图 1.15　强化学习示意图

3. 数据库与数据仓库

(1) 数据库

数据库指的是以一定方式储存在一起、能为多个用户共享、具有尽可能小的冗余度、与应用程序彼此独立的数据集合。简单来说，可视为电子化的文件柜——存储电子文件的场所，用户可以对文件中的数据执行新增、截取、更新、删除等操作。数据库管理系统(database management system，DBMS)是管理数据库的大型计算机软件系统，用于建立、使用和维护数据库。它的主要功能包括：创建数据库，创建表，创建支撑结构(索引)，读取数据库数据，修改(插入、更新、删除)数据库数据，维护数据库结构，执行规则，并发性控制，安全性控制，备份和恢复。其并发性控制功能确保一个用户的工作不会不适当地影响其他用户的工作，保证多个用户在同一时刻对同一数据进行读、写等操作时数据的一致性。

利用可伸缩的数据库技术，数据挖掘可以在大型数据集上获得高效率和可伸缩性。同时，数据挖掘技术也有利于扩充数据库系统的能力，满足高端用户复杂的数据分析需求，实现商务智能，如图 1.16 所示。

(2) 数据仓库

尽管对于小型数据库或者在线处理任务不多的数据库，直接从日常数据库中读取数据用于数据挖掘是可行的，但是对于更大的数据库或是要满足更多在线处理任务的数据库，直接从日常数据库中读取数据用于数据挖掘是不可行的。原因如下：第一，联机事务处理系统强调的是数据处理性能和系统的安全与可靠性，并不关心数据查询的方便与快捷，直接从日常数据库中读取数据用于数据挖掘会给日常 DBMS 带来很大负担,影响其运行性能；第二，用于数据挖掘的数据通常来源于不同的事务数据库，不同事务数据库数据的模式是针对具体事务处理而设计的，可能存在不一致等问题，不适合直接用于数据挖掘；第三，联机事务处理(OLTP)系统可能缺少数据挖掘需要的大量历史数据。因为这些原因，很多企业选择使用数据仓库来进行数据挖掘。

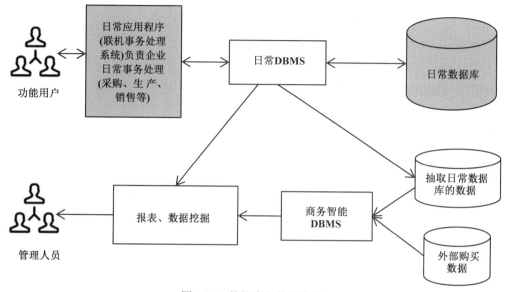

图 1.16　数据库与数据挖掘

数据仓库的数据是为了分析需要，按分析主题组织的(如客户、商品、供应商等)，是集成的、稳定的，除了随时间批量载入外，是不能更改的，只能查询。如图 1.17 所示，数据仓库为数据挖掘提供了更好的、更广泛的数据源，为更好地实施数据挖掘提供了方便。同时，数据挖掘也为数据仓库提供了更复杂的数据分析，更有效的决策支持。

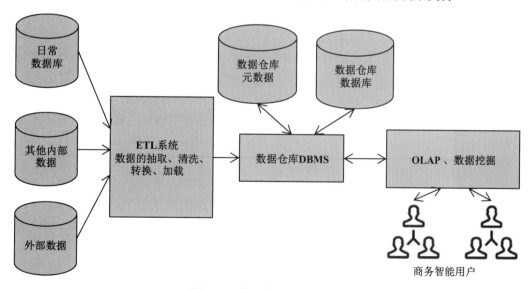

图 1.17　数据仓库与数据挖掘

1.4　数据挖掘应用

数据挖掘从一开始就是面向应用的，随着各行各业信息化的持续发展，数据挖掘应用领域也在不断发展和深化。目前数据挖掘在金融、电信、零售与电子商务、政府政务、医疗、科学等领域都有应用。

1.4.1　金融领域的数据挖掘

银行、证券和保险等金融领域，信息化建设较早，积累了大量的数据，是数据挖掘的重要应用领域。典型的应用有：金融风险分析、金融产品交叉销售、客户管理分析、洗黑钱等金融犯罪识别等。金融交易活动过程很可能存在洗黑钱等犯罪行为，把可能与侦破有关的数据集成(如金融机构交易数据库、犯罪历史数据库等)，运用合适的数据挖掘方法(数据可视化、孤立点分析等)，检测异常模式，可以为犯罪行为识别提供快速准确的参考。

银行业利用数据挖掘技术最集中的两个方面是风险管理和客户管理。风险管理，如信用风险评估，银行可通过建立信用风险模型，评估贷款申请人或信用卡申请人的风险，根据评估结果来决定是否接受申请，并确定贷款额度或信用额度。客户管理体现在客户生命周期的各个阶段，包括客户获取阶段的客户画像，客户保留阶段的客户细分、客户价值分析及客户流失分析等。在客户保留阶段，根据银行大量的客户基本属性数据、客户存款、贷款、金融产品使用等数据，利用聚类的方法，实现客户细分，将客户有效地划分为不同的类，从而针对每一类客户的特征设计出相应的产品组合、服务模式，以提高客户忠诚度。

证券业利用数据挖掘技术最集中的两个方面是客户管理和量化交易。证券公司可以利用客户个人基本信息、客户交易操作行为数据、软件使用习惯、自选股、常用分析指标等对客户的理财需求进行挖掘，实现精准营销。量化交易可借助数据挖掘方法，对证券期货市场的海量数据进行分析和挖掘，获得证券期货产品的价格变化规律，得到能带来超额收益的交易策略模型，然后通过分析结果来指导投资，以获得可持续、稳定且高于平均的超额回报。

保险业利用关联挖掘或各种推荐算法可以发现客户购买保险产品的关联与偏好，从而实现交叉销售。保险公司标的受损时，通过挖掘已有标的定损数据，可以对现有标的损失进行精确估计和预测，从而实现保险智能定损。随着保险业的发展，保险欺诈问题也日益突出，给保险公司和社会带来了极大危害。利用数据挖掘方法，分析并识别欺诈行为的特征，可以对保险欺诈行为进行实时监测与预警，从而促进保险业健康有序发展。

1.4.2　电信领域的数据挖掘

随着信息技术的迅速发展，电信业即将从 4G 时代进入 5G 时代，在电信业务迅速发展的同时，电信行业的竞争也日益激烈。面对国内、国际电信业激烈的竞争态势，各大电信运营商纷纷使用数据挖掘技术了解行业动向、分析业务模式、洞察客户需求，实现精细化的管理和精准营销，提升自身服务质量，从而提高客户的满意度和忠诚度，增加竞争优势。

在客户关系管理方面，运营商使用数据挖掘可以对客户进行画像以提供个性化的业务推荐，可以对客户进行细分以发现不同价值的客户群体特征，可以通过客户流失分析制订相应的挽留策略，可以对客户之间的社会关系进行社交网络分析以获取潜在客户和保持现有客户，可以对客户流量使用进行异常识别，挖掘导致其流量异常的恶意程序和恶意 APP，以减少用户不必要的损失，并防止其他用户遭受同样的恶意攻击。在市场营销方面，可以使用关联挖掘进行电信业务的交叉销售。

运营商对网络信令数据进行挖掘，可以预测网络流量峰值，预警异常流量，防止网络堵塞和宕机，从而提高网络服务质量，提升用户体验。对移动用户的位置信息进行挖掘，与相关企业合作，可以提供基于位置的相关服务，如餐饮推荐、优惠券推送，这将改变运营商的盈利模式，而且具有非常广阔的应用前景。

1.4.3　零售与电子商务领域的数据挖掘

零售业的发展经历了从百货商店到超级市场、连锁商店、电子商务，再到如今线上线下相结合的"新零售"，积累了大量关于采购、销售、客户、物流等方面的数据。数据挖掘在零售与电子商务领域的应用非常广泛，如用户行为分析、个性化推荐、产品分析、广告追踪与优化、精准营销等。如顾客去商场购物，商场基于移动手机与 Wi-Fi 结合的数据，根据顾客所有的行动轨迹，分析顾客光顾的时间和频率、行径路线、驻留时间和地点，实现精准营销。

随着新零售业态的发展，线上线下系统对接和数据融合，零售企业借助数据挖掘技术可以对消费者全过程数据进行描述和产业链营销重构，实现数据化运营，探索新商业模式，建立新市场增长点。

1.4.4　政府政务领域的数据挖掘

政府信息化经过多年建设，已经有效实现了信息化办公。从 2015 年国家发布《促进大数据发展行动纲要》(国发〔2015〕50 号)开始，我国政府已将政务信息系统整合及共享提升到国家战略层面，对互联网+政务服务体系的建设给出了明确指导意见和时间点要求。

国防、教育、公安、民政、司法、财政、交通运输、农业、商务、文化和旅游等政务部门信息系统的整合与共享，使数据挖掘的应用更加广泛。结合数据挖掘技术，政府加强统筹规划，实现智慧交通、智慧安防、智慧旅游等，加强智慧城市建设，使政务工作更高效、更开放、更透明。

1.4.5　医疗领域的数据挖掘

医疗领域积累了大量数据,尤其是海量的非格式化数据。数据挖掘在医疗领域的应用,主要集中在药品研发、疾病治疗、公共卫生管理、居民健康管理和健康影响因素分析等方面。

在药品研发方面,医药公司可以借助数据挖掘,在研发初期通过建模确定最有效率的投入产出比,配备最佳资源;在药物临床试验阶段,及时预测临床结果,选择最优药物。在疾病治疗方面,医生可以结合病人体征数据、费用数据和疗效数据进行挖掘,以确定在临床上对病人最有效和最具有成本效益的治疗方案。而且,对于医疗影像数据的分析和挖掘,会极大减轻医生的工作量,提高医疗效率。

在公共卫生管理、居民健康管理方面,卫生部门基于覆盖全国的电子病例数据进行挖掘,可以快速检测传染病,有效监测疫情,并提供有针对性的公众健康咨询,提高公众健康风险意识,降低传染病感染风险。

1.4.6　科学领域的数据挖掘

天文学、气象学、地质学、生物学等各科学领域使用全球定位系统、卫星遥感器及新一代生物学数据采集技术,收集了海量的包含时间和空间信息的高维数据、流数据和异构数据。早期,数据挖掘应用于天文学,在短短 4 个小时内发现的行星超过 20 多位天文学家 4 年的研究成果。

人类拥有 23 对染色体,约含有 30 亿对 DNA 碱基。1975 年,英国科学家 Frederick Sanger 发明了 Sanger 测序技术,由此开启了基因测序的新篇章。1990 年,由全球多个国家共同参与的人类基因组计划正式启动,被称为人类三大科学计划之一,旨在为这 30 亿对碱基构成的人类基因测序。数据挖掘技术应用于基因测序后,极大降低了测序成本,提升了测序速度。得益于此,从疾病的筛查、诊断到治疗,越来越多的临床基因检测项目落地,如新生儿疾病筛查、遗传病筛查、肿瘤易感基因筛查和肿瘤个性化用药等。

1.5　练习与拓展

1. 什么是数据挖掘?请结合实例加以说明。
2. 检索近几年数据挖掘国际学术会议的入选论文,分析数据挖掘研究现状及热点问题。
3. 查找相关资料,分析第四代数据挖掘系统的特点。
4. 什么是云计算?
5. 什么是大数据?大数据是否等于大数据分析?
6. 如何理解大数据被认为是下一个社会发展阶段的石油和金矿。
7. 什么是 Web 数据挖掘?

8. 什么是文本数据挖掘？

9. 分析说明 Fayyad 过程模型。

10. 分析说明 CRISP-DM 过程模型。

11. 结合 CRISP-DM 过程模型，自选一个感兴趣的商业问题，以小组为单位，制订一份数据挖掘项目计划。

12. 数据挖掘的功能有哪些？

13. 结合数据挖掘使用技术，分析其与相关学科之间的关系。

14. 什么是机器学习？按学习方式不同，机器学习可以分成哪几种？分别具有什么特点？

15. 为什么说对于更大的数据库或是要满足更多在线处理任务的数据库，直接从日常数据库中读取数据用于数据挖掘是不可行的？

16. 查阅相关资料，说明什么是模式识别。

17. 数据挖掘可视化包含哪些方面？

18. 查阅相关资料，说明什么是分布式计算，什么是并行计算，两者有什么关系。

19. 结合教材中提到的数据挖掘应用领域，请举例说明，并谈谈你的理解。

20. 除了教材中提到的数据挖掘应用领域，请思考还有哪些应用领域，并举例说明。

自测题

第2章

数据挖掘工具

工欲善其事，必先利其器。目前，数据挖掘工具有很多，从其功能来看，可以分为通用的综合性工具和面向特定应用的工具。通用的综合性工具如 Weka、IBM SPSS Modeler、R、Python 等，面向特定应用的工具主要针对某个特定领域的问题提供解决方案，如面向零售的 KDI、面向欺诈行为探查的 HNC 等。本章仅介绍以上几种有代表性的综合性数据挖掘工具。

2.1 Weka

2.1.1 Weka 简述

Weka(Waikato environment for knowledge analysis，怀卡托智能分析环境)是由新西兰怀卡托大学用 Java 开发的数据挖掘开源软件，官方网址为 http://www.cs. waikato.ac.nz/ml/weka，在该网站可以下载可运行软件及源代码、数据集等相关资料。Weka 的发音与新西兰本土一种独有的不会飞的鸟的名称很相似，因此 Weka 系统使用该鸟作为徽标，如图 2.1 所示。

1992 年末，新西兰怀卡托大学计算机科学系的 Ian H. Witten 博士申请基金，1993 年获得新西兰政府资助，并在该年开发出接口和基础架构。1994 年发布 Weka 的第一个内部版本，1996 年 10 月第一个公开版本 Weka 2.1 发布。早期版本主要采用 C 语言编写，1997 年初，团队决定用 Java 重新改写，并于 1999 年发布纯 Java 版本的 Weka 3.0。2005 年 8 月，在第 11 届 ACM SIGKDD 国际会议上，该团队荣获了数据挖掘和知识探索领域的最高服务奖，Weka 系统得到了广泛的认可，被誉为数据挖掘和机器学习历史上的里程碑，也是现今最完备的数据挖掘工具之一。截至本书编写时，最新的稳定版本是 3.8.3，其主界面如

图2.1 所示。有许多数据挖掘软件项目直接或间接使用 Weka。此外，Weka 还提供 R 和 Python 的接口，以及对分布式计算框架 Hadoop、Spark 的支持，这使得 Weka 更有实用价值。

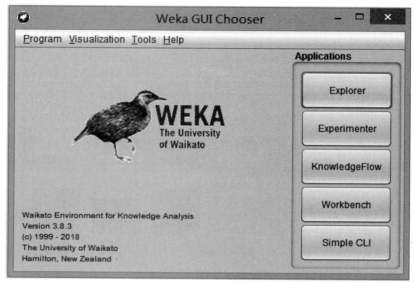

图 2.1　Weka 主界面

2.1.2　Weka 运行界面

Weka 系统为数据挖掘提供了数据加载、数据预处理、建模和可视化功能，包含了丰富的预处理方法和回归、分类、关联、聚类等建模算法。如图 2.1 右侧对话框所示，共有五种界面可供用户选择，包括探索者界面(Explorer)、实验者界面(Experimenter)、知识流界面(KnowledgeFlow)、工作台界面(Workbench)和简单命令行界面(Simple CLI)。

1. 探索者界面

探索者界面是 Weka 系统提供的最容易使用的图形用户界面(GUI)，如图 2.2 所示，用户通过选择菜单就可以调用 Weka 的所有功能。虽然探索者界面使用非常方便，但它要求将所需数据一次性读进内存，一旦用户打开某个数据集，就会批量读取全部数据。因此，这种方式仅适合处理中小规模的数据。

2. 实验者界面

实验者界面允许使用多种算法对多个数据集进行操作，突破了时间的限制，包含了一些分布式计算的功能。虽然探索者界面也能通过交互完成相应的功能，但通过实验者界面，用户更加容易使用不同参数的设置，实现分析过程自动化。用户打开实验者界面后，在 Setup 标签页可以选择实验结果的输出方式，左下角和右下角分别是数据集和算法的加载窗口。Iteration Control 面板可以选择验证次数以及多个算法遍历多个数据集的先后顺序，如图 2.3 所示。实验者界面有两种模式：简单和高级。两种模式都可以让用户设置在一台本地计算机上运行的标准实验，或者在多台主机之间分配计算任务的远程分布实验。

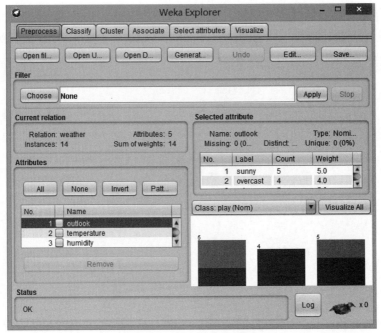

图 2.2　Weka 探索者界面

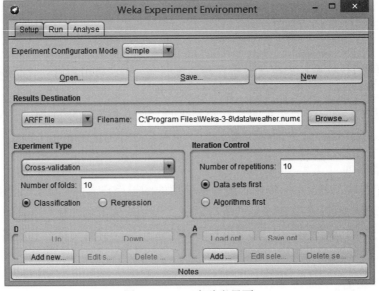

图 2.3　Weka 实验者界面

3. 知识流界面

知识流界面如图 2.4 所示，允许用户从设计面板中选择数据源、预处理工具、学习算法、评估方法和可视化等 Weka 组件，放置在布局区域，并将它们连接起来形成"知识流"，进行数据处理和分析。和探索者界面相比，除了能批量处理数据，还能使用增量(分批)方式的算法来处理大型数据集。这一方式正好弥补了探索者界面的缺陷。

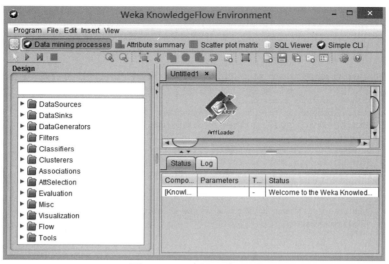

图 2.4　Weka 知识流界面

4. 工作台界面

从 Weka 3.8.0 版本开始，在原有探索者、实验者、知识流和简单命令行四个界面的基础上，新增了工作台界面。工作台界面如图 2.5 所示，集成了原有的四个界面，方便操作。

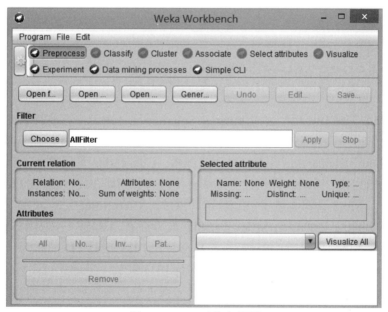

图 2.5　Weka 工作台界面

5. 简单命令行界面

简单命令行界面是为不具有命令行界面的操作系统提供的，通过该界面，用户可以直接执行 Weka 命令，如图 2.6 所示。与探索者、实验者和知识流这些图形化交互界面相比，简单命令行界面能使用户更自由地使用 Weka 提供的功能，而且内存消耗更少。

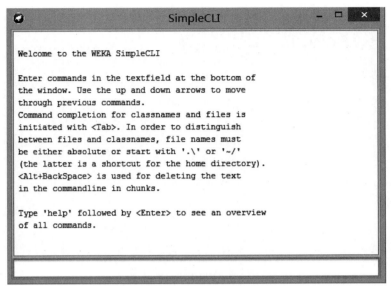

图 2.6　Weka 简单命令行界面

2.2　IBM SPSS Modeler

2.2.1　IBM SPSS Modeler 简述

1992 年起，英国 ISL 软件公司(Integral Solutions Limited)与英国萨塞克斯大学的人工智能研究者合作，进行数据挖掘工具的开发。开发者将该软件命名为 Clementine，并于 1994 年 6 月 9 日发布了 Clementine 的第一个正式版本。Clementine 是世界上首款采用图形用户界面的数据挖掘工具，因此，该软件一经推出便得到了尚处在发展初期的数据挖掘领域的关注。1998 年，SPSS 公司收购了 ISL 公司并继续对 Clementine 进行开发，收购后软件改名为 SPSS Clementine。2008 年，SPSS 公司将该软件命名为 SPSS PASW Modeler。2009 年，IBM 公司收购了 SPSS 公司后，将该软件重新命名为 IBM SPSS Modeler，并持续开发完善，不断推出新版本。截至本书编写时，最新版本为 IBM SPSS Modeler 18.2.1。

IBM SPSS Modeler 是具备完整功能的版本，提供数据预处理、探索性分析、模型创建、模型评估及部署等数据挖掘过程的全功能。其不仅支持与多种不同的数据源连接，同时，为了保证能够在平台上使用到新的建模技术，更是全面支持与 R 及 Python 的集成。作为一款功能强大的商业软件，为满足用户的高性能运算需求，提供了对应的服务器版本——IBM SPSS Modeler Server，满足对 Hadoop 分布式架构的支持，极大提高对大型数据集的处理性能。

IBM 公司提供 30 天的免费试用期，试用版本为 IBM SPSS Modeler Subscription，提供与传统 IBM SPSS Modeler 客户端相同的功能，可通过 https://www.ibm.com/cn-zh/products/spss-modeler 提交试用申请。

2.2.2　IBM SPSS Modeler 主界面及功能

IBM SPSS Modeler 的主界面如图 2.7 所示，分为 4 个区域：数据流构建区、节点区、流管理区和项目管理区。

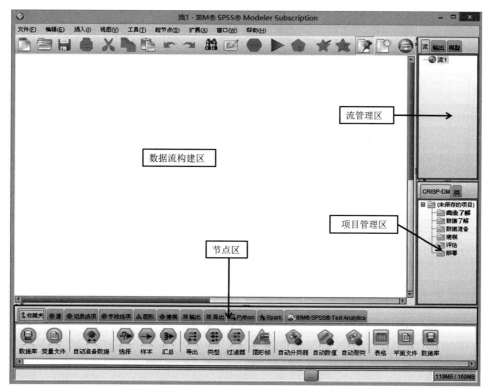

图 2.7　IBM SPSS Modeler 主界面

1. 数据流构建区

数据流构建区又被称为画布，是数据挖掘分析人员的主要工作区域。分析人员可以根据分析需要，从节点区选择功能节点，添加到数据流构建区，并把节点按分析思路连接起来，组成一个完整的分析路径，这个路径即为"流"，如图 2.8 所示。

2. 节点区

节点区包含了分析需要的所有节点，按功能分成 11 类，分别为：收藏夹、源、记录选项、字段选项、图形、建模、输出、导出、Python、Spark 和 Text Analytics。

(1)"收藏夹"选项卡

"收藏夹"选项卡下，用户可以存放常用的功能节点，以方便使用，如图 2.9 所示。

(2)"源"选项卡

"源"选项卡提供了对不同格式数据导入的节点，包括"数据库""固定文件""Excel""地理空间"等 15 个节点，如图 2.10 所示。使用不同的数据源节点可以读入相应格式的数据，例如，使用"数据库"节点可以读取数据库中的数据。

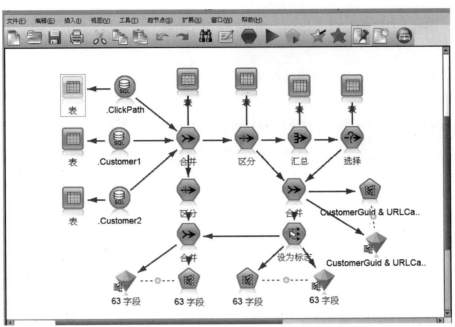

图 2.8　数据流构建区

图 2.9　"收藏夹"选项卡

图 2.10　"源"选项卡

(3) "记录选项"选项卡

"记录选项"选项卡提供了对记录(行)进行预处理的节点,包括"选择""样本""排序""SMOTE"等 15 个节点,如图 2.11 所示。这些节点对于记录级别的数据更改非常重要,例如,使用"样本"节点进行抽样可以选择在建模中使用的数据子集。

图 2.11　"记录选项"选项卡

(4) "字段选项"选项卡

"字段选项"选项卡提供了对字段(列)进行预处理的节点,包括"自动准备数据""类型""过滤器""导出""投影变换"等 18 个节点,如图 2.12 所示。这些节点对于字段级别的数据更改非常重要，例如，使用"导出"节点可以从一个或多个现有字段创建新字段。

图 2.12　"字段选项"选项卡

(5)"图形"选项卡

"图形"选项卡提供了多种图形功能节点，包括"图形板""散点图""多重散点图""地图可视化"等 12 个节点，如图 2.13 所示。这些节点可以使用图形或图表来探索数据，还可以使用图表来评估和比较模型。例如，"图形板"节点可以提供许多不同类型的图形。使用此节点，可以选择要浏览的数据字段，然后从可用于所选数据的图表中选择一个图表。该节点可以自动过滤掉不适用于所选字段的图表类型。"地图可视化"节点可以接受多个输入连接，并将地图上的地理空间数据显示为一系列图层，每一层都是一个地理空间领域。例如，基础层是一个国家的地图，上面可能有一个道路层、一个河流层和一个城镇层。

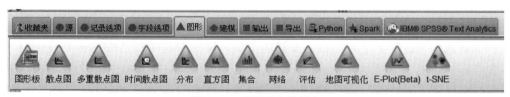

图 2.13　"图形"选项卡

(6)"建模"选项卡

"建模"选项卡提供了从机器学习、人工智能和统计学中获取的各种建模方法，如 C5.0、神经网络、SVM、XGBoost-AS 等，共 47 个节点。如图 2.14 所示，为了方便选择，"建模"选项卡把算法又分为三大类：受监视(有监督的)、关联、细分。

图 2.14　"建模"选项卡

(7)"输出"选项卡

"输出"选项卡提供了获取数据和模型信息的方法，包括"表格""矩阵""分析""模拟求值"等 12 个节点，如图 2.15 所示。例如，"源"选项卡的所有节点只用于数据导入，不可直接显示数据，所以"表格"节点非常有用，不仅能以表格形式显示数据，还可以写入文件。

图 2.15 "输出"选项卡

(8) "导出"选项卡

"导出"选项卡提供了与"源"选项卡相反的功能，能把数据结果导出到各种格式的文件中进行保存，如使用"数据库"节点把数据写入符合 ODBC 的关系数据源，使用"平面文件"节点把数据输出到分隔的文本文件等。该选项卡共提供了 10 个格式的导出节点，如图 2.16 所示。

图 2.16 "导出"选项卡

(9) Python 选项卡

Python 选项卡提供了使用 Python 算法的节点，包括 SMOTE、XGBoost Linear、t-SNE 等 6 个节点，如图 2.17 所示。Windows 64、Linux 64 和 Mac 都支持这些节点。SMOTE 节点提供过采样算法来处理不平衡数据集，该节点是对样本(记录)的平衡处理，同时被放在"记录选项"选项卡里。t-SNE 节点提供高维数据可视化的功能，同时被放在"图形"选项卡里。其他如"一类 SVM"节点等都利用 Python 算法建模，同时被放在"建模"选项卡里。

图 2.17 Python 选项卡

(10) Spark 选项卡

Spark 选项卡提供使用 Spark 原生算法的节点，包括 Isotonic-AS、XGBoost-AS 和 K-Means-AS 共 3 个节点，如图 2.18 所示。Windows 64、Linux 64 和 Mac 都支持这些节点。

图 2.18 Spark 选项卡

(11) Text Analytics 选项卡

Text Analytics 选项卡提供了用于文本分析的节点，包括 File List、Web Feed、"文本挖掘"等 6 个节点，如图 2.19 所示。使用这些节点可以快速对非结构化的文本数据进行分析。

图 2.19　Text Analytics 选项卡

3. 流管理区

在 IBM SPSS Modeler 主界面的右上方有一个针对建模过程的流管理区，如图 2.7 右上方所示，包含"流""输出"和"模型"选项卡。

(1)"流"选项卡

"流"选项卡以树形列表方式显示已创建或打开的数据流目录。单击鼠标右键，选择弹出菜单中的选项，如图 2.20 所示，可以新建、打开、切换、保存及关闭流，还可以查看流属性、把流添加到项目中。在同时打开多个流的情况下，单击鼠标左键可任意切换当前数据流，使其显示在数据流构建区。

(2)"输出"选项卡

"输出"选项卡以列表形式显示执行数据流所生成的报表和图形目录。单击鼠标左键，可任意指定当前项。单击鼠标右键，选择弹出菜单中的选项，如图 2.21 所示，包括显示、重命名并注解、保存等，可对当前项进行相应操作。

图 2.20　"流"选项卡

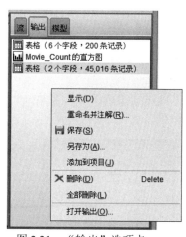

图 2.21　"输出"选项卡

(3)"模型"选项卡

"模型"选项卡以图标形式显示数据流执行后所生成的模型结果目录。单击鼠标左键，可任意指定当前项。选定当前项，单击鼠标右键，选择弹出菜单中的选项，如图 2.22 左图所示，包括添加到流、浏览、重命名并注解等，可对当前模型进行相应操作。另外，IBM SPSS Modeler 将模型结果目录的集合称为选项板，借助选项板可对模型结果进行统一管理。在"模型"选项卡界面的空白区单击鼠标右键，选择弹出菜单中的选项，如图 2.22 右图所示，包括"打开模型""加载选项板""保存选项板"等，可对选项板进行相应操作。

图 2.22　"模型"选项卡

4. 项目管理区

在 IBM SPSS Modeler 主界面(如图 2.7 所示)的右下方有一个项目管理区,为用户提供管理数据挖掘项目过程的相关文件,包含 CRISP-DM 和"类"选项卡。

(1) CRISP-DM 选项卡

IBM SPSS Modeler 建模过程遵循 CRISP-DM 标准,在用户实施数据挖掘项目的各个阶段,会形成不同的项目文件。例如,在商业理解阶段,用户会形成业务需求的 Word 文档;在数据准备阶段,会构建多个数据流用于数据清洗与转换;在建模阶段,会应用不同算法生成多个模型等。使用 CRISP-DM 选项卡,用户可以很方便地按处理过程存放相应的内容(无论是文本文件、流文件,还是模型)。单击鼠标左键,可选定任意步骤,如"商业了解",选中此项并单击鼠标右键,从弹出的菜单中选择操作项,如图 2.23 所示。

(2) "类"选项卡

与 CRISP-DM 选项卡相比,"类"选项卡文件不再按处理过程,而是按文件类型分类存放。文件类型分为:流,节点,已生成的模型,表、图形和报告,其他共五类。单击鼠标左键,可选定任意类型,右键选定的类型,如"表、图形和报告",可从弹出的菜单中选择相应操作项,如图 2.24 所示。

图 2.23　CRISP-DM 选项卡

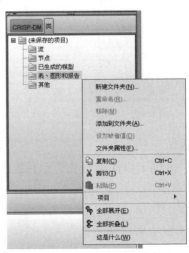

图 2.24　"类"选项卡

2.3　R 语言

2.3.1　R 语言简述

R 语言的前身是 S 语言。S 语言诞生于 John M.Chambers 领导的 AT&T 贝尔实验室统计研究部，是一种用来进行数据探索、统计分析、作图的解释型语言。1998 年，S 语言被美国计算机协会(ACM)授予"软件系统奖"，在众多统计类软件和语言中，它是迄今为止唯一获得过该奖项的语言。目前 S 语言的实现版本主要是 S-PLUS，是一款商用软件。

R 语言可以认为是 S 语言的一种"方言"，同时也吸收了很多 Scheme 语言的特性。1992 年，新西兰奥克兰大学的 Robert Gentleman 和 Ross Ihaka 为了教学目的，基于 S 语言合作并借鉴 Scheme 语言开发了一门新的语言，根据两人名字的首字母，将其命名为 R。

R 语言是一套完整的数据处理、计算和图形展示系统，可以运行在多种平台上，包括 Windows、UNIX 和 Mac OS。由于其代码的开源性，使得全世界优秀的程序员、统计学家和生物信息学家等都加入到 R 社区，为其编写了大量的 R 软件包来扩展其功能。截至本书编写时，R 的最新版本是 3.6.1，适用 Windows、UNIX 和 Mac OS 系统的三个最新版本可通过 https://cran.r-project.org/下载，如果需要安装旧版本，也可以在该页面找到相应的链接。R 3.6.1 在 Windows 系统下的启动界面如图 2.25 所示。

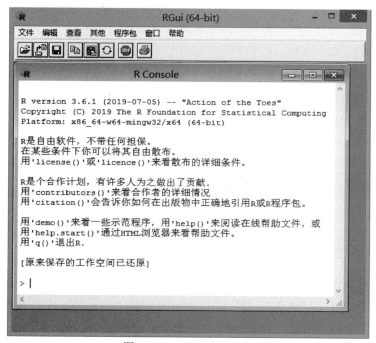

图 2.25　R 3.6.1 启动界面

2.3.2 RStudio

RStudio 是 R 的首选集成开发环境(integrated development environment，IDE)，专门用于 R 语言，旨在帮助使用者提高 R 的工作效率。RStudio 可以在桌面(Windows、UNIX 和 Mac OS)上以及从 Web 浏览器到运行 RStudio Server 或 RStudio Server Pro 的 Linux 服务器的开源和商业版本中使用，包括一个支持直接执行代码的控制台、语法高亮编辑器以及用于绘图、查看历史记录、调试和管理工作区的各种强大工具。

RStudio 有两种格式：RStudio Desktop 和 RStudio Server。RStudio Desktop 作为常规桌面应用程序可在本地运行。RStudio Server 允许在远程 Linux 服务器上运行时使用 Web 浏览器访问 RStudio。RStudio Desktop 和 RStudio Server 都有开源和商业版本。开源版本可以从其官网 https://www.rstudio.com/products/rstudio/download/ 下载安装。桌面开源版启动界面如图 2.26 所示。

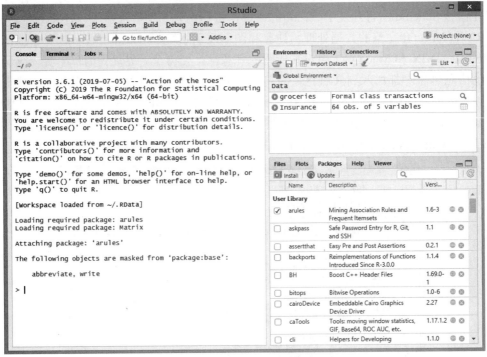

图 2.26 RStudio 启动界面

2.3.3 R 语言与数据挖掘

从数据挖掘的整个过程(数据加载、预处理、模型建立、模型评估)来看，R 语言提供了丰富的软件包。截至目前，CRAN(the comprehensive R archive network)已经收录的各类软件包有 14 763 个，按功能分为 40 个主题，如图 2.27 所示。R 语言可以轻松地导入、管理各种类型的数据，包括文本文件，Excel 文件，关系型数据库数据(SQL Server、DB2、Oracle

等)，非关系型数据库数据(Redis、MongoDB 等)，统计分析软件数据(SPSS、SAS 等)，甚至 Hadoop、Spark 等。它同样可以将数据输出并写入这些系统。这些软件包基本包含在 Databases 主题中。在数据清洗、集成、转换、归约等预处理和可视化方面，有大量的包可以使用。预处理方面的包分散在各个主题，如 MissingData 主题内的包用于缺失数据的处理。可视化方面的软件包基本包含在 Graphics 主题中，如 ggplot2、lattcie 等软件包可对复杂数据进行可视化，还有 rCharts、Recharts 等软件包可实现数据交互式可视化。模型建立方面，R 有非常多的建模算法可以使用，分散在 Bayesian、Cluster、MachineLearning、NaturalLanguageProcessing 等主题中。例如，MachineLearning 主题有关联挖掘(arules)、决策树(C5.0、rpart)、随机森林(randomForest)、神经网络与深度学习(nnet、rsnns、deepnet、h2o)等许多机器学习算法可用于建模。

Topics

Bayesian	Bayesian Inference
ChemPhys	Chemometrics and Computational Physics
ClinicalTrials	Clinical Trial Design, Monitoring, and Analysis
Cluster	Cluster Analysis & Finite Mixture Models
Databases	Databases with R
DifferentialEquations	Differential Equations
Distributions	Probability Distributions
Econometrics	Econometrics
Environmetrics	Analysis of Ecological and Environmental Data
ExperimentalDesign	Design of Experiments (DoE) & Analysis of Experimental Data
ExtremeValue	Extreme Value Analysis
Finance	Empirical Finance
FunctionalData	Functional Data Analysis
Genetics	Statistical Genetics
Graphics	Graphic Displays & Dynamic Graphics & Graphic Devices & Visualization
HighPerformanceComputing	High-Performance and Parallel Computing with R
Hydrology	Hydrological Data and Modeling
MachineLearning	Machine Learning & Statistical Learning
MedicalImaging	Medical Image Analysis
MetaAnalysis	Meta-Analysis
MissingData	Missing Data
ModelDeployment	Model Deployment with R
Multivariate	Multivariate Statistics
NaturalLanguageProcessing	Natural Language Processing
NumericalMathematics	Numerical Mathematics
OfficialStatistics	Official Statistics & Survey Methodology
Optimization	Optimization and Mathematical Programming
Pharmacokinetics	Analysis of Pharmacokinetic Data
Phylogenetics	Phylogenetics, Especially Comparative Methods
Psychometrics	Psychometric Models and Methods
ReproducibleResearch	Reproducible Research
Robust	Robust Statistical Methods
SocialSciences	Statistics for the Social Sciences
Spatial	Analysis of Spatial Data
SpatioTemporal	Handling and Analyzing Spatio-Temporal Data
Survival	Survival Analysis
TeachingStatistics	Teaching Statistics
TimeSeries	Time Series Analysis
WebTechnologies	Web Technologies and Services
gR	gRaphical Models in R

图 2.27　R 语言软件包的 40 个主题

资料来源：https://cran.r-project.org

另外，MachineLearning 主题还包含 RWeka 软件包和 Rattle 软件包。R 能够通过 RWeka 软件包搭建同 Weka 的连接，直接调用 Weka 算法。Rattle 软件包是一个可用于数据挖掘常见问题的图形交互界面，如图 2.28 所示，从数据整理到模型的评估，Rattle 给出了完整的解决方案。

R 所有的计算都是基于内存进行的，计算效率高、速度快，但能处理的数据规模受到限制。现在这个问题已得到了一定的解决，可以利用并行工具包 parallel (snow、multicores)、Rmpi 和 foreach 提升 R 的数据处理能力，或者利用 R 结合 Hadoop 的方式进行大数据挖掘。

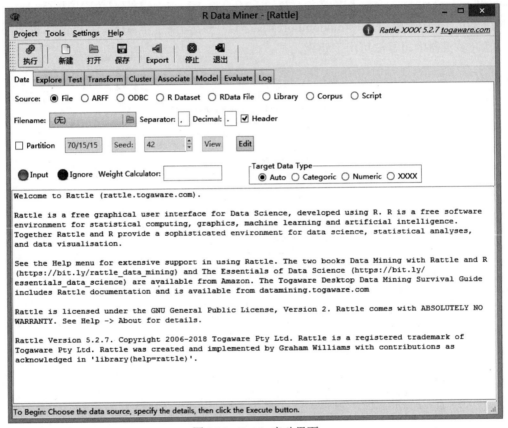

图 2.28　Rattle 启动界面

RHadoop 是由 Revolution Analytics 发起的一个开源项目，它将 R 与 Hadoop 结合起来，用于在 R 环境中对大数据进行操作。目前该项目有五个 R 软件包，其中主要的三个 R 软件包为 rmr2、rhdfs 和 rhbase。rmr2 软件包允许 R 开发人员通过 Hadoop 集群上的 Hadoop MapReduce 功能在 R 中执行统计分析的软件包。rhdfs 软件包提供了与 Hadoop 分布式文件系统的基本连接，R 程序员可以从 R 内浏览、读取、写入和修改存储在 HDFS 中的文件。rhbase 软件包使用 Thrift 服务器提供与 HBASE 分布式数据库的基本连接，R 程序员可以从内部浏览、读取、写入和修改存储在 HBASE 中的表。这三个软件包的下载地址为 https://github.com/RevolutionAnalytics/RHadoop/wiki/Downloads。

2.4　Python 语言

2.4.1　Python 语言简述

    Python 语言由荷兰人 Guido van Rossum 创建,他在 20 世纪 80 年代曾从事多年的 ABC 语言开发工作。ABC 语言起源于荷兰国家数学与计算机科学研究所,最初的设计者为 Leo Grurts、Lambert Meertens 和 Steven Pemberton,旨在替代 BASIC、Pascal 等语言,用于教学及原型软件设计,教导非专业的程序员学习如何写程序。Guido 认为 ABC 语言功能强大,是专门为非专业程序员设计的,但是并没有成功,究其原因,就在于其非开源性。所以他在 1989 年圣诞节期间,在阿姆斯特丹,因为有了相对充裕的时间,决心开发一个新的脚本解释程序,作为 ABC 语言的一种继承,既能弥补不开源的缺陷,还能实现在 ABC 中未能实现的功能。于是,Python 在 Guido 手中诞生了,并于 1991 年发布了第一个公开版本。之所以选中 Python 作为程序的名称,是因为他是 BBC 电视剧 *Monty Python's Flying Circus* 的一个超级粉丝。

    经过长时间的发展,Python 有两个版本 Python 2.X 和 Python 3.X。Python 2.0 于 2000 年 10 月 16 日发布,增加了实现完整的垃圾回收[①]功能,并且支持 Unicode[②]。同时,整个开发过程更加透明,社群对开发进度的影响逐渐扩大。Python 3.0 于 2008 年 12 月 3 日发布,基于性能优化等相关问题的考虑,此版本不向下兼容。因此,两个版本的程序调用对方的执行脚本很可能出现报错。截至本书编写时,Python 3 稳定的最新版本为 Python 3.8.1,Python 2 稳定的最新版本为 Python 2.7.16,可以在 https://www.python.org/下载。但 Python 2 的开发团队已宣布于 2020 年 1 月 1 日起不再更新和维护 Python 2,Python 2 将逐渐退出历史舞台。Windows 环境下,Python 3.8.1 Shell 交互式界面如图 2.29 所示。

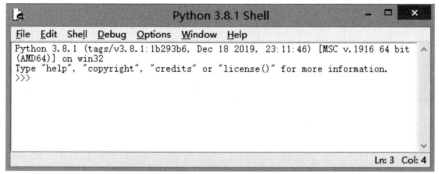

图 2.29　Python 3.8.1 Shell 交互式界面

---

    ① 垃圾回收(garbage collection,缩写为 GC),在计算机科学中是指一种自动的存储器管理机制。当一个计算机上的动态存储器不再需要时,予以释放,以让出存储器,这种存储器资源管理被称为垃圾回收。

    ② Unicode(中文名称为万国码、国际码、统一码或单一码)是计算机科学领域里的一项业界标准。它对世界上大部分的文字系统进行整理、编码,使得计算机可以用更为简单的方式来呈现和处理文字。

2.4.2 Python 与数据分析

Python 作为一种灵活的编程语言，在程序设计和系统开发领域非常流行。正如 Tim Peters 在 *The Zen of Python* 中所述，其设计者开发时总的指导思想是"用一种方法，最好是只有一种方法来做一件事"。进入大数据时代以后，由于其丰富的社区资源，基于 Python 的各种机器学习和深度学习的工具包得到了爆发式增长，目前已成为数据分析的主流语言。

The Zen of Python

数据预处理、可视化及建模常用的 Python 库如表 2.1 所示。

表 2.1　数据分析常用的 Python 库

项目	Python 库	功能
数据预处理	NumPy	科学计算基础库，提供快速高效的多维数组对象 ndarray，针对数组运算提供大量的数学函数库，可实现线性代数运算、傅立叶变换以及随机数生成
	SciPy	构建于 NumPy 之上，包含的模块有最优化、线性代数、积分、插值、特殊函数、快速傅里叶变换、信号处理和图像处理、常微分方程求解等
	Pandas	数据结构和数据分析库，包含高级数据结构和类 SQL 语句，提供快速便捷处理结构化数据的大量函数，可实现大型数据集的切分、多方式索引及子集构造，支持数据集的聚合、灵活转换、智能的数据分组和缺失值处理等
数据可视化	Matplotlib	数据可视化库，提供大量创建各种图形的工具，包括散点图、直方图、频谱图等常用统计图像，还提供了丰富的附加工具，如可以绘制地图的 basemap 和 cartopy，绘制 3D 图的 mplot3d，以及更加高级的绘图接口，如 seaborn、holoviews、ggplot 等
数据建模	Scikit-learn	基于 NumPy、SciPy 和 Matplotlib 构建的机器学习库，提供各种分类、回归和聚类算法，简单高效地实现数据挖掘和数据分析
	Statsmodels	统计分析库，提供一系列描述统计学参数和非参数检验、回归分析、时间序列分析等功能，可以与 NumPy、Pandas 等有效结合，提高工作效率
	Spark ML	分布式机器学习算法库，提供建立在 DataFrame 的机器学习 API，实现开发和管理机器学习管道的功能，可以用来进行特征提取、转换及选择和各种机器学习算法，如分类、回归和聚类等
	TensorFlow	采用数据流图(data flow graphs)，用于数值计算的开源软件库，是深度学习最流行的算法库之一，支持 CNN、RNN 和 LSTM 算法等

2.4.3 Anaconda

Anaconda 是最流行的 Python/R 数据科学平台，分为发行版和企业版两种，支持 Linux、Windows 和 Mac OS 系统。企业版支持多个用户和多台机器，是非免费版本。发行版仅支持单机运行，是免费的，其下载地址为 https://www.anaconda.com/distribution。如图 2.30 所示，支持不同操作系统的发行版都有基于 Python 3 和 Python 2 相对应的版本，目前最新的是分别基于 Python 3.7 和 Python 2.7 的版本。

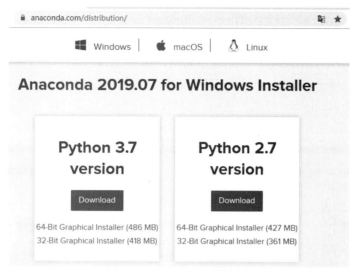

图 2.30　Anaconda 下载版本

Anaconda 可以理解为是软件包的集合，里面预装好了 conda、某个版本的 Python、众多 packages、科学计算工具等，所以被称为 Python 的一种发行版。Anaconda 可以快速下载 2000 多个 Python/R 数据科学软件包，并使用自带命令 conda 来管理软件包、依赖项和环境。在命令行界面 Anaconda Prompt 输入"conda info"，可以得到 Anaconda 相关信息，如图 2.31 所示。

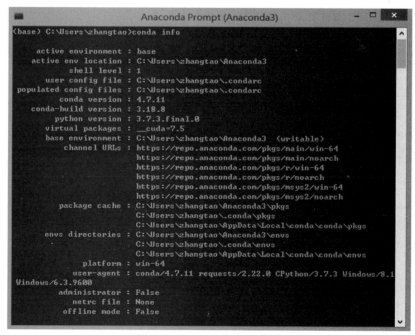

图 2.31　Anaconda 相关信息

Anaconda 发行版还提供一个桌面图形用户界面(GUI)，允许在不使用命令行命令的情况下启动应用程序并轻松管理软件包、环境和通道。如图 2.32 所示，在 Home 选项卡下，

Navigator 默认提供以下应用程序：Glueviz、JupyterLab、Jupyter Notebook、Orange 3、Spyder、VS Code 和 RStudio，高级用户还可以构建自己的 Navigator 应用程序。在 Environments 选项卡，可以管理已安装的环境、软件包和通道，如图 2.33 所示。在 Learning 选项卡，可以了解有关 Navigator、Anaconda 平台等更多信息，如图 2.34 所示。在 Community 选项卡，可以了解有关 Navigator 相关的活动、免费支持论坛和社交网络的更多信息，如图 2.35 所示。

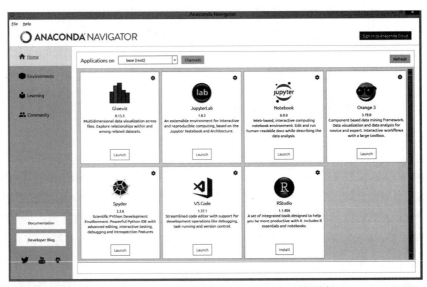

图 2.32　Anaconda Navigator Home 选项卡

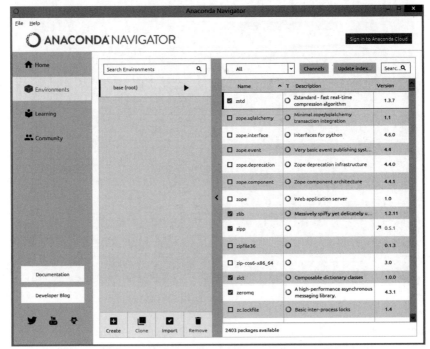

图 2.33　Anaconda Navigator Environments 选项卡

图 2.34　Anaconda Navigator Learning 选项卡

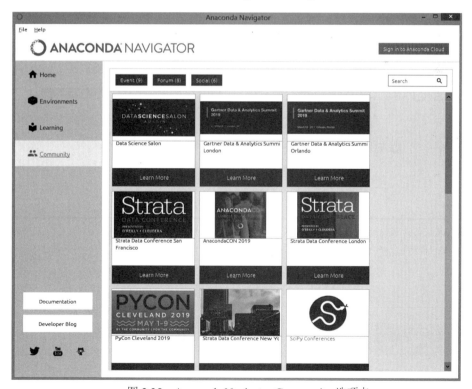

图 2.35　Anaconda Navigator Community 选项卡

2.5　练习与拓展

1. 下载并安装 Weka 软件，了解探索者界面、实验者界面、知识流界面、工作台界面和简单命令行界面及相应的功能。

2. 下载并安装 IBM SPSS Modeler 软件，了解数据流构建区、节点区、流管理区和项目管理区的相应功能。

3. 下载并安装 R 和 RStudio，了解从数据加载、预处理、模型建立到模型评估各个环节 R 可提供的相应软件包。

4. 下载并安装 Python，了解 Python 可用于数据分析的相关库。

5. 下载并安装 Anaconda，了解相应的功能。

自测题

第3章

数据与数据平台

本章内容
- 数据类型
- 关系型数据库
- NoSQL 数据库
- 数据仓库与大数据平台

从多个角度了解数据及数据产生、存储和分析的环境，是数据挖掘或大数据挖掘的基础。本章首先从数据形态及数据环境角度介绍数据类型，按存在形态不同，数据可以分为结构化数据、半结构化数据和非结构化数据；然后介绍结构化数据的常见环境(即关系型数据库)，及半结构化或非结构化数据的常见环境(即 NoSQL 数据库)；最后介绍数据挖掘或大数据挖掘依赖的分析环境(即数据仓库与大数据平台)。

3.1 数据类型

什么是数据？数据是可以通过一定的技术手段被记录的事实。随着技术的发展，可以被记录的事实越来越丰富，在形式上，从数字、符号、文字发展到图像、音频和视频等；在数量上，正以几何式增长。国际数据公司(IDC)预计，到 2025 年全球数据总量将达到 175ZB。

3.1.1 数据形态与数据类型

数据按存在形态可以分为结构化数据、半结构化数据和非结构化数据三种。

1. 结构化数据

结构化数据指可以按特定的数据结构来表示的数据，主要指存储在关系型数据库或数据仓库中的数据。这类数据由二维表结构来表示，以行为单位，一行数据表示一个实体的信息，每一行数据的属性(列)是相同的，每一列数据不可以再细分且数据类型相同。常见的如 Excel、SQL Server 等二维表数据，如表 3.1 所示。

表 3.1 结构化数据

客户 ID 号	性别	年龄	职业	收入
001	女	30	教师	中
002	男	33	数据分析师	高
003	男	45	软件工程师	高

按照所采用的计量尺度，结构化数据可以分为标称(nominal)数据、序数(ordinal)数据、区间(interval)数据和比率(ratio)数据四类。这四类数据也常被称为定类数据、定序数据、定距数据和定比数据。

(1) 标称数据(定类数据)的值只表明个体所属的类别而不能体现个体的数量大小或先后顺序，即只对个体起到分类作用。这类数据的值除了用文字表述外，也常用数值符号来表示，如对于"性别"属性，用"1"表示男性，用"0"表示女性，但这里的"0"和"1"只是符号而已，没有量的意义。

(2) 序数数据(定序数据)的值除了能确定个体所属的类别之外，还能确定各类之间的大小、高低、优劣、强弱、先后等顺序，可以用于比较。其值除了用诸如"好、中、差""优、良、及格、不及格""非常满意、满意、一般、不太满意、很不满意"等文字表述外，也可用数值来表示，如对服务的满意程度用 5、4、3、2、1 来分别表示非常满意、满意、一般、不太满意、很不满意等。但这些数字也没有明确的量的意义，只能用于优劣、先后等比较和排序。

(3) 区间数据(定距数据)以数值来表示个体特征并能测定个体之间的数值差距，即它不仅能用来确定个体的类别和顺序，还能测出个体间的差距。区间数据值可以用于加减运算，但不能进行乘除运算。

(4) 比率数据(定比数据)不仅能通过数值来体现个体间的差距，还能对不同个体的数值进行对比运算。它不仅能进行加减运算，也能进行乘除运算，它与区间数据最大的区别是存在一个有现实意义的绝对零点，如年龄、身高等。

标称(定类)数据和序数(定序)数据统称为定性数据。顾名思义，定性数据不具有数的大部分性质。即便使用数(即整数)表示，也应当像对待符号一样对待它们。区间(定距)数据和比率(定比)数据统称为定量数据。定量数据用数表示，并且具有数的大部分性质。定量数据可以是整数值或连续值。

2. 半结构化数据

半结构化数据介于完全结构化数据和完全无结构化数据之间。它具有结构化的特点，包含某些标记，可以用来分隔语义元素以及对记录和字段进行分层，所以不能简单地将它组织成一个文件按照非结构化数据处理；但因为结构会变化，所以也不能使用关系型数据库或其他数据库二维表的形式来表示。半结构化数据也被称为自描述的结构，常见的有HTML、XML 和 JSON 等类型。下面分别举例说明。

用 XML 表示我国部分省市的数据如下：

```
<?xml version="1.0" encoding="utf-8"?>
<country>
```

```
  <name>中国</name>
  <province>
    <name>江苏</name>
    <cities>
      <city>南京</city>
      <city>苏州</city>
    </cities>
  </province>
  <province>
    <name>浙江</name>
    <cities>
      <city>杭州</city>
      <city>宁波</city>
      <city>嘉兴</city>
    </cities>
  </province>
  <province>
    <name>福建</name>
    <cities>
      <city>福州</city>
    </cities>
  </province>
</country>
```

JSON(JavaScript object notation)是一种基于 JavaScript 的轻量级的数据交换格式,以键值对的形式输出数据。以上我国部分省市数据用 JSON 表示如下:

```
{
"country": "中国",
"province": [
{"name": "江苏","cities": {" city": ["南京", "苏州"] } },
{"name": "浙江","cities": {"city": ["杭州", "宁波", "嘉兴"] } },
{"name": "福州", "cities": {"city": ["福建"] } }
]
}
```

3. 非结构化数据

非结构化数据是指结构不规则或不完整,没有预定义的数据模型,不方便用二维逻辑表结构来表示的数据,包括文本文档、图像、音频、视频等,如图 3.1 所示。

非结构化数据形式多样,结构不标准且复杂。2019 年,全球存储装机容量年增量从 EB 级进入 ZB 级,文本、图片、视频等非结构化数据存储量占比越来越高,其所蕴涵的信息量非常丰

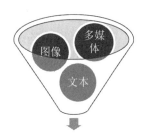

图 3.1 非结构化数据

富，所以对非结构化数据挖掘(如图像识别、语音识别、文本挖掘等)的需求也越来越大。

3.1.2 数据环境与数据类型

数据环境指数据产生、存储、处理和分析所处的物理环境，常见的数据环境有生产环境和分析环境。根据数据所处的环境，可以把数据分为三种类型：生产数据、原始数据和分析数据。

如图 3.2 所示，生产数据存在于生产环境；分析数据存在于分析环境；原始数据既不属于生产环境，也不属于分析环境，是一种过渡形态的数据。

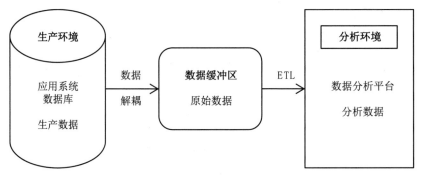

图 3.2 数据环境与数据类型

1. 生产数据

生产数据是生产应用系统实时运行所产生的数据，比如学生在学校教务信息系统注册、选课等产生的数据，客户在网上银行转账、购买理财产品等产生的数据，客户在电商平台浏览、评论、购买商品产生的数据等。

生产环境中各类应用系统服务于企业日常运行，所以生产数据会随着业务的发展而发生变化，具有动态变化性。如银行有新客户注册，发生交易，会产生新客户的相应数据；老客户账户余额会随着客户存款、取款、转账等交易的变化而变化。

2. 原始数据

为了不影响生产应用系统的运行性能，我们将需要分析的数据从生产系统解耦。这些从生产环境解耦的数据就是原始数据。数据解耦一般包括数据脱敏、特征筛选和批量导出等。数据脱敏一般用于屏蔽隐私信息，如客户身份证号、电话号码等。特征筛选如过滤不需要的字段。批量导出如在每周一凌晨批量导出前一周的交易明细数据。

存放原始数据的地方，我们称之为数据缓冲区。数据缓冲区可以多种形式存在，如生产数据库的备用数据库等。无论以什么形式存在，理论上原始数据都应该独立于生产环境和分析环境。但很多企业，对数据缓冲区未足够重视，为了方便，常常会省略数据缓冲区，将生产环境直接用于 ETL(extract-transform-load)过程，这势必会影响生产系统的性能。

3. 分析数据

分析数据是对原始数据经过 ETL 过程等优化后存放于数据平台的数据。包括对来源于不同应用系统的数据进行清洗，统一其数据格式、字段含义及取值，按分析需要优化其存储方式，使用大数据平台等。如来源于电信公司客户关系管理(CRM)、计费和结算三大应用系统的原始数据，时间属性的度量单位分别为秒、分和 6 秒，优化后都统一为秒存放于数据平台。

　　由分析数据获得的知识用于指导生产，使企业的数据从生产中来，到生产中去，在流动中得到增值，如图 3.3 所示。

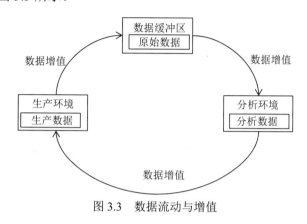

图 3.3　数据流动与增值

3.2　关系型数据库

　　数据库技术从诞生到现在，产品越来越丰富，应用领域越来越广泛，但关系型数据库及关系型数据库管理系统依然是现代数据库产品的主流。

3.2.1　关系型数据库概述

　　1970 年 IBM 公司的研究员 Edgar F. Codd 在 *Communications of the ACM* 上发表了题为 "A Relational Model of Data for Large Shared Data Banks" 的论文，提出了关系数据模型的概念，开创了关系数据库方法，为关系型数据库技术奠定了理论基础。

　　关系型数据库是指采用了关系模型来组织数据的数据库。关系模型是用二维表描述实体与实体之间的联系。实体是客观存在并可相互区分的事物。在关系模型中，把二维表称为关系。表中的列称为属性，列中的值取自相应的域(domain)，域是属性所有可能取值的集合。表中的一行称为一个元组(tuple)，元组用关键字(keyword)标识。

　　在当时，也有一些人认为关系模型仅仅是一种理想化的数据模型，不可能用它来实现具有高查询效率的数据库管理系统。在 1974 年，数据库界开展了一场支持和反对关系数据库的大辩论，这场论战吸引了更多的公司和研究机构对关系数据库原型进行研究，并不断推出研究成果。现在主流的关系型数据库有 Oracle、DB2、Microsoft SQL Server、Microsoft Access、PostgreSQL 和 MySQL 等。

关系型数据库从产生到现在，应用依然非常广泛，其优点体现在如下几个方面。

(1) 容易理解

关系型数据库的表、行及字段建立都需要预先严格定义，并进行相关属性约束。二维表的结构非常贴近现实，容易理解。

(2) 使用方便

采用 SQL 技术标准，通用的 SQL 语句使得操作关系型数据库非常方便。

(3) 易于维护

关系型数据库的 ACID 属性，大大降低了数据冗余和数据不一致的概率，易于维护。

关系型数据库的瓶颈主要表现在以下几个方面。

(1) 高并发性

许多网站，对于并发读写能力要求极高，常常达到每秒上万次的请求。对于传统关系型数据库，基于硬盘的读写是一个很大的挑战，已经无法应付。

(2) 高扩展性和高可用性

当一个应用系统的用户量和访问量与日俱增的时候，关系型数据库没有办法简单地通过添加更多的硬件和服务节点来拓展性能和负载能力。

3.2.2　关系型数据库管理系统

关系型数据库管理系统(relational database management system，RDBMS)用于建立、使用和维护关系型数据库。它对关系型数据库进行统一的管理和控制，以保证关系型数据库的安全性和完整性。在一个关系型数据库管理系统中，可以有多个关系型数据库。用户可通过 RDBMS 访问关系型数据库中的数据，数据库管理员也可通过 RDBMS 进行数据库的维护工作。它可以用于多个不同的应用系统，允许多个不同的应用系统和用户同时或不同时去建立、修改和访问。

关系型数据库管理系统、关系型数据库和各类应用系统之间的关系如图 3.4 所示。

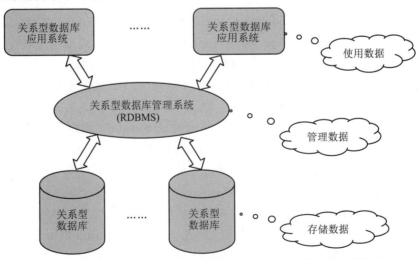

图 3.4　关系型数据库管理系统与关系型数据库及应用系统间的关系

3.3 NoSQL 数据库

以互联网业务应用为主的海量数据存储和使用问题的出现，推动了非关系型数据库技术的发展。NoSQL 即 Not Only SQL，是对非关系型数据库的泛称。NoSQL 没有采用统一的技术标准来定义和操作数据库，以分布式的数据处理技术为主。从数据存储类型看，目前流行的 NoSQL 数据库主要为键值存储、文档存储、列族存储和图存储四种模式。

3.3.1 键值数据库

键值数据库(key-value database)是一类采用键值存储模式、结合内存处理为主的 NoSQL 数据库。Redis(remote dictionary server)是广受欢迎的键值数据库[①]，其主要适用于少量数据存储、高速读写访问的应用场景。

1. 键值数据库的存储模式

键值数据库不要求预先定义数据类型。如表 3.2 所示，键值数据库数据存储的基本结构为键(key)和值(value)。

键起到唯一索引的作用，同时，键值数据库允许键的内容有实际意义，所以键也具有信息记录的作用。如表 3.2 中，"中国：杭州"起到记录西湖所在城市信息的作用。键的内容不是越详细越好，因为更多的内容会占用更多的内存，从而影响运行性能。但也不是越短越好，如"B:n"不如"Book:name"直观。在同一类数据集合中，键命名规则最好统一，易于理解，如"Book:name""Book:price""Book:id"等。

表 3.2　键值数据库存储模式

键	值
Book:name	数据挖掘方法与应用
中国：杭州	西湖
Address:redis	https://redis.io/
UserID	00101

值对应键相关的内容，通过键来获取，可以是任何类型的数据。对于值的具体约束取决于不同的键值数据库。

键和值的组合形成了键值对(key-value pair)，它们之间是一一映射的关系。如"中国：杭州"只能指向"西湖"，而不能指向其他。键值对构成的数据集合称为命名空间(namespace)，通常由一类键值对数据构成一个集合。

---

① Reids 的官网地址为 https://redis.io/，从这里可以获得更多相关信息。

2. 键值数据库的特点

(1) 简单、快速

数据存储结构简单，只有键和值，且成对出现。基于内存处理数据，相对于硬盘低效的读写能力，其具有更快的速度，足以应对一秒内几百万次的网页访问量。

(2) 分布式处理

分布式处理技术使其具备处理大数据的能力，可以把 PB 级的数据分布到多台服务器的内存进行计算。

(3) 对值的查找功能很弱

键值数据库是以键为主要对象进行各种操作，包括查找功能，因此对值直接进行查找的功能很弱。

(4) 不易建立复杂关系

键值数据库不易建立传统关系型数据库多表关联那样的复杂关系，只能进行两个数据集之间的有限计算。

(5) 容易出错

键值数据库使用弱存储模式，不需要预先定义键和值所存储的数据类型，在使用过程中容易出错。

3.3.2　文档数据库

文档数据库通常以 XML、JSON 或 BSON(binary serialized document format)格式将半结构化的数据存储为文档，以磁盘读写为主，实现分布式处理。MongoDB 是广受欢迎的文档数据库[①]。

1. 文档数据库的存储模式

文档数据库借用了键值对的存储形式，若干个键值对存储在带"{ }"的大字段中，一个大字段被称为一个文档，如图 3.5 所示。

```
{"Book_id":"10001",
"Name":"《大数据分析》",
"Price":68
}
{"Book_id":"10002",
"Name":"《当大数据遇见物联网》",
"Price":109
}
...
```

图 3.5　文档数据库中的文档

---

① MongoDB 的官网地址为 https://www.mongodb.com/，从这里可以获取更多相关信息。

文档数据库的存储模式主要包括四个基本要素：键值对、文档、集合和数据库。

(1) 键值对

文档数据库数据存储的基本形式借用了键值对的形式，数据包括键和值两部分，根据不同文档类型，具体格式会有所不同。键一般用字符串表示，值可以有多种数据类型表示，包括数字、字符串、逻辑值、日期、数组，甚至是文档。

(2) 文档

文档由若干个键值对构成，如图 3.5，每个"{ }"里的内容代表一个文档，每个文档里的键值对必须是唯一的，如"Book_id"："10001"不能再次出现在同一个文档里。

(3) 集合

集合由若干个文档构成，一般将具有相关性的文档放在一个集合中。集合没有固定的结构，这意味着可以对集合插入不同格式和类型的数据，但通常情况下，插入集合的数据都会有一定的相关性。为了便于操作，每个集合要有一个集合名。

图 3.5 所示的两个文档的键都一样，属于规则结构键值对文档。在同一集合里，不同文档允许存在不同的键。

(4) 数据库

一个文档数据库，包含若干个集合。一台服务器上允许存在多个文档数据库。在进行数据操作之前，必须指定数据库名。例如：假设图 3.5 中的文档所在集合名为 Books，数据库名为 DB，我们想要读取《大数据分析》这本书的信息，操作代码如下：

```
>DB.Books.find({"Name":"《大数据分析》"})
```

指定数据库名和集合名，该操作将会返回关于《大数据分析》的文档信息。文档数据库允许使用值进行查询，基于值查询的功能较为强大。

2. 文档数据库的特点

(1) 简单、高效

文档数据库数据存储结构简单，没有传统关系型数据库的各种要求和约束，极大提高了大数据环境下的读写响应速度。其每秒写入数可以达到几万条到几十万条，每秒读出则可以达到几百万条，足以支持大部分高访问量的网站。

(2) 查询功能较强

相对于键值数据库，文档数据库的查询功能更为强大。如查询集合所有文档：

```
>DB.Books.find()
```

也可以使用＞(大于)、＜(小于)、≠(不等于)、and、or 等操作符及正则表达式进行查询。

(3) 分布式处理

文档数据库具备分布式处理功能，具有很强的扩展能力，可以轻松解决 PB 级甚至 EB 级的数据存储。

(4) 基于磁盘读写操作

文档数据库主体是基于磁盘读写，并进行数据操作，与基于内存的键值数据库相比，其执行效率相对较低。

3.3.3　列族数据库

列族数据库将经常被一起查询的数据存储在列族中，如广受欢迎的 Cassandra[①]和
HBase[②]。

1. 列族数据库的存储模式

列族数据库的存储结构包括命名空间、行键、列族名、列名、时间戳。命名空间相当
于关系型数据库的表名。通过概念模型和物理模型，有助于我们理解列族数据库的存储
模式。

在表 3.3 所示的概念模型中，行键用于从逻辑上区分列族数据库中的不同行。表 3.3 中
的数据有两行：0101 和 0102 行。行键的作用与关系型数据库表的行主键作用相似，但列
族数据库以列为单位存储，行是虚的，只存在逻辑关系。

列的每个值都具有时间戳，在写入数据时自动记录。表 3.3 中，Account Info:balance
列有两个时间版本 T3 和 T2，在读取数据时，默认读取最新版本。

列族是若干个列的集合。关系密切的列可以放在一个列族里，由此提高查询的速度。
每个列族可以随意增加列，表 3.3 中，Basic Info 列的三个列分别为 name、gender 和 age。
有些列族数据库只能存放表示成字符串的值，如 HBase；有些列族数据库则可存放整数型、
字符串、列表等数据结构，如 Cassandra。

表 3.3　列族数据库的概念模型

行键	时间戳	列族 Basic Info	列族 Account Info
0101	T8	Basic Info:name=Kevin	
0101	T6	Basic Info:gender=male	
0101	T5	Basic Info:age=27	
0101	T3		Account Info:balance=666
0101	T2		Account Info:balance=88
0102	T7	Basic Info:name=Lily	

虽然概念模型可以看成是一个稀疏的行的集合，但在物理上，是按列族分列存储的，
所以列可以随时添加。其物理模型如表 3.4 和 3.5 所示。

表 3.4　列族 Basic Info 的物理模型

行键	时间戳	列族 Basic Info
0101	T8	Basic Info:name=Kevin
0101	T6	Basic Info:gender=male

---

① Cassandra 的官网地址为 http://cassandra.apache.org/，从这里可以获取更多相关信息。
② HBase 的官网地址为 http://hbase.apache.org/，从这里可以获取更多相关信息。

(续表)

行键	时间戳	列族 Basic Info
0101	T5	Basic Info:age=27
0102	T7	Basic Info:name=Lily

表 3.5　列族 Account Info 的物理模型

行键	时间戳	列族 Account Info
0101	T3	Account Info:balance=666
0101	T2	Account Info:balance=88

2. 列族数据库的特点

(1) 存储模式相对复杂

需预先定义命名空间、行键、列族，列无须预先定义，可随时增加。数据存储模式相对键值数据库和文档数据库要复杂。

(2) 高并发、高扩展性和高可用性

列族数据库擅长大数据处理，具备高密集写入能力，许多列族数据库都能达到每秒百万次的并发处理能力；擅长 PB 甚至 EB 级的数据存储及千台或万台级别的服务器分布式存储管理，体现了较好的高扩展性和高可用性。

(3) 管理复杂

在大数据环境下，列族数据库的管理相对更为复杂，必须依赖各种高效的管理工具来实现系统的正常运行。

(4) 查询功能丰富，易于大数据分析

列族数据库的查询功能相对丰富。Hadoop 生态系统为基于列族的大数据分析提供了各种工具，包括用于 ETL 的 Flume、Sqoop、Pig；用于统计分析、机器学习、数据挖掘及大数据分析的 R、Mahout、MapReduce 和 Spark 等。

3.3.4　图数据库

图数据库指以"图"这种数据结构存储和查询数据，图包含节点、边和属性。图数据库适用于一些关系性强的数据，如社交网络、推荐引擎、通信和物流等应用。Neo4j 是广受欢迎的图数据库[①]。

1. 图数据库的存储模式

图数据库的存储模式主要包括四个基本要素：节点、边、属性和标签，如图 3.6 所示。

(1) 节点

节点是图数据库中主要的数据元素，代表事物实体，可以是人、书、城市、网站等任何实体。节点通过边连接到其他节点。图 3.6 有四个节点：一个作者节点，两个读者节点

[①] Neo4j 的官网地址为 https://neo4j.com/，从这里可以获取更多相关信息。

和一个书节点。

（2）边

边用于连接两个节点，表示两个节点即两个实体间的关系。边不受方向限制，可以双向通行的边为无向边，如图 3.6 中连接两位读者节点之间的边，它们互为朋友。带有箭头指向的边为有向边，如图 3.6 中连接作者节点和书节点的边，由作者节点指向书节点，表示创作关系。一个节点可以有多条边。

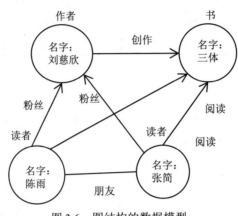

图 3.6　图结构的数据模型

（3）属性

属性体现为键值对的形式，节点和边都可以有一个或多个属性。如图 3.6 中四个节点，都具有一个相同属性：名字。属性可以被索引和约束，也可以由多个属性创建复合索引。

（4）标签

标签用于对节点进行分组，如图 3.6 中，通过标签把节点分为作者、读者和书三类。一个节点可以有多个标签，可以通过对标签进行索引在图中查找节点。

2．图数据库的特点

（1）直观、高效

图数据库基于图的方式表示实体间的关系，非常直观。数据结构灵活、可扩展性好，可以较高速度持续插入大量数据。

（2）便于查询

图数据库提供了用于图检索的查询语言，如 Cypher、Gremlin 等图数据库语言，可以很高效地查询关联数据。

（3）易于分析

不少图数据库提供了数据批量导入工具，专业的分析算法工具(如 ShortestPath、PageRank、PersonalRank 等)，以及可视化的图显示界面，不仅易于对图数据进行分析，而且能更加直观地展示分析结果。

3.4 数据仓库与大数据平台

如果我们把存放分析数据、用于支持数据挖掘等大多数数据分析的平台称为数据平台，那么传统的数据仓库就是典型的数据分析平台。而随着互联网应用的持续发展，数据采集、存储和分析技术也在不断发展，现代的数据平台融合了传统的数据仓库、NoSQL 数据库、MPP(massive parallel processing)数据库和大数据平台等多种产品。

MPP 数据库即大规模并行处理数据库，是一种基于列存储的分布式关系型数据库。MPP 数据库既具有关系型数据库友好的用户交互界面，还提供了分布式存储和计算的功能。但 MPP 数据库产品定位于高端市场，一般价格昂贵，而且对硬件有特殊要求，如 Teradata 公司实行软硬件一体销售的策略。

本节主要介绍传统的数据平台(即数据仓库)和大数据平台。

爱奇艺数据仓库平台
和服务建设实践

3.4.1 数据仓库

1. 概念与特点

著名的数据仓库专家 W.H.Inmon 提出：数据仓库(data warehouse)是一个面向主题的(subject oriented)、集成的(integrate)、随时间变化的(time variant)、非易失的(non-volatile)的数据集合，用于支持管理决策。数据仓库也被称为"事实的唯一版本"，反映的是整个企业的数据，而不是企业各个应用系统的数据。

根据数据仓库概念的含义，数据仓库拥有以下四个特点。

(1) 数据仓库的数据是面向主题的

操作型数据库的数据是面向事务处理任务而组织的，各个应用系统之间各自分离，而数据仓库中的数据是按照一定的主题域进行组织。主题是一个抽象的概念，是用户所要分析的对象，每个主题基本对应一个分析领域，可满足该领域的决策需要。一个主题通常与多个操作型信息系统相关。

例如，某商场按业务已建立采购、销售、库存管理和人事管理等应用信息系统，如果要构建数据仓库，则可以按分析对象，面向商品、顾客、供应商等主题组织数据，如图 3.7 所示。

(2) 数据仓库的数据是集成的

集成的是指将多个异构数据源(如面向事务处理的多个不同操作型数据库、企业内外部的数据文件等)按不同主题进行集成。数据仓库数据是在对原有分散的数据库数据、数据文件等抽取、清理的基础上经过系统加工、汇总和整理得到的，必须消除源数据中的命名规则、编码及度量单位等方面的不一致性，以保证数据仓库内的信息是关于整个企业的一致的全局信息。

如电信企业有 CRM、计费、结算三个应用系统，三个系统中性别的取值分别如图 3.8 所示，集成后统一为 m、f 保存在数据仓库中。

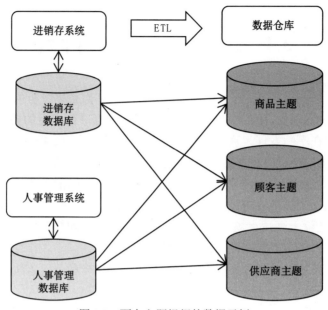

图 3.7 面向主题组织的数据示例

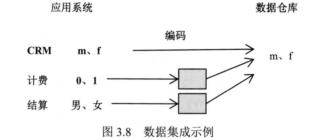

图 3.8 数据集成示例

(3) 数据仓库的数据是随时间变化的

数据仓库的数据主要供企业决策分析之用,数据横跨较长的时间段,数据结构中包含时间维度,隐式或显式地包含时间元素。每隔一段时间,企业要将日常事务处理系统新产生的数据追加到数据仓库。追加的频率一般根据使用者的要求来决定。

(4) 数据仓库的数据是非易失的

非易失是指数据仓库和面向事务处理的操作型数据库完全物理隔离,数据仓库不需要事务处理、恢复和并发控制机制。数据初始化载入数据仓库后,一般不允许修改、插入或删除,只允许访问,用于查询,如图 3.9 所示。

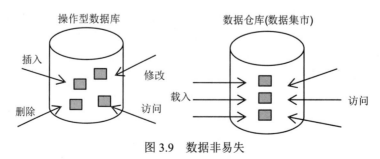

图 3.9 数据非易失

2. 数据集市

数据集市(data mart)是数据仓库的一个子集，遵循数据仓库的四个特点。数据仓库是相对于整个企业而言的，集成的是整个企业的数据；而数据集市是相对于部门或主题而言的，集成的是面向主题或面向部门的数据。数据集市的集合可以组成一个企业数据仓库，一个数据仓库也可以分解成几个数据集市。

如图 3.10 所示，数据集市可以分为两种：从属数据集市与独立数据集市。

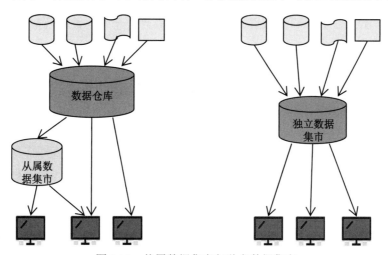

图 3.10　从属数据集市与独立数据集市

从物理结构看，数据集市可以存放在不是物理上独立的数据仓库中。但是在大部分情况下，数据集市是物理上独立的数据存储，它通常被部署在局域网一个单独的数据库服务器上，专门为某一类用户服务。

3. 元数据与数据粒度

(1) 元数据

元数据是描述数据的数据。在数据仓库中，元数据用于描述数据仓库内数据的结构、位置和建立方法等。我们可以通过元数据实现对数据仓库的管理和使用。

从用户的角度，可以把元数据分为技术元数据和业务元数据。技术元数据是用于分析、设计、开发和管理数据仓库等与技术关系密切相关的元数据，主要为数据仓库的开发人员和管理维护人员服务，如对于数据仓库结构的描述、不同数据源和数据仓库之间映射和依赖关系的描述、管理权限的描述等。业务元数据提供面向业务的数据的描述，主要为数据仓库的最终用户服务，使不懂计算机技术的业务人员能够理解数据的含义，正确、有效地使用数据仓库中的数据进行分析，如业务术语、企业数据概念模型和逻辑模型及数据含义等。

(2) 数据粒度

在数据仓库中，数据粒度用于度量数据单元的详细程度和级别。数据越详细，其粒度越小，级别也越低；数据越综合，其粒度越大，级别也越高。如对于一家跨国公司的数据仓库，从时间上，按不同年份统计汇总的销售数据比按不同季度统计汇总的销售数据粒度大、级别高；从空间上，按不同国家统计汇总的销售数据比按不同省份统计汇总的销售数据粒度大、级别高。

粒度的大小影响存放在数据仓库中的数据量的大小，同时影响数据仓库所能回答查询问题的详细程度。为了适应不同查询的需要，在数据仓库中经常建立多重粒度的数据，如按周综合的轻度综合级数据和按年度综合的高度综合级数据。

4. 逻辑模型

关系型数据库基于实体-联系数据模型，一般采用二维表的形式来表示数据，二个维度即为行和列，行列的交叉项即为数据元素。最流行的数据仓库的数据模型是多维数据模型，传统的数据仓库大多是基于关系型数据库搭建的。如在 Windows 服务器平台上，选用 SQL Server、Oracle、DB2 或 MySQL 数据库中的一种或几种混合搭建。基于关系型数据库搭建的数据仓库扩展了关系数据库模型，以星形模型为主要结构方式，并在此基础上扩展出雪花形模型和星座模型。学习和了解数据仓库的逻辑模型是了解和熟悉相关业务数据用于分析的最好途径。

不管是哪一种模型，事实表和维表是其基本组成要素，多个维表即体现了其多维性。事实表主要包含描述特定商业事件的度量值，如销售量、销售额等。最常见的度量值为可加型数据，即可以按照与事实表关联的任意维度汇总；也可以是半可加型，即只能对某些维度汇总，而不能对所有维度汇总；甚至是完全不可加型，如单价。维度是人们观察数据的特定角度，如企业从时间的角度来观察产品的销售，时间就是一个维度，称为时间维。维度是属性的组合，属性是查询约束条件、分组和报表标签生成的基本来源。每一个维度表都有一个主键与事实表相关联，维度表中的主键即为事实表中的外键。

(1) 星形模型

数据仓库中最常见的多维模型为星形模型，通常包括一个大的高度规范化的事实表和多个允许非规范化的维表。星形模型以事实表为核心，维度表只与事实表关联，维度表之间没有联系。

如图 3.11 所示，是一个关于"销售"的星形模型，包含一个销售事实表和时间、商品、客户和地点四个维度表。销售事实表中包含 4 个外键(即 4 个维度表的主键)和两个度量值"销售量""销售额"。通过 4 个外键，将事实表和维度表关联在一起，形成了星形模型。基于该星形模型，可以方便、高效地查询不同维度组合的销售量或销售额，完全用二维关系表实现了数据的多维表示。

星形模型的主要数据都存在于事实表中，维度表一般都比较小，与事实表进行连接查询时效率较高。而且星形模型比较直观，易于理解，对于非计算机专业的用户而言，容易实现各种维度组合的查询。

(2) 雪花模型

雪花模型是对星形模型的扩展，每一个维表都可以连接多个详细类别表，使星形模型中非规范化的维表进一步规范化。雪花模型通过把多个较小的规范化表联合在一起来改善查询性能，提高数据仓库应用的灵活性。

图 3.11 所示的星形模型中，每个维只用一个维表来表示，每个维表包含一组属性。如地点维包含主键 Location_id 及街道、城市、省份和国家，这种模式下，地点维表会存在某

些冗余，是非规范化的表。如可能存在两条记录：

1001，文一路 121 号，杭州，浙江，中国

1002，文三路 288 号，杭州，浙江，中国

从以上两条记录可以看到，"城市""省份"和"国家"字段存在数据冗余，可以对地点维表进一步规范化，即创建一个城市维表，通过主键 City_id 与地点维表相关联，City_id 同时作为地点维表的外键。如图 3.12 所示，这样就形成了关于"销售"的雪花模型。

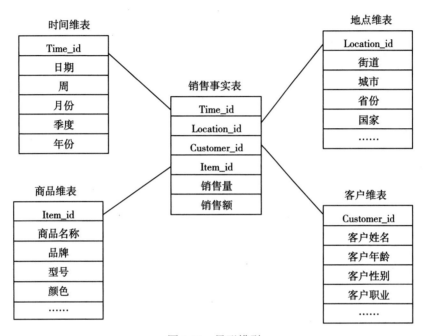

图 3.11　星形模型

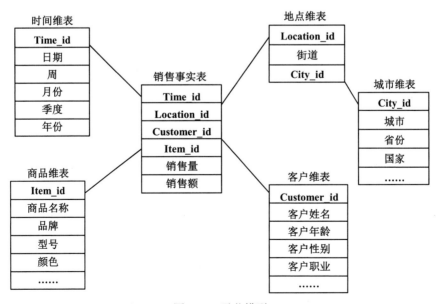

图 3.12　雪花模型

(3) 星座模型

一般一个星形模型或一个雪花模型对应一个主题，它们都有多个维表，但是只有一个事实表。在一个多主题的数据仓库中，存在多个事实表共享某一个或多个维表的情况，就形成星座模型。

例如，在图 3.11 星形模型的基础上，增加一个采购分析主题，采购事实表包含 4 个外键(即时间、商品、地点和供应商4个维度表的主键)和两个度量值"采购量""采购额"。其中，两个事实表共享时间、商品和地点维度表，对应的星座模型如图 3.13 所示。

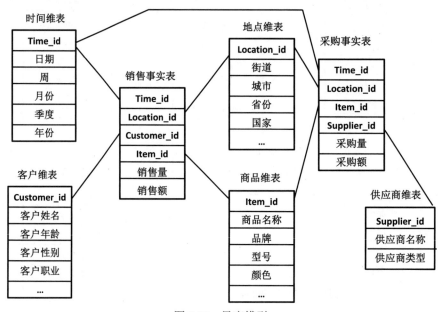

图 3.13　星座模型

3.4.2　大数据平台

大数据平台的核心技术是分布式存储和分布式计算，分别用于解决大数据的存储问题和计算效率问题。目前实际应用中的大数据平台基本以开源的 Hadoop 平台为核心，在此基础上进行扩展。

Hadoop[①]是 Apache 软件基金会旗下的一个开源分布式计算平台，以 HDFS(hadoop distributed file system)和 MapReduce(Google MapReduce 的开源实现)为核心，提供分布式基础架构。

图 3.14 为大数据平台的核心组件，随着大数据相关技术的不断发展，其组件也在持续发展。底层模块 HDFS 分布式文件系统用于提供分布式存储能力。MapReduce 分布式计算框架用于提供分布式批处理计算能力。Zookeeper 负责集群之间的协作管理。Flume 和 Sqoop 是大数据平台数据的入口和出口，负责系统间的数据交换。

---

① Hadoop 的官网地址为 http://hadoop.apache.org/，从这里可以获取更多相关信息。

图 3.14　大数据平台的核心组件

1. HDFS

HDFS 分布式文件系统是 Apache Hadoop 的核心子项目，类似于 FAT 32 和 NTFS，是一种底层的文件格式。HDFS 具有高容错、高吞吐量等特性，适合部署在低成本的硬件上，支持各种大规模数据集的应用。

HDFS 采用主/从(mater/slave)体系结构，从最终用户的角度来看，它就像传统的文件系统一样，可以通过目录路径对文件执行 CRUD(create、read、update 和 delete)操作。但由于分布式存储的性质，一个 HDFS 集群拥有一个 NameNode 和若干个 DataNode。

NameNode 作为主服务器，管理文件系统的命名空间和客户端对文件的访问操作，同时还管理集群的元数据。DataNode 存储实际的数据。客户端通过与 NameNode 和 DataNodes 的交互访问文件系统。客户端联系 NameNode 以获取文件的元数据，而真正的文件 I/O 操作直接和 DataNode 进行交互。

2. HBase

HBase(hadoop database)是 Apache Hadoop 项目的子项目，是建立在 HDFS 分布式文件存储系统之上的列族数据库。

HBase 具备列族数据库的特点，具体体现在：

(1) 面向列(列族)存储，列(列族)独立检索。

(2) 表可以非常大，一张表可以有上亿行，上百万列。每一行都有一个主键和任意多的列，列可以根据需要无限制地扩展，同一张表中不同的行可以有不同的列。

(3) 对于为空(NULL)的列，不占用存储空间，因此，表可以设计得非常稀疏。

(4) 通过列(column)和行(row key)确定一个存储单元(cell)，每个存储单元数据类型单一，都是字符串。但每个单元中的数据可以有多个版本，版本通过时间戳来索引，默认情况下，时间戳由 HBase 在数据写入时自动赋值。每个单元中，不同版本的数据按时间戳倒序排列，即最新的数据排在最前面。

3. Hive

Hive 是一个基于 Hadoop 的数据仓库工具，可以将结构化的数据文件映射成表，并提供完整的类 SQL(HQL)查询功能，可以将查询语句自动转化为 MapReduce 任务加以执行。

Hive 基于 HDFS 存储数据，利用 MapReduce 查询数据。Hive 体系结构如图 3.15 所示。

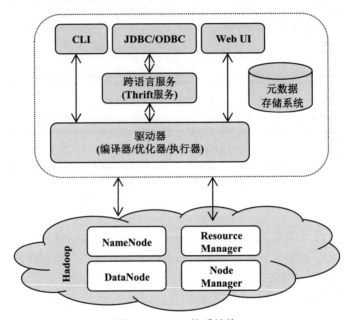

图 3.15　Hive 体系结构

(1) 用户接口

CLI(command line Interface)即 shell 终端命令行接口，采用交互形式使用 Hive 命令行与 Hive 进行交互，是最常用的形式。

JDBC/ODBC 是 Hive 基于 JDBC 操作提供的客户端，用户可以通过它连接至 Hive server 服务。

Web UI 通过浏览器访问 Hive。

(2) 跨语言服务(thrift server)

Thrift 是 Facebook 开发的一个软件框架，可以用来进行可扩展且跨语言服务的开发。Hive 集成了该服务，让用户通过 Thrift 协议可以按照标准的 JDBC 方式操作数据。

(3) 驱动器(driver)

底层的驱动器包括编译器(compiler)、优化器(optimizer)和执行器(executor)。驱动器组件完成 HQL 查询语句的词法分析、语法分析、编译、优化以及查询计划的生成。生成的查询计划存储在 HDFS 中，并由 MapReduce 调用执行。

(4) 元数据存储系统(meta store)

Hive 中的元数据通常包括：表的名字，表的列和分区及其属性，表的属性(内部表和外部表)，表的数据所在目录等。所有的元数据默认存储在 Hive 内置的 derby 数据库中，但由于多个命令行客户端不能同时访问 derby，所以在实际生产环境中，通常使用 MySQL 代替 derby。由此可知，Hive 的元数据存储在 RDBMS 中，除元数据外的其他所有数据都基于 HDFS 存储。

Hive 创建内部表时，会将数据移动到数据仓库指向的路径。Hive 创建外部表时，仅记录数据所在的路径，不改变数据所在的位置。在删除表时，内部表的元数据和数据会被一起删除，而外部表则不删除数据，只删除元数据。这样，外部表相对来说更加安全一些，数据组织也更加灵活。

4. 分布式计算框架

大数据分布式计算通常可以分为两种方式：批处理方式和流处理方式。批处理方式指对一段时间内海量的离线数据进行统一的处理，对应的处理框架有 Hadoop MapReduce、Spark 和 Flink 等。流处理方式指对流动中的数据进行处理，即在接收数据的同时就对其进行处理，对应的处理框架有 Storm、Spark Streaming 和 Flink Streaming 等。

(1) Hadoop MapReduce

Hadoop MapReduce 是基于 Hadoop 平台的分布式计算框架，用于编写批处理应用程序。编写好的程序可以提交到 Hadoop 集群上用于并行处理大规模数据集。MapReduce 主要包括两部分：Map 过程和 Reduce 过程，由 Map 和 Reduce 两个函数分别实现。

Map 函数接受一个<key，value>键值对，根据用户定义的 map()方法做逻辑运算，输出一组中间<key，value>键值对。MapReduce 框架会将 Map 函数产生的<key，value>键值对里键(key)相同的值(value)传递给一个 Reduce 函数。

Reduce 函数接受一个键及相关的一组值，根据用户定义的 reduce()方法进行逻辑运算，并收集运算输出的结果<key，value>键值对，然后调用客户指定的输出格式将结果数据输出到外部存储。

以词频统计为例，MapReduce 的处理流程如图 3.16 所示。

Input: 读取文本文件。

Splitting: 将文件按行进行拆分，得到 k1，v1。其中，k1 为行数，v1 为对应行的文本内容。

Mapping: 并行将每一行按空格进行拆分，拆分得到 List(k2,v2)。其中，k2 代表每一个单词，由于要统计词频，所以 v2 为 1 代表出现 1 次。在此阶段，也可以在 map 运算后，选择使用 combiner，实现本地化的 Reduce 操作，从而减少传输的数据量，提高传输效率。针对此案例，即合并每一行内相同 k2 键的值，第二行(Sun,1;Sun,1)合并为(Sun,2)。

Shuffling: 由于 Mapping 操作可能是在不同的机器上并行处理的，所以需要通过 Shuffling 将相同键(key)的数据分发到同一个节点上去合并，得到 k2，List(v2)。其中，k2 为每个单词，List(v2)为可迭代集合，v2 就是 Mapping 中的 v2。

Reducing: 此案例是统计词频，所以 Reducing 对 List(v2)进行求和操作，最终输出求和结果 List(k3,v3)。

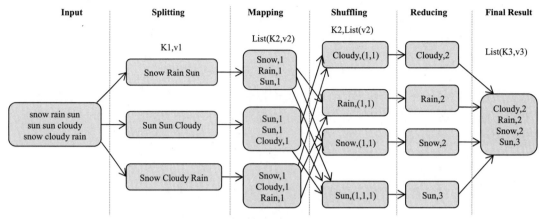

图 3.16　MapReduce 处理流程

(2) Spark[①]

Spark 是加州大学伯克利分校 AMP 实验室开源的类 Hadoop MapReduce 的通用并行框架，2013 年被捐赠给 Apache 软件基金会，之后成为 Apache 的顶级项目。Spark 除了拥有 Hadoop MapReduce 的优点外，还可以把 Job 中间输出结果保存在内存中，不再需要读写 HDFS，因此相对于 Hadoop MapReduce 的批处理计算，Spark 极大地提升了处理性能，成为继 Hadoop MapReduce 后最为广泛使用的分布式计算框架。

Spark 提供多语言支持，包括 Java、Scala、Python 和 R；支持本地模式和自带的集群模式，也支持在 Hadoop、Mesos[②]、Kubernetes[③]上运行；支持访问多种数据源，包括 HDFS、Cassandra、HBase、Hive 等数百个其他数据源中的数据。其基于 Spark Core 扩展了 4 个核心组件：Spark SQL、Spark Streaming、GraphX 和 MLlib，支持批处理、流处理和复杂的业务分析，用于满足不同领域的计算需求。

Spark SQL 提供 SQL 处理能力，主要用于结构化数据操作，支持多种数据源，支持标准的 JDBC 和 ODBC 连接。此外，还为熟悉 Hive 开发的用户提供了对 Hive SQL 的支持，允许访问 Hive 数据仓库。

Spark Streaming 提供流式计算处理能力，支持从 HDFS、Flume、Kafka 和 Twitter 等数据源读取数据，并进行处理。其本质是将数据流拆分成极小粒度(如 1 秒)，对拆分的数据进行批处理，从而实现流式处理的效果。

GraphX 提供图型计算处理能力，支持分布式计算，融合了图并行和数据并行的优势。GraphX 除了提供一组基本运算符(如 subgraph，joinVertices 和 aggregateMessages 等)以及优化后的 Pregel API 外，还包括越来越多的图形算法和构建器，以简化图形分析任务。

MLlib 提供了机器学习相关的统计、特征处理、分类、回归、聚类、神经网络和协同过滤等领域的多种算法实现。其目标是使机器学习变得简单、可扩展。

(3) Flink[④]

---

① Spark 的官网地址为 http://spark.apache.org/，从这里可以获取更多相关信息。
② Mesos 的官网地址为 https://mesos.apache.org/，从这里可以获取更多相关信息。
③ Kubernetes 的官网地址为 https://kubernetes.io/，从这里可以获取更多相关信息。
④ Flink 的官网地址为 https://flink.apache.org/，从这里可以获取更多相关信息。

Flink 是一个用于无边界和有边界数据流计算的分布式处理框架，诞生于柏林工业大学的 StratoSphere 研究性项目，2014 年被捐赠给 Apache 软件基金会，之后成为 Apache 的顶级项目。

无边界数据流指有定义流的开始，但没有定义流的结束，数据会无休止地产生。因为输入是无限的，在任何时候输入都不会完成，所以无边界流的数据必须持续处理。有边界数据流指有定义流的开始，也有定义流的结束，可以在获取所有数据后再进行计算。

Flink 的核心是流处理，但也支持批处理。其对有边界数据流的处理即为批处理。它可以用于独立集群运行，也可以集成其他常见的集群资源管理器，如 Hadoop YARN、Mesos 和 Kubernetes。

(4) Storm[①]

Storm 是一个分布式实时计算系统，其创始人 Nathan Marz 是 BackType 公司的核心工程师。2011 年 7 月 BackType 被 Twitter 收购，收购没多久，Storm 对外开源，许多互联网公司纷纷采用这一系统。

Storm 可以简单、可靠的方式进行大数据流的实时处理，适用于数据提取转换加载 (ETL)、实时分析、在线机器学习、持续计算及分布式远程过程调用(remote procedure call，RPC)等场景。Storm 实时处理速度非常快，具有单个节点每秒处理百万级元组的能力，同时具有高度可扩展性、容错性，非常易于使用和部署。

5. Sqoop[②]

Sqoop 即 SQL 到 Hadoop 和 Hadoop 到 SQL，是 Apache 旗下一款 Hadoop 和关系数据库服务器之间传送数据的工具。它专为大数据批量传输设计，能够分割数据集并创建 Hadoop 任务来处理每个区块。

如图 3.17 所示，Sqoop 可以将关系型数据库(如 PostgreSQL、MySQL、SQL Server、Oracle、DB2 等)中的数据导入 Hadoop 的 HDFS 中，也可以将 HDFS 的数据导出到关系型数据库中。对于某些 NoSQL 数据库，它也提供了连接器。

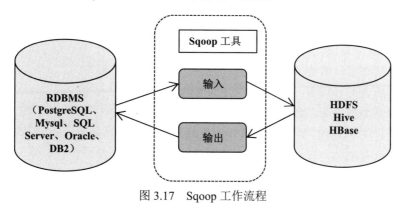

图 3.17　Sqoop 工作流程

---

① Storm 的官网地址为 http://storm.apache.org/，从这里可以获取更多相关信息。
② Sqoop 的官网地址为 https://sqoop.apache.org/，从这里可以获取更多相关信息。

6. Flume[①]

Flume 是一个分布式日志数据收集系统，由 Cloudera 公司于 2009 年赠与 Apache 软件基金会。Flume 可以高效率地收集多个网站服务器中的日志数据集中存入 HDFS/HBase 中。除了日志数据，Flume 也可以用于收集规模宏大的社交网络节点事件数据，如微信、QQ 等。其工作流程如图 3.18 所示。

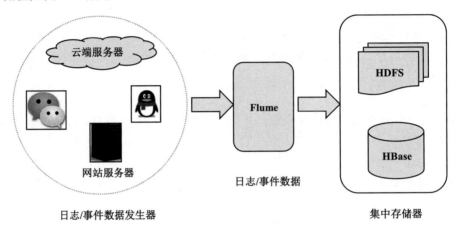

图 3.18   Flume 工作流程

7. Zookeeper[②]

Zookeeper 用于分布式协调和管理服务。在分布式环境中协调和管理服务是一个非常复杂的过程，Zookeeper 通过其简单的架构和 API 解决了这个问题，使开发人员能专注于核心应用程序逻辑，而不必担心程序的分布式特性。

Zookeeper 提供的常见服务和管理包括：命名服务、配置管理、集群管理、锁定和同步服务及队列管理等。

3.5   练习与拓展

1. 从数据形态看，数据可以分为哪些类型，各有什么特征？
2. 从数据所处的环境看，数据可以分为哪些类型？
3. 分析关系型数据库的特点、优点及其局限性。
4. 目前流行的 NoSQL 数据库有哪几种模式？各有什么特点？
5. 数据仓库有哪些主要特征？与传统数据库有什么区别？
6. 分析星形模型、雪花模型和星座模型的异同。
7. 了解大数据平台的核心组件及其功能。
8. 了解主流的分布式计算框架。

自测题

---

① Flume 的官网地址为 http://flume.apache.org/，从这里可以获取更多相关信息。
② Zookeeper 的官网地址为 http://zookeeper.apache.org/，从这里可以获取更多相关信息。

第 *4* 章

数据预处理

本章内容
- 数据预处理概述
- 数据清洗
- 数据集成
- 数据变换
- 数据归约

数据之于数据挖掘，好比砖瓦之于高楼，其质量的优劣直接决定着整个数据挖掘项目的成败，所以数据预处理是数据挖掘过程中非常重要的环节。由于本书后续对于数据挖掘方法及应用的介绍主要基于格式化数据，所以本章对于数据预处理的介绍也围绕格式化数据展开。本章首先对数据预处理进行概述，然后分别从数据清洗、数据集成、数据变换和数据归约四个方面介绍数据预处理的相关理论和方法。

4.1　数据预处理概述

4.1.1　原始数据中存在的问题

随着各种技术的不断发展，收集、积累数据的技术和渠道日益广泛，比如银行通过信用卡消费记录、连锁超市通过 POS 机销售记录、企业通过 ERP 系统或 CRM 系统等积累大量数据。另外，企业还可通过专题调查或者直接向外购买来获取所需数据，等等。这些储存在企业的数据库或数据仓库中的数据及通过其他外部途径获取的数据，是企业用于数据挖掘的原始数据。但是由于各种各样的原因，如市场调查中的无回答、数据输入错误等，导致这些原始数据中存在着各种问题。

1. 数据缺失

数据缺失分为两种，一种是基于某些分析所必需的行记录或列属性的缺失，另一种是在一些记录上缺少某些属性值。某些记录上属性值的缺失在原始数据中较为常见，数据挖掘预处理中的数据缺失更多指的是这种情况。这往往是由于数据库或数据仓库中某些数据损坏、操作者疏漏、市场调查中无回答或误操作等原因引起的。

2. 数据异常

数据异常指数据集中存在的孤立点,这些数据处于其特定分布区域或范畴之外。产生异常数据的原因有个两方面。其一,可能是度量或执行错误所导致的,这种情况是"真异常"。例如:一个人的年龄为-1,可能是数据输入时产生的错误,或是程序对缺失年龄自动生成的替代值。其二,异常数据也可能是事物现象的真实反映,这种情况也称为"伪异常"。例如:某件商品促销日的销售量远远高于平时的销售量,形成一个孤立点。这类异常是由于企业实行特殊销售策略所产生的,反映的是企业真实运营状态。在原始数据预处理中,我们要检测和纠正的是第一类问题。

3. 数据重复

数据重复包括记录的重复和属性的重复。记录的重复主要指原始数据中存在两条或多条数据值完全相同的记录。属性的重复主要体现在属性名称虽然不同,但具有相同或相似的数值内涵。

4. 数据不一致

数据不一致包括数据记录内部的自相矛盾和多数据源之间的不一致。数据记录内部的自相矛盾,如某一条记录,年龄属性的值为 42 岁,出生日期则为 2010 年 7 月 3 日。多数据源之间的不一致,可以体现在以下三个方面。

① 数据编码的不一致。如数据源 1,产品等级为 1、2、3;数据源 2,产品等级则为 A、B、C。

② 相同的记录(即同一个体)具有不同的关键字。如同一客户。在数据源 1,其客户 ID 号为 0001;而在数据源 2,其客户 ID 号为 0020。

③ 相同的属性内涵具有不同的属性名称或相同的属性名称具在不同的属性内涵。属性内涵体现在属性值、计算方法、计量单位、空间限制和时间限制等方面。前者如性别属性,在数据源 1 中用 Sex 表示其名称,在数据源 2 中用 Gender 表示其名称;后者如销售额属性,在数据源 1 中其计量单位为元,而在数据源 2 中其计量单位为美元等。

5. 数据高维性

数据高维性主要指原始数据中存在大量对于某次具体挖掘任务没有用的维度(属性),如果把所有维度(属性)都用于挖掘,不仅会影响挖掘的效率,更会影响挖掘的效果,得出错误的挖掘结果。

6. 数据不平衡

数据不平衡指的是原始数据中不同类别的样本量差异非常大,主要出现在与分类相关的挖掘任务中。如在电信 1000 万条客户数据中,950 万条为正常客户数据,而只有 50 万条是流失客户数据。

4.1.2　数据预处理的主要任务

原始数据中存在如上所述的各种问题，所以直接将原始数据用于挖掘建模是不切实际的，必须进行数据预处理，为建模提供完整、一致、更有针对性的高质量的数据。数据预处理的主要任务可以概括为四个方面：数据清洗、数据集成、数据变换和数据归约。

1. 数据清洗

数据清洗主要处理的是每个数据源中的数据缺失、数据异常和数据重复的问题。对数据集通过填补、替换、丢弃和去重等处理，达到去除异常和重复、补足缺失的目的。

2. 数据集成

数据集成主要处理的是多数据源集成时数据不一致和数据冗余的问题，从而实现多个数据源数据的一致化，并通过相关分析等去除冗余属性。

3. 数据变换

数据变换主要是把数据变换成适合挖掘的形式，包括定性数据的数值化、定量数据的规范化及离散化等，以及不平衡数据的处理。

4. 数据归约

数据归约即数据缩减，对于格式化数据而言，主要指数据行(记录)的缩减、列(属性)的缩减及数值的归约。数据归约的目的是希望能获得一个更精简的数据集用于数据挖掘，但可以获得与原数据集相同或几乎相同的分析结果。其前提是用于数据归约的时间应当小于在归约后的数据上挖掘节省的时间。常用的方法有数据聚集、抽样、维归约、离散化等。

4.2　数据清洗

金融贷款
数据的清洗

4.2.1　缺失数据处理

原始数据中存在缺失数据是非常常见的现象，对于缺失数据的处理思路是：首先要了解缺失数据在整体样本中的比例；然后分析清楚缺失的可能原因，例如某银行信用卡客户数据集中，激活日期属性值存在缺失，是因为这些客户还未激活信用卡，虽然系统自动赋值 NULL，但其具有特定的商业意义，所以不需要进行处理；再结合后续要使用的模型，如果后续要使用的模型具有处理缺失值的能力，也可以不预先处理，如神经网络；最后结合原始数据和缺失数据的特点，决定可采用的方法。常用的缺失数据处理方法可归纳为以下几个方面。

1. 删除

直接删除带有缺失值的记录或属性，这个方法虽然简单方便，但只有当有缺失值的记录个数占全部记录数的比例很低且有缺失值的记录内部缺失的值个数较多时，或有缺失值的属性个数占全部属性数的比例很低且有缺失值的属性内部缺失的值个数较多时，才考虑删除相应的记录或属性。

2. 使用一个固定的值代替缺失值

某些情况下，当我们无法得知缺失值的分布规律，且找不到一种合适的替代方法；或者认为缺失本身可能是一种规律，不能随意替换，则可以用一个常量代替空缺值。很多工具会自动对空缺值进行赋值，如 IBM SPSS Modeler 会使用$null$填充空缺值。这种方法不仅简单，而且有可能发现缺失值所蕴含的模式，但也有可能因为赋予缺失数据相同的值而得到错误的结论。

3. 使用属性平均值代替缺失值

平均数反映同质总体中某个属性值的一般水平，所以对同一个属性的所有缺失值可用该属性的平均值代替。平均数的代表性与属性值的分布特征密切相关，所以要充分考虑属性的具体特征选用合适的平均数，使替代值更接近缺失值，以减少误差。

4. 使用同一类别的均值代替缺失值

可以对数据按某一标准分类，分别计算各个类别的均值来代替相应类别的缺失值，其中各个类别的均值可以选用不同形式的平均数。如将顾客按所从事的行业分类，则可以用同一行业顾客的平均收入代替收入属性中的空缺值。

5. 使用成数推导值代替缺失值

若同一属性的记录值只有少量几种，就可以计算各种记录值在该属性中所占的比例，并对该属性中的缺失值同比例随机赋值。如性别属性中包含 40%的男性和 60%的女性，那么在为那些性别属性缺失的记录赋值时也按这个比例随机赋值。

6. 使用最可能的值代替缺失值

可以利用回归分析、决策树或贝叶斯方法等建立预测模型，把缺失数据对应的属性作为因变量，其他的属性作为自变量，为每个需要对缺失值进行赋值的属性分别建立模型，然后使用这个模型的预测值代替缺失值。如利用数据集中顾客的其他属性构建合适的回归模型，来预测收入属性的空缺值。这种方法相对比较复杂，但却最大程度地利用了现存数据所包含的信息来预测空缺值，具有较好的效果。此外，使用最可能的值代替缺失值也包括用基于多重插补方法获得的值进行替代。

4.2.2　异常数据处理

数据异常主要表现为孤立点的存在，所以数据异常处理的主要任务就是检测出孤立点。孤立点有可能是数据质量问题导致的，但也有可能反映了事物、现象的异常发展变化。换句话说，孤立点本身可能是非常重要的，如在欺诈探测中，孤立点可能预示着欺诈行为，所以数据异常的检测往往包含了原始数据质量问题的探测和数据异常挖掘,两者只有在探测出孤立点后,再由领域专家判断检测出的孤立点属于哪一类情况,才能加以区分。

若为第一类情况(度量或执行错误所导致的),则可将孤立点视为噪声或异常而丢弃,或者运用数据平滑技术按数据分布特征修匀数据,或者寻找不受异常点影响的健壮性建模方法。若为后一类情况,则可以寻找原因,进一步挖掘出有意义的信息。

不管哪种情况,其孤立点检测的方法是通用的。对于结构化数据,常用的方法有:可视化方法、置信区间检验方法、箱型图分析法、基于距离的方法和基于聚类的方法等。

1. 可视化方法

可视化方法是用于数据异常检测的最直观和最简捷的方法,如绘制散点图、直方图等。可视化方法对于一至三维数据有较好的展现效果,尤其是一维和二维数据。对于多维数据,结合数据立方体的各种操作技术(上钻、下钻、切块等),也可以进行不同维度和不同粒度的检测。但是可视化方法对数据挖掘人员的要求较高,数据挖掘人员需要具备丰富的行业领域知识。

2. 置信区间检验方法

置信区间检验方法适用于单个属性的异常点检测。首先假设单个属性数据服从一个已知分布(如正态分布),然后找到其均值和方差。在给定一个置信水平 $1-\alpha$ 的情形下,找出满足 $P(\hat{\theta}_L < \theta < \hat{\theta}_U) = 1-\alpha$ 的随机区间 $(\hat{\theta}_L, \hat{\theta}_U)$,其中 $\hat{\theta}_L$ 和 $\hat{\theta}_U$ 分别称为置信区间的下限和上限。因此,落在该随机区间外的数据就有可能是异常点。需要注意的是,这种方法只能用在数据比较集中,而且异常点非常突出的情况下。置信区间检验方法要求知道数据的分布参数,但在很多情况下数据的分布是不可知的,所以该方法具有一定的局限性。

3. 箱型图分析法

箱型图分析是从数据特征出发来研究和发现数据中有用的信息,而不需要假设数据的分布,其实也可以看作一种可视化方法。对于单个属性数据,变异箱型图方法是一种比较直观的异常点检测方法。变异箱型图基于中位数(M_e)、第一四分位数(Q_1)、第三四分位数(Q_3)、四分位距(IQR)及下限 T_1 和上限 T_2 画出。与标准箱型图的差异在于下限 T_1 和上限 T_2 的确定,其他几个量的计算和标准箱型图相同。T_1 和 T_2 的计算公式分别如式(4-1)和(4-2)所示。

$$T_1 = \max(观测到的最小值, Q_1 - 1.5 \times IQR) \tag{4-1}$$

$$T_2 = \min(观测到的最大值, Q_3 + 1.5 \times IQR) \tag{4-2}$$

比 T_1 小或比 T_2 大的观测数据至少在探测的基础上可视为异常数据,如图 4.1 所示。

图 4.1　箱型图

4. 基于距离的方法

基于距离的方法适用于多维数据。这种方法要求计算所有个体间的两两距离。对于所研究的总体(或样本)，若存在 p 个个体到某个个体的距离大于 d，那么该个体就可以认为是一个孤立点。也就是说，基于距离的孤立点是那些没有足够相邻点的个体。这种方法的关键在于参数 p 和 d 的设定。这两个参数的设定可以结合所选用的距离公式根据数据的有关知识提前给出，也可以在迭代过程中反复改变，检测出最有可能的孤立点。当然，这个距离的度量也可以运用相似性系数和相异度系数进行。

5. 基于聚类的方法

基于聚类的方法可以理解成基于距离的方法的扩展与延伸，因为聚类的方法之一就是基于距离的聚类。聚类的目的是要发现各个类，使类内个体尽可能相似，类间差异尽可能地大。这样，孤立点的寻找就可转化成寻找与各个类差异尽可能大的一个或几个小类，或不在任何类内的点。所有聚类的方法，不仅是基于距离的方法，还包括基于密度的方法、基于网格的方法等都可以用来检测孤立点。关键是要设定类间差异的值和类的大小，设定的方法和基于距离的方法类似，可以提前给出，也可以在迭代中产生。

4.3　数据集成

如图 4.2 所示，由于每一个数据源都是为了满足特定的需要而设计的，其结果是在各类数据库管理系统中数据编码、数据模式、数据格式等方面都存在很大的不同，所以在将多个数据源进行集成时数据的不一致性等问题表现得尤为突出。我们一般可以从模式匹配及数值一致化和删除冗余数据两个方面加以处理。

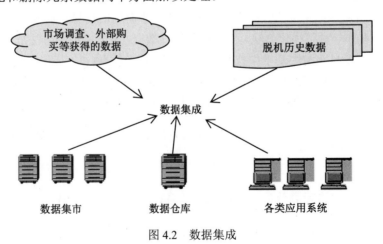

图 4.2　数据集成

4.3.1　模式匹配及数值一致化

模式匹配及数值一致化主要解决的是不同数据源中行和列的识别与匹配及一致化属性

值的计算方法、计量单位、空间范围和时间范围等方面。

表 4.1 和表 4.2 为一数据库的业务元数据，分别定义了客户基本信息表和交易信息表的相关数据，包括属性名称、数据类型和说明。客户基本信息表包含了五个属性：Cust_id、TerritoryID、AccountNumber、CustomerType 和 Time。交易信息表包含了六个属性：SalesOrderID、ProductID、AccountNumber、CustomerType、Time 和 UnitPrice。

表 4.1　客户基本信息表定义

属性名称	数据类型	说明
Cust_id	int	主键
TerritoryID	int	客户所在地区的 ID，指向 SalesTerritory 表的外键
AccountNumber	int	标识客户的唯一编号
CustomerType	char	I=个人，S=商店
Time	data	注册为会员的时间

表 4.2　交易信息表定义

属性名称	数据类型	说明
SalesOrderID	int	主键
ProductID	int	销售给客户的商品，指向 Product 表的外键
AccountNumber	short int	标识客户的唯一编号
CustomerType	flag	0=非会员，1=会员
Time	data	交易时间
UnitPrice	money	单件产品的价格

我们要集成客户基本信息表和交易信息表时，基于表 4.1 和表 4.2 的说明，可以使用 AccountNumber 属性进行两张表间数据的关联，但该属性的数据类型在两张表中不一致，集成后我们需要进行统一，一般原则是在保证不丢失数据的基础上，选择长度较小的数据类型。

同时，我们发现两张表中存在相同的属性名称 CustomerType 和 Time，CustomerType 属性在两张表中的内涵和数据类型都不相同，Time 属性在两张表中的数据类型相同而内涵不同。所以，集成时需要根据数据内涵相应调整属性名称，使集成的表中包含这四个属性，不能简单地根据原始属性名称只取其中一张表的一个，而忽略另一个。

由此可知，详细完整的元数据对于模式匹配非常重要。除了表 4.1 和表 4.2 呈现的问题，还包括属性值的计算方法、计量单位、空间范围和时间范围的识别与统一，都需要依赖于元数据。

4.3.2　删除冗余数据

冗余是指存在重复的信息。最明显的冗余是数据中存在两个或多个重复的记录，或者是同一个属性多次出现，或某个属性和其他属性具有明显的相关性。这类冗余较为容易发现，可以直接删除。

而有些冗余比较隐蔽，我们可以使用相关分析加以判别。对于数值型属性，我们常用皮尔逊相关系数进行判别，计算公式如式(4-3)所示。

$$r = \frac{\sum(x - \bar{x})(y - \bar{y})}{\sqrt{\sum(x - \bar{x})^2 \sum(y - \bar{y})^2}} \tag{4-3}$$

若式(4-3)中 r 值小于 0.3，表示低度线性相关，0.3～0.5 表示中低度线性相关，0.5～0.8 表示中度线性相关，0.8 以上为高度线性相关。如果两个变量具有中度及以上的线性相关性，则可以去除其中一个。

对于类别型属性，我们可以使用卡方检验分析其相关性，卡方检验的公式如式(4-4)所示。

$$\chi^2 = \sum_{i=1}^{r} \sum_{j=1}^{c} \frac{\left(f_{ij}^0 - f_{ij}^e\right)^2}{f_{ij}^e} \tag{4-4}$$

式(4-4)中，f_{ij}^0 表示各交叉分类频数的实际观测值，f_{ij}^e 表示各交叉分类频数的期望值。

当样本较大时，χ^2 统计量近似服从自由度为 $(r-1)(c-1)$ 的卡方分布。χ^2 值越大，表明观测值与期望值差异越大。当 $\chi^2 > \chi_\alpha^2$，拒绝相互独立的原假设，认为属性间具有较强相关性，可以删除冗余属性。

对于数值型属性和类别型属性之间的相关性，我们可以使用方差分析的方法分析。

4.4　数据变换

数据挖掘项目包含了各种不同类型的数据。根据挖掘项目拟采用的挖掘方法与算法，在建模前要把数据转换成适于分析的数据类型或构建新的属性，以提高数据挖掘的质量。

4.4.1　定性数据数值化

定性数据包括定类数据和定序数据。对于定类数据，常用的数值化方法是独热编码(one-hot encode)。独热编码又称为一位有效编码，主要是采用 N 位状态寄存器来对 N 个状态进行编码，每个状态都有独立的寄存器位，且在任意时候只有一位有效。

如性别属性，只有两个取值：男、女，则 $N=2$，独热编码后为 10、01。颜色属性，有四个取值，分别为红、黄、蓝、绿，则 $N=4$，独热编码后分别为 1000、0100、0010、0001。

我们使用独热编码，将定类数据的取值扩展到了欧式空间，使某个取值对应欧式空间的某个点。在回归、聚类等算法中，使得定类数据间距离的计算更为合理。

对于定序数据，可以直接进行赋值。如收入取值为低、中、高，可以赋值为 0、1、2。

4.4.2　定量数据离散化和规范化

1. 定量数据离散化

(1) 通过分箱离散化

分箱是一种将连续型变量转换成序数变量或者类别变量的技术,这种技术简单且直接。分箱前要对变量值进行排序,然后按照一定的规则把数据放进一些箱子中。分箱可分为无指导的简单分箱和有指导的信息分箱。无指导的简单分箱只考虑需要分箱的变量,不参考其他变量来设定箱边界,确定分箱数;而有指导的信息分箱要利用数据挖掘任务中输出变量来指导对输入变量的分箱,从而使这种分箱能够尽可能地揭示关于输出变量的信息。最小熵分箱法即为有指导的信息分箱。从理论上讲,有指导的信息分箱既利用了输入变量的信息,又利用了输出变量的信息,能够比无指导的简单分箱发挥出更好的效果,但计算量较大。

无指导的简单分箱常用的有等宽分箱法和等深分箱法。等宽分箱法把变量的值域范围划分成相等的几份,每一份构成一个箱。这种方法适用于均匀分布的变量。等深分箱法是按所有箱尽可能地具有同样多的变量数值的原则来划分。这种方法适用于大多数的变量分箱,因为大多数的变量都是非均匀分布的。

(2) 通过直方图离散化

直方图把属性的值划分为不相交的区间,我们可以基于划分的最小区间离散化,也可以根据属性特征合并一些区间,再基于合并后的区间离散化数据。

2. 定量数据规范化

将数据按比例缩放,使之落在一个较小的范围内,称为规范化。规范化对于基于距离的算法和神经网络算法非常重要。对于基于距离的算法,规范化后的值可以去除量纲对距离的影响。对于神经网络算法,规范化后的较小范围内的值,能够提高学习的效率,加快训练的速度。常用的规范化方法有极大极小值规范化、最大绝对值规范化、零均值规范化(标准化法)和小数定标规范化。

(1) 极大极小值规范化

极大极小值规范化是一个线性变换过程,其计算公式如式(4-5)所示。

$$x' = \frac{x_i - x_{\text{old\_min}}}{x_{\text{old\_max}} - x_{\text{old\_min}}} (x_{\text{new\_max}} - x_{\text{new\_min}}) + x_{\text{new\_min}} \tag{4-5}$$

式中, x_i 为变量值, x' 为相应变量转换后的值, $x_{\text{old\_min}}$ 为现有最低值, $x_{\text{old\_max}}$ 为现有最高值, $x_{\text{new\_min}}$ 为转换后的最低值, $x_{\text{new\_max}}$ 为转换后的最高值。常用的转换后的最高、最低值分别为 1 和 0,则式(4-5)可简化为式(4-6)。

$$x' = \frac{x_i - x_{\min}}{x_{\max} - x_{\min}} \tag{4-6}$$

(2) 最大绝对值规范化

最大绝对值规范化即根据数据集中最大值的绝对值进行规范化,计算公式如式(4-7)所示。

$$x' = \frac{x}{|x|_{max}} \tag{4-7}$$

该方法规范化后的数据区间为[-1, 1]，和极大极小值规范化相似，该方法也能较好保持原数据的分布结构。

(3) 零均值规范化

零均值规范化是根据属性的平均值和标准差进行规范化，其计算公式如式(4-8)所示。

$$x' = \frac{x_i - \overline{x}}{\sigma} \tag{4-8}$$

每一个变量 x_i 减去相应变量值的均值，然后除以标准差，这常被称作标准化或转换成 z 得分。一个 z 得分意味着该变量值离均值有多少个标准差。

(4) 小数定标规范化

小数定标规范化是通过移动属性值的小数点位置进行规范化，小数点移动的位数根据属性的最大绝对值确定，其计算公式如式(4-9)所示。

$$x' = \frac{x}{10^a} \tag{4-9}$$

式中，a 是使 $\max(|x'|) < 1$ 的最小整数。

4.4.3 不平衡数据处理

1. 通过过采样或欠采样解决不平衡

抽样是解决样本不平衡的一种简单且常用的方法，主要有过采样和欠采样两种。过采样又称上采样(over-sampling)，最简单的方法是在少数类样本中采用有放回的随机抽样，重复抽取少数类样本，以增加少数类样本的数量，达到平衡的要求。过采样的缺点是重复出现的少数类样本容易导致过拟合，所以出现了经过改进的过抽样方法。改进的过抽样方法会在少数类中加入随机噪声或通过一定的方法随机产生新的少数类样本，如SMOTE 算法。

欠采样又称下采样(under-sampling)，通过随机抽取部分多数类样本，以减少多数类样本的数量，达到平衡的要求。欠采样的缺点是会失去多数类样本中的一些重要信息。

2. 通过集成方法解决不平衡

为了尽可能地使用所有样本的信息，我们可以通过集成的方法解决不平衡。首先，随机将多数类样本分成多份，每份的样本量和少数类样本量相近，然后将每份多数类样本和少数类样本组合构成训练集用于训练模型，最后集成所有的模型用于预测。

例如，数据集中少数类样本和多数类样本分别为 10 000 个和 100 000 个，其比例为1:10。我们可以将多数类样本随机分成 10 份，每份 10 000 个样本。然后将 10 份多数类样本分别和少数类样本组合用于训练模型，每个训练集包含了 20 000 个样本，从而可以获得 10 个模型。最后，集成 10 个模型的预测结果用于最终的预测。

3. 通过调整模型类别权重解决不平衡

这种方法不需要对样本本身做处理，只需要在计算和建模过程中，针对不同类别调整其权重进行平衡化处理。一般思路是给少数类样本以较高的权重，多数类样本以较低的权重。很多模型和算法都有基于类别参数的调整设置，如有些算法其参数默认值即为 balanced，根据默认值会自动将权重设置为与不同类别样本数量成反比的权重来进行平衡处理。这种方法较为简单且高效。

4.5　数据归约

对于格式化数据而言，数据归约主要包括属性(列)的归约、记录(行)的归约及数值的归约。

4.5.1　属性的归约

1. 属性预处理

提高属性的代表性可以首先对数据源的属性进行预处理。对于属性值为以下四种情况的可以考虑去掉该属性。

(1) 数值型属性为常量或差异较小

有些数值型属性可能只有一个取值，没有任何变化，或者其标准差或变异系数小于某个标准值，意味着该属性没有携带任何信息或只携带少量信息。一般情况下，可以考虑去掉该属性。

(2) 属性值为空值

有时属性实际没有任何值，全部为空值。自然这些属性也不携带任何信息，因为所有值都是空值，这和数据集中根本没有该属性是一样的。所以，可以直接去掉该属性。

(3) 属性值呈现稀疏性

有些属性绝大部分值都是空值，如 80%～99.999 9% 为空值，但也确实存在一些非空值。这种情况比较复杂。由于缺失值实在太多，如果用替代法来代替缺失值，会产生错误信息。但如果直接去掉该属性，又担心仅有的非空值包含有非常重要的信息。一个可行的方法是结合具体的挖掘方法考虑要不要直接去掉该属性，如运用关联规则，可以考虑先保留这些稀疏属性。

(4) 属性为单调类别变量

单调类别变量是指变量中每个类别值都唯一的那些变量，如身份证号、账号、车牌号等。属性单位数有几个，其类别就有几类。有些类别变量包含某些特定的信息，对于这些类别变量可以考虑以有效的方式转换它们，如身份证号包含出生日期和出生地。如果不能以有效的方式转换它们，或是对于不含有特定信息的单调类别变量，则可以去掉该属性。

2. 属性选择

属性选择是指运用各种技术，从数据源包含的所有属性中选出与该次数据挖掘任务或与分析主题相关的属性，构成属性子集用于数据挖掘，从而提高数据挖掘的速度和质量。可以采用的技术为属性子集选择法、主成分分析法和聚类分析法。

(1) 属性子集选择法

属性子集选择法通过选择与分析主题或者与数据挖掘任务相关的属性，删除与分析主题或者与数据挖掘任务不相关的属性，减少数据量。对于属性子集的选用通常使用压缩空间的启发式算法。基本启发式算法的思路有逐步向前选择法、逐步向后删除法、向前选择和向后删除结合法及基于决策树的归纳法。

逐步向前选择法的思路是由空属性集开始，在其后的每一次迭代中，选择数据源属性集的剩余属性中最好的一个添加到该集合中。逐步向后删除法的思路是由数据源中整个属性集开始，在每一次迭代中，删除尚在属性集中的最差的属性。向前选择和向后删除结合法是在每一次迭代中，选择数据源中剩余的最好的属性，同时在剩余属性中删除一个最差的属性。这三种方法的关键在于最好和最差的标准界定及迭代过程结束阈值的确定。

决策树归纳法是通过构造决策树，去掉不出现在树中的属性，而将所有出现在树中的属性形成归约后的属性子集。

(2) 主成分分析法

主成分分析法(principal components analysis，PCA)，又称 Karhunen-Loeve 或 K-L 方法，这一方法的目的是在最小平方和误差准则下寻找最能够代表原始数据的 k 维线性子空间，把高维的数据投影到低维空间中。PCA 不像属性子集选择通过保留原属性集的一个子集来减少属性集的大小，而是通过创建一个替换的、较小的属性集来"组合"属性的精华，原始数据可以投影到该较小的集合中。

更正式地，PCA 的基本概念可描述如下：一个 n 维的向量样本集 $X = \{x_1, x_2, x_3, \cdots, x_n\}$ 应转换成另外一个相互独立的相同维度的集 $Y = \{y_1, y_2, y_3, \cdots, y_n\}$，$Y$ 有这样的属性，它的大部分信息内容存在前几个维中。

主成分分析通过对主要成分按"意义"降序排列，去掉较弱的成分，用较强的成分创建一个替换的、较小的属性集来"组合"属性的精华。"意义"通过方差来体现，主成分的总方差等于原始变量的总方差，主成分按方差降序排列。

$$\phi_m = \frac{\sigma_m^2}{\sum_{m=1}^{n} \sigma_m^2} \tag{4-10}$$

ϕ_m 为第 m 个主成分 y_m 的方差贡献率，σ_m^2 为其方差。第一主成分的方差贡献率最大，表明 y_1 综合原始属性 $x_1, x_2, x_3, \cdots, x_n$ 的能力最强，而 $y_2, y_3, \cdots, y_n$ 的综合能力依次递减。若取前 k 个主成分，则其累计方差贡献率为

$$\phi_k = \frac{\sum_{m=1}^{k} \sigma_m^2}{\sum_{m=1}^{n} \sigma_m^2} \tag{4-11}$$

ϕ_k 表明 y_1，y_2，…，y_k 综合 x_1，x_2，x_3，…，x_n 的能力，通常取 k，使得累计方差贡献率达到一个较高的百分比（如 85% 以上）。

（3）聚类分析法

运用聚类分析法，对属性进行聚类。聚类完成之后，可以从每类中选取一个或几个代表性属性构成属性子集用于数据挖掘。

类内代表性属性的选取方法如下：计算每个类中相关系数的平均值 $\bar{R}_i^2$，取其中最大的一个或几个系数对应的属性作为这一类的代表性属性。计算公式为

$$\bar{R}_i^2 = \frac{\sum\limits_{j \neq i} r_{ij}^2}{k-1} \qquad (i=1,\cdots,\ k;\ j=1,\cdots,\ k) \tag{4-12}$$

其中，k 为某一类中属性的个数，r_{ij}^2 为该类内属性 x_i 对类中其他属性的相关系数的平方。

4.5.2　记录的归约

记录的归约最常用的方法就是抽样。如果一个数据集包含的记录过多，可以使用概率抽样的方法从中抽取一个子集，使抽中的子集尽可能代表原数据集。常用的概率抽样的方法包括简单随机抽样、等距抽样、分层抽样、聚类抽样和整群抽样。

1. 简单随机抽样

简单随机抽样是按等概率的原则直接从总体中随机抽取样本，这种方法虽然简单，但不能保证样本能完美代表总体。其适用前提是所有个体都是等概率分布的，但现实情况却常常不是如此的。简单随机抽样还可以是有放回的简单随机抽样，这样得到的子集存在重复数据，所以一般用于记录归约的都是不放回的简单随机抽样。

2. 等距抽样

等距抽样是先将总体中的每一个个体按顺序进行编号，然后计算出抽样间隔，再按照固定的抽样间隔抽取个体。这种方法也较为简便，适用于个体分布较为均匀的数据。若个体分布存在明显的增减趋势或周期性规律，虽然通过中心等距抽样或对称等距抽样得到的样本其代表性会有一定的改善，但还是容易产生偏差。

3. 分层抽样

分层抽样是先将总体按某种特征划分为几个类别，使类内差异尽可能地小，类间差异尽可能地大。然后从每个类别中随机抽取若干样本，由每类中抽中的样本构成一个总的样本用于数据挖掘。这种方法适用于带有类别标签的数据，归约后的记录包含了每个类别，使其有较好的代表性。

4. 聚类抽样

聚类抽样是先将总体按聚类的方法分为几个类别，然后从每个类别中随机抽取若干个

样本，由每类中抽中的样本构成一个总的样本用于数据挖掘。因为聚类是一种无监督的方法，所以该方法适用于虽不存在类别标签但可以聚类的数据。

5. 整群抽样

整群抽样是先将总体分为几个群体，然而抽取若干群组成总的样本。这种方法适用于群内差异大、群间差异小的总体。

用于异常检测的数据，一般异常数据非常少，如果需要抽样，建议保留所有的异常类数据，只对非异常类使用以上方法进行抽样，然后把抽样结果和异常类数据相结合用于异常挖掘。

4.5.3　数值的归约

数值的归约主要体现在每条记录在不同属性取值上的精简，除了上述提及的定量数据离散化的方法可以实现数值精简外，还可以使用聚类和聚集的方法。

1. 聚类

使用聚类分析法，对样本(记录或元组)进行聚类。用聚类的结果代替原始数据，实现数值归约的目的。

2. 聚集

聚集主要指对数据进行不同维度的汇总，例如常用的基于数据立方体的聚集，使用聚集后高粒度的值来代替低粒度值，实现数值归约的目的。

图 4.3 反映的是某电商平台 2017—2019 年每季度食品类商品的销售数据基于年度聚集的结果，我们可以看到，聚集后数据量明显减少。

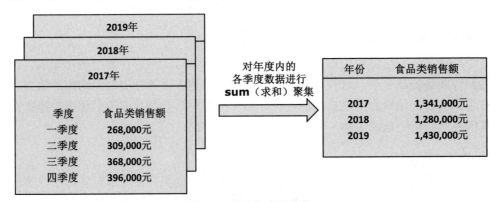

图 4.3　基于年度的聚集

图 4.4(a)所示的数据立方体反映了某企业各类商品在各省市的年销售额，每个单元的数值对应于多维空间的一个数据点。地理维度的省市存在如图 4.4(b)所示的概念分层，我们可以基于概念分层，将省市销售数据聚集为区域销售数据，实现数值归约。

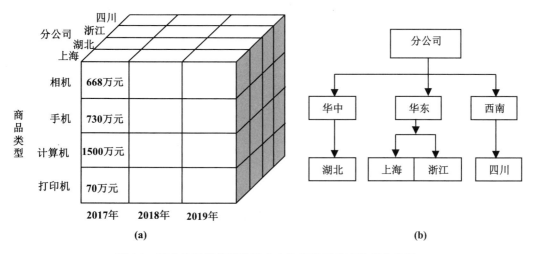

图 4.4　某企业年销售额数据立方体及地理维度的概念分层

4.6　练习与拓展

1. 对于格式化数据而言，原始数据一般会存在哪些问题？

2. 数据预处理的主要任务可以概括为哪几个方面，每个方面主要解决什么问题？

3. 对于缺失数据，常用的处理方法有哪些？请举例说明。

4. 如何处理异常数据？

5. 数据集成主要考虑哪些问题？

6. 什么是分箱？分箱常用的方法有哪些？

7. 什么是不平衡数据？对于不平衡数据，常用的处理方法是什么？

8. 什么是数据归约？数据归约要注意哪些问题？

9. 属性归约常用的方法有哪些？

10. 结合本教材第 5～8 章相关案例，调整案例中的参数，练习使用 IBM SPSS Modeler 或 R 语言实现数据预处理。

自测题

第 **5** 章

关联分析

本章内容
- 关联分析概述
- Apriori 算法
- 强关联规则的悖论
- 基于 IBM SPSS Modeler 的应用
- 基于 R 语言的应用

关联分析用于发现在大规模数据集中事物之间隐藏的关联性,是数据挖掘中最早、最活跃的研究领域。本章首先对关联分析进行概述,然后围绕关联分析中最经典的 Apriori 算法,从其基本原理、关联规则、评价标准到基于 IBM SPSS Modeler 和 R 语言的应用分别展开介绍。

5.1　关联分析概述

关联分析的目的是找到事物间的关联性,用以指导决策行为。日常生活中事物之间的关联性随处可见,例如,很多读者会同时购买《思考,快与慢》和《大数据》这两本书;超市中很多顾客会同时购买面粉和酵母;喜欢看《战狼》的观众也喜欢看《哪吒之魔童降世》,等等。

最早的关联分析概念是 1993 年由 Agrawal、Imielinski 和 Swami 提出的,主要用于分析超市顾客购买商品的关联性,该分析也被称为购物篮分析。根据购物篮分析的结果,超市管理层可以安排合适的货架摆放、开展捆绑销售等促销活动或者为客户推荐喜欢的商品,从而实现交叉销售。随着关联分析方法的不断发展和丰富,关联分析应用领域也越来越广。例如,在电子商务领域,关联分析既可以帮助经营者制订合适的交叉销售方案,实现商品的精准推荐,还可以将关联度更高的商品在仓库中摆放到一起,减少拣货时间;在金融领域,关联分析可以帮助银行向客户推荐合适的金融产品;在医学领域,关联分析可以帮助医生发现病人的某些特征与某种疾病之间的关联性,或对于同一种疾病,病人的某些特征和某些药品之间的关联性,等等。

5.1.1　关联分析基本概念

1. 项目与项集

设 $I = \{i_1, i_2, \cdots, i_m\}$ 是 m 个不同项目的集合，每个 $i_k (k = 1, 2, \cdots, m)$ 称为项目(item)，由 I 中部分或全部项目构成的集合称为项集(itemset)，任何非空项集中均不含有重复项目。若项集 I 包含 k 个项目，则称 I 的长度为 k，I 为 k 项集。例如，I 如果是超市中所有商品的集合，超市中有 30 000 种商品，则 k 为 30 000，I 的长度等于 30 000。

若 I 包含 m 个项目，则可以产生 $2^m - 1$ 个非空项集。例如，$I = \{i_1, i_2, i_3\}$，可以产生的非空项集共有 $2^3 - 1 = 7$ 个，分别为：$\{i_1\}$，$\{i_2\}$，$\{i_3\}$，$\{i_1, i_2\}$，$\{i_1, i_3\}$，$\{i_2, i_3\}$，$\{i_1, i_2, i_3\}$。

2. 事务

若 $I = \{i_1, i_2, \cdots, i_m\}$ 是一个包含 m 个不同项目的全项集，则事务 T (transaction)是项集 I 上的一个子集，即 $T \subseteq I$。每个事务都有一个唯一的标识符 TID，不同事务的全体构成了一个全体事务集 D。例如，超市中一位顾客一次购买了 5 种商品，顾客的这次购买行为就是一个事务，TID 可以唯一标识该顾客，其所购买的 5 种商品构成 5 项集。

事务数据的存储主要有两种不同的格式：事务表和事实表。例如，如果表 5.1 是 3 名顾客某天的购买数据，相应的事务表和事实表分别如表 5.2 和 5.3 所示，TID 表示顾客编号。

表 5.1　顾客购买数据

TID	项集
001	牛奶、鸡蛋、面条
002	鸡蛋、面条、西红柿、辣椒酱
003	牛奶、西红柿

表 5.2　顾客购买数据事务表

TID	项集
001	牛奶
001	鸡蛋
001	面条
002	鸡蛋
002	面条
002	西红柿
002	辣椒酱
003	牛奶
003	西红柿

表5.3　顾客购买数据事实表

TID	牛奶	鸡蛋	面条	西红柿	辣椒酱
001	1	1	1	0	0
002	0	1	1	1	1
003	1	0	0	1	0

表5.1 中，一名顾客对应一个事务，项集表示顾客购买的商品。表5.2 所示的事务表中，变量名为项集，变量值为项集所包含的具体项目。表5.3 所示的事实表中，变量名为具体项目，变量值为1 或0，1 代表购买，0 代表没有购买。

3. 支持度、置信度与关联规则

设 $I = \{i_1, i_2, \cdots, i_m\}$ 是所有项目的集合，D 是全体事务的集合，其中每个事务 T 是一个非空子集，使得 $T \subseteq I$。X 是一个项集，事务 T 包含 X，当且仅当 $X \subseteq T$。关联规则是形如 $X \Rightarrow Y$ 的蕴涵表达式，其中 $X \subset I$，$Y \subset I$，$X \neq \varnothing$，$Y \neq \varnothing$，并且 $X \bigcap Y = \varnothing$。$X$ 称为规则的前项，可以是一个项目或项集，也可以是一个包含项目以及逻辑操作符的逻辑表达式。Y 称为规则的后项，一般为一个项目。

项集 X 的支持度(support)为项集 X 在全体事务集中出现的概率，表示为式(5-1)。

$$\text{Support}(X) = \frac{|T(X)|}{|T|} \tag{5-1}$$

式中：$|T(X)|$ 表示包含项集 X 的事务数，也可称为项集 X 的支持度计数；$|T|$ 表示全体事务数。

规则 $X \Rightarrow Y$ 的支持度为项集 X 和 Y 同时出现的概率，表示为式(5-2)。

$$\text{Support}(X \Rightarrow Y) = \frac{|T(X \cup Y)|}{|T|} \tag{5-2}$$

式中：$|T(X \cup Y)|$ 表示同时包含项集 X 和 Y 的事务数，也可称为项集 X 和 Y 的支持度计数。

由于 $X \cup Y = Y \cup X$，显然有 $\text{Support}(X \Rightarrow Y) = \text{Support}(Y \Rightarrow X)$。支持度用于度量关联规则在事务数据集中的普适程度，是对关联规则重要性或适用性的衡量。支持度是一个相对指标，分析规则普遍性时可结合支持度计数加以考虑。

规则 $X \Rightarrow Y$ 的置信度(confidence)为包含项集 X 的事务中同时也包含项集 Y 的概率，反映项集 X 出现的条件下项集 Y 也出现的可能性，即项集 X 和 Y 的支持度计数除以项集 X 的支持度计数，表示为式(5-3)。

$$\text{Confidence}(X \Rightarrow Y) = \frac{|T(X \cup Y)|}{|T(X)|} \tag{5-3}$$

置信度是对关联规则可信度或准确度的衡量，其值越大，表示项集 Y 依赖于项集 X 的可能性越高。

5.1.2　关联规则挖掘的基本过程

1. 频繁项集的产生

给定全局项集 I 和全体事务数据集 D，对于 I 的非空项集 I_k，k 表示包含的项目数，若其支持度大于或等于最小支持度阈值 min_sup，则称 I_k 为频繁 k 项集(frequent itemsets)。例如，根据表 5.1 顾客购买数据集的信息，若最小支持度为 60%，则频繁 1 项集为 {牛奶}，{鸡蛋}，{面条}，{西红柿}；频繁 2 项集为 {鸡蛋，面条}；没有频繁 3 项集或 4 项集。

关联规则挖掘的第一步，就是根据最小支持度阈值 min_sup，找出事务数据集中所有的频繁项集。这是关联挖掘算法研究的重点，找频繁项集最简单的算法过程描述如下。

算法 5.1　找频繁项集最简单的算法

输入： 全局项集 I 和全体事务数据集 D，最小支持度阈值 min_sup。
输出： 所有频繁项集集合 L。
方法：

```
n=|D|;
for (I 的每个非空子集 c)
{  i=0;
   for(对于 D 中的每个事务 t)
   {  if(c 是 t 的子集)
      i++;
   }
   if(i/n≥min_sup)
      L=L∪{c};                    //将 C 添加到频繁项集集合 L 中
}
```

上述算法采用穷举的思想求解。例如，$I = \{i_1, i_2, i_3\}$，产生其所有非空项集，分别为 $\{i_1\}$，$\{i_2\}$，$\{i_3\}$，$\{i_1, i_2\}$，$\{i_1, i_3\}$，$\{i_2, i_3\}$，$\{i_1, i_2, i_3\}$；然后对于每个非空子集，扫描事务数据集 D，求出它的支持度；如果大于或等于 min_sup，则将其作为频繁项集添加到 L 中。

显然，这种算法虽然非常简单，但它同时也非常低效。不同的关联挖掘算法主要会从两个方面降低产生频繁项集的计算复杂度：第一，减少候选项集的数量；第二，减少比较的次数。

2. 强关联规则的产生

对于每个频繁项集 L，产生强关联规则的基本步骤如下：

(1) 产生 L 的所有非空真子集。

(2) 对于 L 的每个非空真子集 L_u，计算规则 $L_u \Rightarrow L - L_u$ 的置信度，如式(5-4)。

$$\text{Confidence}(L_u \Rightarrow L - L_u) = \frac{|T(L)|}{|T(L_u)|} \tag{5-4}$$

如果 L 的支持度计数除以 L_u 的支持度计数大于等于最小置信度阈值 min_conf，则输出

强关联规则 $L_u \Rightarrow L-L_u$。

【例5.1】对于表5.1所示的顾客购买数据集，若最小支持度为60%，有一个频繁二项集 $L=\{$鸡蛋、面条$\}$，由 L 产生强关联规则的过程如下：

(1) 产生 L 的所有非空真子集：$\{$鸡蛋$\}$，$\{$面条$\}$。

(2) 对于 $\{$鸡蛋$\}$，产生的规则为 $\{$鸡蛋$\} \Rightarrow \{$面条$\}$，$\{$鸡蛋，面条$\}$ 的支持度计数为2，$\{$鸡蛋$\}$ 的支持度计数为2，所以规则 $\{$鸡蛋$\} \Rightarrow \{$面条$\}$ 的置信度=2/2=100%；对于 $\{$面条$\}$，产生的规则为 $\{$面条$\} \Rightarrow \{$鸡蛋$\}$，类似地，可以求出该规则的置信度也是100%。

若最小置信度阈值 min_conf=80%，则产生的强关联规则为：

$$\{鸡蛋\} \Rightarrow \{面条\}$$
$$\{面条\} \Rightarrow \{鸡蛋\}$$

5.2 Apriori 算法

Apriori 算法由 Agrawal 和 Srikant 在1994年提出，是一种经典的生成关联规则的频繁项集挖掘算法。该算法采用逐层搜索的迭代方法，利用 Apriori 性质压缩搜索空间，从而提高频繁项集逐层产生的效率。

5.2.1 Apriori 性质

Apriori 性质：若 L 是一个频繁项集，则 L 的每一个子集都是一个频繁项集。

证明：设事务数据集 D 中的事务总数为 n，$|T(\bullet)|$ 表示包含项集 $\bullet$ 在 D 的所有事务中出现的次数。

依题意，L 是一个频繁项集，所以 $\text{Support}(L) = |T(L)|/n \geqslant \text{min\_sup}$。

对于 L 的任意非空子集 L_u，一定有 L_u 在 D 中出现的次数大于等于 L 在 D 中出现的次数。例如表5.1中，$\{$西红柿$\}$ 出现的次数大于 $\{$西红柿，牛奶$\}$ 出现的次数。即有：

$$|T(L_u)| \geqslant |T(L)|$$

则：

$$\text{Support}(L_u) = |T(L_u)|/n \geqslant |T(L)|/n = \text{Support}(L) \geqslant \text{min\_sup}$$

所以，L_u 是一个频繁项集。

例如，如果三项集 $\{$台灯，彩铅，绘本$\}$ 是频繁的，则 $\{$台灯$\}$、$\{$彩铅$\}$、$\{$绘本$\}$、$\{$台灯，彩铅$\}$、$\{$台灯，绘本$\}$ 和 $\{$彩铅，绘本$\}$ 也一定是频繁的，但 $\{$台灯，彩铅，绘本，剪刀$\}$ 不一定是频繁的。

Apriori 性质的反单调性：如果一个项集不是频繁的，则它的所有超集也一定不是频繁的。对于一个项集 L_u，若有 $L_u \subset L$ 成立，则称项集 L 为项集 L_u 的超集。

证明：设事务数据集 D 中的事务总数为 n。

依题意，L_u 不是频繁的，即 $\mathrm{Support}(L_u)=|T(L_u)|\big/n\leqslant\min\_\mathrm{sup}$。对于 L_u 的任意超集 L，由于 $L_u\subset L$，所以有：

$$\mathrm{Support}(L)\leqslant\mathrm{Support}(L_u)$$

则：

$$\mathrm{Support}(L)=|T(L)|\big/n\leqslant|T(L_u)|\big/n=\mathrm{Support}(L_u)\leqslant\min\_\mathrm{sup}$$

所以，L 不是一个频繁项集。

例如，二项集｛台灯，彩铅｝不是频繁的，则｛台灯，彩铅，绘本｝、｛台灯，彩铅，剪刀｝或者｛台灯，彩铅，绘本，剪刀｝也一定不是频繁的。

5.2.2　Apriori 算法的频繁项集产生

1. Apriori 算法基本描述

设 C_k 是项目数为 k 的候选项集的集合，L_k 是项目数为 k 的频繁项集的集合。简单起见，设最小支持度计数阈值为 min_sup_count，即采用最小支持度计数。Apriori 算法的过程描述如下。

算法 5.2　Apriori 算法：使用逐层迭代方法基于候选项集产生频繁项集的过程

输入：事务数据集 D，最小支持度计数阈值 min_sup_count。

输出：L，D 中的频繁项集。

方法：

```
L₁=find_frequent_1_itemsets(D);              //发现所有的频繁一项集
for(k=2;L_{k-1}≠∅;k++)
{    C_k=apriori_gen(L_{k-1});
     for each transaction t∈D
     {    C_t=subset(C_k, t);
          for each candidate c∈C_t
          c.count++;
     }
     L_k ={c∈C_k |c.count≥min_sup_count}
}
Return L=⋃L_k
```

---

(1) 第一次扫描事务数据集 D，对 D 中每一个项目计算其支持度(计数)，找出满足最小支持度(计数)阈值的频繁 1 项集的集合 L_1。

(2) 利用已经生成的 L_{k-1} 自连接，得到候选 k 项集的集合 C_k，候选 k 项集的产生使用 aproiri_gen 函数实现。

(3) 利用 Apriori 性质的反单调性，对候选 k 项集 C_k 进行剪枝。

(4) 再次扫描数据集 D，计算这些候选集的支持度(计数)，删除支持度(计数)小于最小支持度(计数)阈值的项目集，生成频繁 k 项集 L_k。

(5) 重复步骤(2)~(4)，直到 L_k 为空。

(6) 对 L_1 到 L_k 取并集，即为最终的频繁项集 L。

2. 自连接与剪枝

(1) 自连接

为找出 L_k，通过将 L_{k-1} 自连接产生候选 k 项集的集合，该候选项集的集合记为 C_k。设 l_1 和 l_2 是 L_{k-1} 中的项集，$l_i[j]$ 表示 l_i 的第 j 项，例如，$l_1[3]$ 表示 l_1 的第 3 项。Apriori 算法假定事务或项集中的项按字典序排列，对于 $k-1$ 项集 l_i，把项排序后，意味着 $l_i[1] < l_i[2] < \cdots < l_i[k-1]$。

L_{k-1} 中的项集可自连接，必须要求其前 $k-2$ 个项相同，即如果 L_{k-1} 中的项集为 l_1 和 l_2，当 $l_1[1]=l_2[1] \wedge l_1[2]=l_2[2] \wedge \cdots \wedge l_1[k-2]=l_2[k-2]$ 且 $l_1[k-1] < l_2[k-1]$ 时，l_1 和 l_2 是可连接的，条件 $l_1[k-1] < l_2[k-1]$ 是确保不产生重复，连接后的结果项是 $\{ l_1[1]，l_1[2]，\cdots，l_1[k-1]，l_2[k-1] \}$。

(2) 剪枝

C_k 是 L_k 的超集，这意味着，C_k 中的成员可以是频繁的，也可以是非频繁的，但所有的频繁 k 项集都包含在 C_k 中。

利用 Apriori 性质的反单调性，对于 C_k 中的某个 k 项集，若它的任何 $k-1$ 项子集是非频繁的，则该 k 项集也必然是非频繁的，可以从 C_k 中删除，而判断一个 $k-1$ 项子集是非频繁的条件就是它不在 L_{k-1} 中。这一过程，就是剪枝的过程。

剪枝的方法可以有效地压缩 C_k，减少候选集支持度(计数)的计算量。

【例 5.2】表 5.4 给出了一个简单的交易事务数据集，共包含 5 次交易，涉及 6 项商品。

表 5.4　交易事务数据集

TID	项集
001	A，B
002	A，C，D，E
003	B，C，D，F
004	A，B，C，D
005	A，B，C，F

设最小支持度计数阈值为 3，运用 Apriori 算法，产生所有频繁项集的过程如下。

(1) 得到 L_1 的过程如图 5.1 所示。

图 5.1 得到 L_1 的过程

(2) 由 L_1 自连接得到 C_2 的过程如图 5.2 所示。

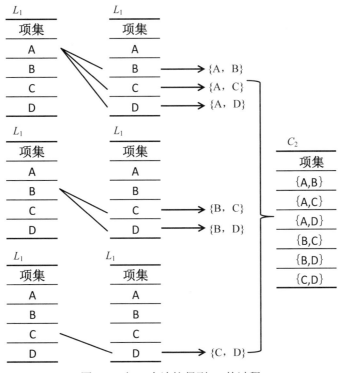

图 5.2 由 L_1 自连接得到 C_2 的过程

(3) 由 C_2 得到 L_2 的过程如图 5.3 所示。

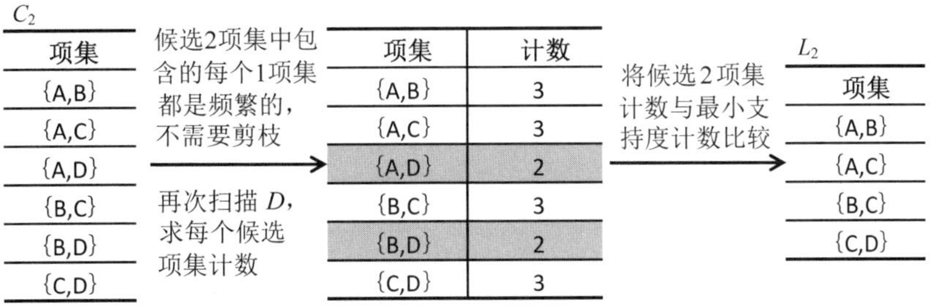

图 5.3 由 C_2 得到 L_2 的过程

(4) 由 L_2 自连接得到 C_3 的过程如图 5.4 所示。

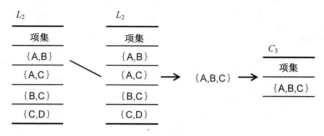

图 5.4　由 L_2 自连接得到 C_3 的过程

(5) 由 C_3 得到 L_3 的过程如图 5.5 所示。

图 5.5　由 C_3 得到 L_3 的过程

(6) 由 $L_3 = \varnothing$，算法结束，产生的所有频繁项集为 $L_1 \cup L_2$。

【例 5.3】设 $L_3 = \{\{A, B, C\}, \{A, B, D\}, \{A, C, D\}, \{A, C, E\}, \{B, C, D\}\}$，通过自连接并剪枝构建 C_4 的过程如图 5.6 所示。

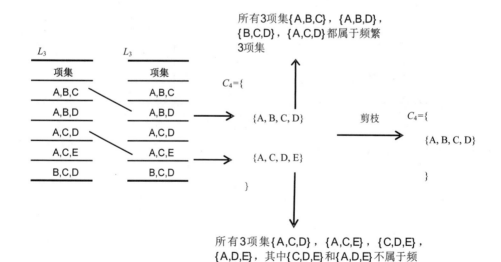

图 5.6　由 L_3 自连接并剪枝构建 C_4 的过程

5.3 强关联规则的悖论

基于以上分析，我们通过使用最小支持度阈值和置信度阈值，能够找到强关联规则，但强关联规则是否一定是用户感兴趣的规则？或者说强关联规则是否一定有助于用户决策？

5.3.1 强关联规则不一定是有趣的规则

【例 5.4】假定杭州某藕粉生产企业要分析爱喝藕粉和爱游泳的人之间的关系，该企业共收集了 5000 人关于这两者的爱好信息，并汇总在表 5.5 中。

表 5.5 藕粉与游泳爱好者分布

	爱游泳	不爱游泳	合计
爱喝藕粉	2000	1750	3750
不爱喝藕粉	1000	250	1250
合计	3000	2000	5000

在 5000 人中，有 3000 人爱游泳，3750 人爱喝藕粉，有 2000 人既爱游泳又爱喝藕粉。规则：爱游泳 ⇒ 爱喝藕粉，其支持度和置信度分别为

$$\text{Support}(\text{爱游泳} \Rightarrow \text{爱喝藕粉}) = \frac{\left|T(\text{爱游泳} \bigcup \text{爱喝藕粉})\right|}{|T|} = \frac{2000}{5000} = 40\%$$

$$\text{Confidence}(\text{爱游泳} \Rightarrow \text{爱喝藕粉}) = \frac{\left|T(\text{爱游泳} \bigcup \text{爱喝藕粉})\right|}{|T(\text{爱游泳})|} = \frac{2000}{3000} = 66.67\%$$

如果最小支持度阈值和置信度阈值分别为 40% 和 60%，则规则：爱游泳 ⇒ 爱喝藕粉就是强关联规则。但该企业是否就可以根据这条规则选择向爱游泳的人推荐藕粉？我们的答案是否定的。因为全部 5000 人中，爱喝藕粉的人有 3750 人，占 75%，而爱游泳的人中爱喝藕粉的却只占 66.67%。这意味着，如果一个人爱游泳，那他爱喝藕粉的可能性由 75% 减到了 66.67%。因此，尽管规则：爱游泳 ⇒ 爱喝藕粉符合了最小支持度阈值和置信度阈值的要求，但它并不是用户真正感兴趣的规则。

由此可见，强关联规则的置信度具有欺骗性，其缺陷在于忽略了规则后项的支持度。如果考虑爱喝藕粉的支持度，我们就能发现，爱游泳的人中爱喝藕粉的人所占的比例少于所有爱喝藕粉的人所占的比例，这表明爱游泳的人和爱喝藕粉的人之间存在着一种逆向关系。

5.3.2 基于提升度过滤无趣的强关联规则

虽然规则是否有趣，除了客观性度量标准，最终只有用户才能够评判，具有很强的主观性，但是我们可以使用客观性兴趣度度量标准尽量过滤掉无趣的强关联规则。根据以上分析，我们需要一种度量前项和后项间的相关性或依赖性的指标，只有前项和后项间存在正向关系时，规则才具有实际意义，用户才有可能感兴趣。

提升度(lift)是一种简单便捷的相关性度量，设 X 为规则的前项，Y 为规则的后项，则 X 与 Y 间提升度的计算公式为

$$\text{Lift}(X,Y) = \frac{P(X \cup Y)}{P(X)P(Y)} = \frac{P(Y \mid X)}{P(Y)} = \frac{\text{Confidence}(X \Rightarrow Y)}{\text{Support}(Y)} = \frac{|T(X \cup Y)|}{|T(X)|} \bigg/ \frac{|T(Y)|}{|T|} \tag{5-5}$$

式中：I 是全体项目的集合，因为 $X \subset I$，$Y \subset I$，$X \neq \varnothing$，$Y \neq \varnothing$，并且 $X \cap Y = \varnothing$，所以 $P(X \cup Y)$ 表示项集 X 和 Y 同时出现的概率。

如果 $P(X \cup Y) = P(X)P(Y)$，即式(5-5)的值等于 1，则项集 X 的出现与项集 Y 的出现相互独立；否则，项集 X 的出现和项集 Y 的出现是相关的或依赖的。如果式(5-5)的值小于 1，则项集 X 的出现和项集 Y 的出现是负相关的，意味着一个出现反而可能导致另一个的不出现。如果式(5-5)的值大于 1，则项集 X 的出现和项集 Y 的出现是正相关的，意味着一个出现会促进另一个的出现。所以，只有当强关联规则前后项集间的提升度大于 1 时，规则才有可能具有实际意义，而且两者间的提升度越大越好，它反映了一个出现"提升"另一个出现的程度。

根据表 5.5，规则：爱游泳 $\Rightarrow$ 爱喝藕粉，前后项间的提升度计算如下，结果为 0.89，小于 1，所以这条强关联规则不具有实际意义，应该过滤掉。

$$\text{Lift}(爱游泳，爱喝藕粉) = \frac{P(爱游泳 \cup 爱喝藕粉)}{P(爱游泳)P(爱喝藕粉)} = \frac{2000/5000}{3000/5000 \times 3750/5000} = 0.89$$

相反，我们再来分析爱游泳与不爱喝藕粉之间的提升度，计算如下，结果为 1.33，大于 1，也就意味着与其他人相比，爱游泳的人更不爱喝藕粉。

$$\text{Lift}(爱游泳，不爱喝藕粉) = \frac{P(爱游泳 \cup 不爱喝藕粉)}{P(爱游泳)P(不爱喝藕粉)} = \frac{1000/5000}{3000/5000 \times 1250/5000} = 1.33$$

5.3.3 基于支持度、置信度及提升度的关联规则发现

【例 5.5】表 5.6 为杭州某超市 10 位客户购买事务数据集，用 Apriori 算法进行分析，列出满足最小支持度阈值是 70%，最小置信度阈值是 75% 的强关联规则，并结合提升度判断所列规则是否可能是用户感兴趣的规则，说明提升度的含义。

表 5.6　杭州某超市客户购买事务数据

TID	项集
001	蚊帐、儿童床、冰丝凉席、牛奶
002	蚊帐、儿童床、冰丝凉席、沐浴露、牛奶
003	儿童床、冰丝凉席、牛奶、洗手液
004	蚊帐、儿童床、冰丝凉席
005	蚊帐、儿童床、沐浴露
006	蚊帐、儿童床、冰丝凉席
007	冰丝凉席、防晒霜、洗手液
008	蚊帐、儿童床、牛奶
009	蚊帐、儿童床、冰丝凉席、沐浴露
010	儿童床、冰丝凉席、防晒霜

1. 找出所有频繁项集

首先，由事务数据集列出所有的候选 1 项集，商品按首字母拼音顺序排列，并计算每个候选 1 项集支持度计数，如表 5.7 所示。

表 5.7　候选 1 项集 C_1

候选 1 项集	支持度计数
冰丝凉席	8
儿童床	9
防晒霜	2
沐浴露	3
牛奶	4
蚊帐	7
洗手液	2

因为给定的最小支持度阈值为 70%，共有 10 次交易项，所以最小支持度计数阈值为 7。由候选 1 项集，根据最小支持度计数阈值，找出所有的频繁 1 项集，如表 5.8 所示。

表 5.8　频繁 1 项集 L_1

频繁 1 项集	支持度计数
冰丝凉席	8
儿童床	9
蚊帐	7

由频繁 1 项集自连接生成候选 2 项集，并计算每个候选 2 项集支持度计数，如表 5.9 所示。

表 5.9　候选 2 项集 C_2

候选 2 项集	支持度计数
冰丝凉席，儿童床	7
冰丝凉席，蚊帐	5
儿童床，蚊帐	7

根据最小支持度阈值，找出所有的频繁 2 项集，如表 5.10 所示。

表 5.10　频繁 2 项集 L_2

频繁 2 项集	支持度计数
冰丝凉席，儿童床	7
儿童床，蚊帐	7

由于频繁 2 项集中不存在相同的第 1 项集，不可自连接，所以不存在候选 3 项集，也就没有频繁 3 项集。

2. 从频繁项集产生强关联规则

由找到的频繁 2 项集可以产生相应的 4 条关联规则，每条规则的置信度分别为

$$\text{Confidence}(\text{冰丝凉席} \Rightarrow \text{儿童床}) = \frac{\left| T(\text{冰丝凉席} \cup \text{儿童床}) \right|}{\left| T(\text{冰丝凉席}) \right|} = \frac{7}{8} = 87.5\%$$

$$\text{Confidence}(\text{儿童床} \Rightarrow \text{冰丝凉席}) = \frac{\left| T(\text{冰丝凉席} \cup \text{儿童床}) \right|}{\left| T(\text{儿童床}) \right|} = \frac{7}{9} = 77.78\%$$

$$\text{Confidence}(\text{儿童床} \Rightarrow \text{蚊帐}) = \frac{\left| T(\text{儿童床} \cup \text{蚊帐}) \right|}{\left| T(\text{儿童床}) \right|} = \frac{7}{9} = 77.78\%$$

$$\text{Confidence}(\text{蚊帐} \Rightarrow \text{儿童床}) = \frac{\left| T(\text{蚊帐} \cup \text{儿童床}) \right|}{\left| T(\text{蚊帐}) \right|} = \frac{7}{7} = 100\%$$

由于给定的最小置信度阈值为 75%，所以以上 4 条规则都符合要求，都是强关联规则。

3. 根据提升度选出用户可能感兴趣的规则

$$\text{Lift}(\text{冰丝凉席，儿童床}) = \frac{P(\text{冰丝凉席} \cup \text{儿童床})}{P(\text{冰丝凉席})P(\text{儿童床})} = \frac{7/10}{8/10 \times 9/10} = 0.97 < 1$$

冰丝凉席和儿童床之间的提升度为 0.97，小于 1，说明购买冰丝凉席和购买儿童床是负相关的，用基于这两者的关联规则去推荐比纯随机推荐有效性降低了 0.03。

$$\text{Lift}(\text{儿童床，蚊帐}) = \frac{P(\text{儿童床} \cup \text{蚊帐})}{P(\text{儿童床})P(\text{蚊帐})} = \frac{7/10}{9/10 \times 7/10} = 1.11 > 1$$

儿童床和蚊帐之间的提升度为 1.11，大于 1，说明购买儿童床和购买蚊帐是正相关的，用基于这两者的关联规则去推荐比纯随机推荐有效性提升了 1.11 倍。

所以基于支持度、置信度和提升度框架，我们找到用户可能感兴趣的规则为：儿童床 $\Rightarrow$ 蚊帐和蚊帐 $\Rightarrow$ 儿童床。

5.4　基于 IBM SPSS Modeler 的应用

本节基于 IBM SPSS Modeler 工具，运用 Apriori 算法，分别对事实表数据和事务表数据进行分析，主要目的在于掌握运用 IBM SPSS Modeler 工具进行关联分析的相关节点功能和分析过程。

BASKETS1n 数据集和数据流

5.4.1　事实表数据的应用示例

示例数据文件名为 BASKETS1n.txt，是 IBM SPSS Modeler 提供的某超市 1000 次交易的客户个人基本信息及其购买商品信息。主要变量包含两部分内容：第一部分为客户个人基本信息，包括会员卡号(cardid)、消费金额(value)、支付方式(pmethod)、性别(sex)、是否有房(homeown)、收入(income)、年龄(age)；第二部分为购买商品类别信息，包括果蔬(fruitveg)、鲜肉(freshmeat)、奶制品(dairy)、蔬菜罐头(cannedveg)、肉罐头(cannedmeat)、冷冻食品(frozenmeal)、啤酒(beer)、葡萄酒(wine)、软饮料(softdrink)、鱼(fish)、糖果(confectionery)，共 11 类。商品类别变量的取值为 T 和 F，T 表示购买，F 表示未购买，采用事实表的数据形式。

从数据读入、数据检查、探索性分析到模型构建和部署，建立的数据流如图 5.7 所示。

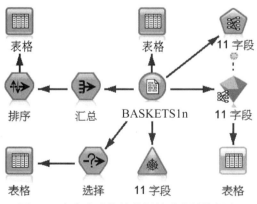

图 5.7　事实表购物篮数据关联分析数据流

1. 使用"源"选项卡下的"变量文件"节点读入数据

首先，选择"源"选项卡下的"变量文件"节点，双击或拖拉该节点，将其添加到数据流构建区。然后单击鼠标右键，选择弹出菜单中的"编辑"选项进行节点的参数设置。"变量文件"节点的参数设置包含"文件""数据""过滤器""类型"和"注解"五张选项卡。

"文件"选项卡用来设置要读取的变量文件的读取方式及内容，如图 5.8 所示，共有如下参数设置。

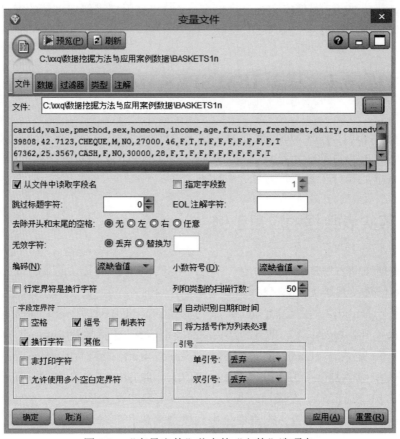

图 5.8　"变量文件"节点的"文件"选项卡

- 文件：用来指定要读取的变量文件的路径地址和文件名。
- 从文件中读取字段名：默认为选中状态，表示读取时将以第一行的内容作为列名称。如果不选中此项，则读取时会自动对每列赋予变量名。
- 指定字段数：默认情况下，不选择此项，读取时会根据换行情况自动匹配字段的数量。如果选择此项，则可以指定记录中的字段数量。
- 跳过标题字符：默认为 0，如果指定数值，例如 3，则意味着读取时忽略第一个记录的前 3 个字符。
- EOL 注解字符：用来指定注释字符。在指定注释字符后，例如//或#，则从该字符开始，直到新的一行记录前的所有字符将被标识为注释，读取时都会被忽略。
- 去除开头和末尾的空格：用来指定如何压缩所读数据中的空格。"无"表示不压缩；"左"表示压缩所读数据的前缀空格；"右"表示压缩后缀空格；"任意"表示压缩前后缀空格。
- 无效字符：用来指定对无效字符的处理方法。"丢弃"表示不读入无效字符；"替换为"表示可用指定的字符替换无效字符。

- 编码(N)：用来选择文本的编码格式，包括"流缺省值""系统缺省值"和"UTF-8"。
- 小数符号：用来指定文本中的小数符号，包括"流缺省值""句号(.)"和"逗号(,)"。
- 字段定界符：复选框组，用来指定文件的字段分隔符，默认包括"逗号"和"换行字符"。
- 将方括号作为列表处理：选中此项，读取时将把方括号中的所有内容识别为一个值，而不管方括号中是否有分隔符。
- 引号：用来指定读取时对单引号和双引号的处理方式。"丢弃"表示忽略引号；"成对丢弃"表示需要匹配到一对引号才忽略，如果不匹配则会报错；"包含为文本"表示把引号以及里面的内容都作为内容读取。

如果对数据的存储类型不作修改，也不过滤某些变量，则可直接使用"类型"选项卡。"类型"选项卡具有与"字段"选项卡下"类型"节点相同的功能。单击"读取值"，选择弹出菜单中的"确定"选项，如图 5.9 所示，读入所选的数据，结果如图 5.10 所示。

图 5.9　"变量文件"节点的"类型"选项卡：读取值前

"类型"选项卡读取值后选择"确定"选项，变量文件编辑对话框关闭，数据读入数据流。"源"选项卡下的各种文件读入节点为不可直接执行节点，所以要想查看读入的数据，可以在数据流中连接"输出"选项卡下的"表格"节点，"表格"节点执行结果如图 5.11 所示。

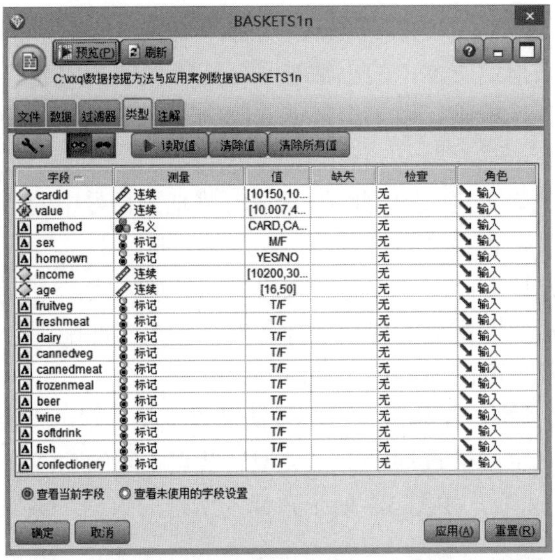

字段	测量	值	缺失	检查	角色
cardid	连续	[10150,10...		无	输入
value	连续	[10.007,4...		无	输入
pmethod	名义	CARD,CA...		无	输入
sex	标记	M/F		无	输入
homeown	标记	YES/NO		无	输入
income	连续	[10200,30...		无	输入
age	连续	[16,50]		无	输入
fruitveg	标记	T/F		无	输入
freshmeat	标记	T/F		无	输入
dairy	标记	T/F		无	输入
cannedveg	标记	T/F		无	输入
cannedmeat	标记	T/F		无	输入
frozenmeal	标记	T/F		无	输入
beer	标记	T/F		无	输入
wine	标记	T/F		无	输入
softdrink	标记	T/F		无	输入
fish	标记	T/F		无	输入
confectionery	标记	T/F		无	输入

图 5.10 “变量文件”节点的“类型”选项卡：读取值后

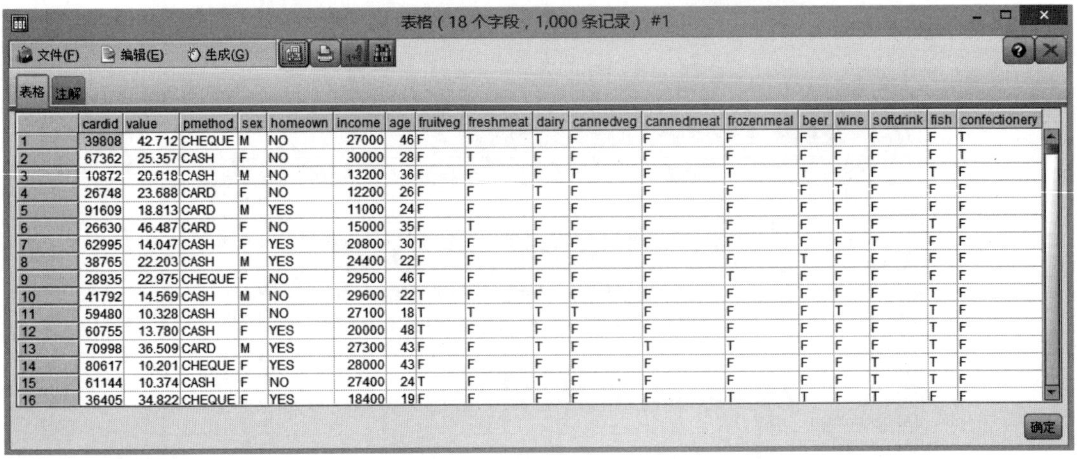

	cardid	value	pmethod	sex	homeown	income	age	fruitveg	freshmeat	dairy	cannedveg	cannedmeat	frozenmeal	beer	wine	softdrink	fish	confectionery
1	39808	42.712	CHEQUE	M	NO	27000	46	F	T	T	F	F	F	F	F	F	F	T
2	67362	25.357	CASH	F	NO	30000	28	F	T	F	F	F	F	F	F	F	F	T
3	10872	20.618	CASH	M	NO	13200	36	F	F	F	T	F	T	T	F	F	T	F
4	26748	23.688	CARD	F	NO	12200	26	F	F	T	F	F	F	F	T	F	F	F
5	91609	18.813	CARD	M	YES	11000	24	F	F	F	F	F	F	F	F	F	F	F
6	26630	46.487	CARD	F	NO	15000	35	F	T	F	F	F	F	F	T	F	T	F
7	62995	14.047	CASH	F	YES	20800	30	T	F	F	F	F	F	F	F	T	F	F
8	38765	22.203	CASH	M	YES	24400	22	F	F	F	F	F	F	T	F	F	F	F
9	28935	22.975	CHEQUE	F	NO	29500	46	T	F	F	F	F	T	F	F	F	F	F
10	41792	14.569	CASH	M	NO	29600	22	T	F	F	F	F	F	F	F	F	T	F
11	59480	10.328	CASH	F	NO	27100	18	T	T	T	T	F	F	F	T	F	T	F
12	60755	13.780	CASH	F	YES	20000	48	T	F	F	F	F	F	F	F	F	T	F
13	70998	36.509	CARD	M	YES	27300	43	F	F	T	F	T	T	F	F	F	T	F
14	80617	10.201	CHEQUE	F	YES	28000	43	F	F	F	F	F	F	F	F	T	T	F
15	61144	10.374	CASH	F	NO	27400	24	T	F	T	F	F	F	F	F	T	T	F
16	36405	34.822	CHEQUE	F	YES	18400	19	F	F	F	F	F	T	T	F	T	F	F

图 5.11 “表格”节点执行结果

使用“记录”选项卡下的“汇总”和“排序”节点，对 cardid 字段进行汇总，并对汇总结果 Record_ Count 进行排序，发现会员卡号为 37917 的会员有两条记录。为了检验是否存在重复记录，可使用“记录”选项卡下的“选择”节点，选出 cardid=37917 的记录。如图 5.12 所示，发现两条记录虽然卡号相同，但其客户个人信息和交易信息都完全不相同，所以选择保留这两条记录。

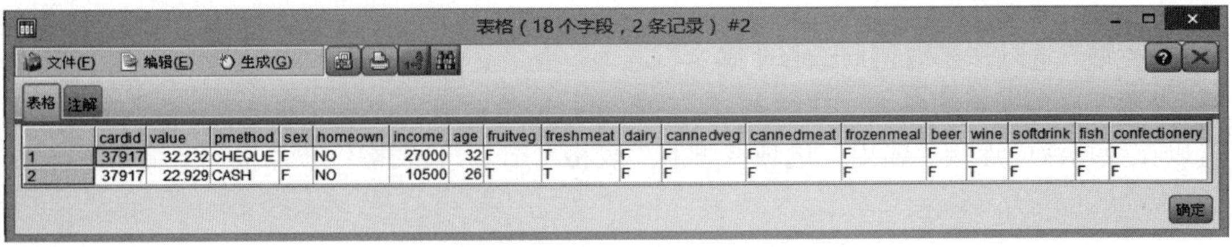

	cardid	value	pmethod	sex	homeown	income	age	fruitveg	freshmeat	dairy	cannedveg	cannedmeat	frozenmeal	beer	wine	softdrink	fish	confectionery
1	37917	32.232	CHEQUE	F	NO	27000	32	F	T	F	F	F	F	F	T	F	F	T
2	37917	22.929	CASH	F	NO	10500	26	T	T	F	F	F	F	F	T	F	F	F

图 5.12 显示 cardid=37917 的记录

2. 使用"图形"选项卡下的"网络"节点初步探索商品购买关系

我们可以通过网络图来发现客户购买商品之间相关性的强弱，选择"图形"选项卡下的"网络"节点，连到 BASKETS1n 文件节点，然后单击鼠标右键，选择弹出菜单中的"编辑"选项进行节点的参数设置。"网络"节点的参数设置包括"统计图""选项""外观""输出"和"注解"五张选项卡。

"统计图"选项卡用来设置网络图形中的主要参数，如图 5.13 所示。

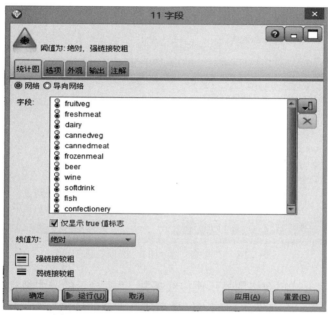

图 5.13 "网络"节点的"统计图"选项卡

- 网络：表示绘制简单网状图，反映多个类别变量两两之间相关性的强弱。
- 导向网络：表示绘制有方向的网络图，反映多个类别变量与一个类别变量之间相关性的强弱。
- 字段：用来指定所要反映的多个类别变量。
- 仅显示 true 值标志：表示绘制网络图时，对二分类变量只显示取值为真(T)的值。
- 线值为：用来指定网络图中连线粗细的含义。默认值为"绝对"，其连线粗细反映连线两端变量交叉分组下的频数大小；"总体百分比"，其连线粗细反映连线两端变量交叉分组下的频数占总频数的百分比；"较小字段/值的百分比"和"较大字段/值的百分比"为两个相对百分比，其连线粗细分别反映连线两端变量较大端或较小端的频数占总频数的百分比。
- 强链接较粗：表示连线越粗代表的频数或百分比越大，连线越细代表的频数或百分比越小。
- 弱链接较粗：与强链接较粗刚好相反，通常用于识别欺诈等行为。

在本示例中，我们在"字段"对话框中选中所有商品类别变量，"线值为"选默认值"绝对"，同时选择"强链接较粗"。分析时，我们更为关注客户购买商品的信息，所以为了较好的可视化效果，我们选中"仅显示 true 值标志"。

"选项"选项卡用来设置链接相关的参数，如图 5.14 所示。

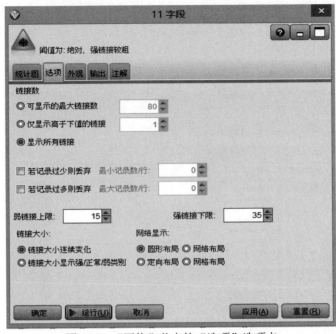

图 5.14　"网络"节点的"选项"选项卡

- 链接数：用来控制网络图显示连接线条数。"可显示的最大链接数"表示最多显示的连接线条数，默认为 80 条。"仅显示高于下值的链接"表示只显示连线两端变量交叉分组下频数大于指定值的连线。"显示所有链接"表示显示所有连线。
- 若记录过少则丢弃：表示不显示连线两端变量交叉分组下频数小于指定值的连线。
- 若记录过多则丢弃：表示不显示连线两端变量交叉分组下频数大于指定值的连线。
- 弱链接上限：表示连线两端变量交叉分组下频数小于指定值的为弱链接，其连线用弱连接线显示，默认为 15。
- 强链接下限：表示连线两端变量交叉分组下频数大于指定值的为强链接，其连线用强连接线显示，默认为 35。
- 链接大小：用来指定不同线形的含义。"链接大小连续变化"表示连线的粗细随连线两端变量交叉分组下频数的多少而连续变化。"链接大小显示强/正常/弱类别"表示连线粗细只有三种类别，连线两端变量交叉分组下频数低于弱链接上限的用弱连接线表示，高于强链接下限的用强连接线表示，中间值用正常线表示。
- 网络显示：用来指定网络图的形式。默认为"圆形布局"；"网络布局"会将连线两端变量交叉分组下频数接近的连线合并为一条线；"定向布局"用来反映多个变量与一个变量的关系；"网格布局"显示一种常见的空间网格图。

在本示例中，"链接数"我们选择"显示所有链接"，"链接大小"选择"链接大小连续变化"，"网络显示"选择"圆形布局"。

根据以上设定，本示例的网络图如图 5.15 所示。最细线代表连线两端商品被同时购买了 30 次，最粗线代表连线两端商品被同时购买了 174 次。如果网络线过于密集，可以选择图中某类商品节点，单击鼠标右键，在弹出菜单中选择"隐藏"选项，隐藏当前商品节点；或者选择"隐藏并重新计划"选项，表示去除当前商品节点后重新绘制网络图。同时，还可以调整网络图下方比例尺上的两个数字图标，选择显示的连线，如把 30 的图标向右调整至 60，则会过滤掉连线两端商品被同时购买次数少于 60 的连线。

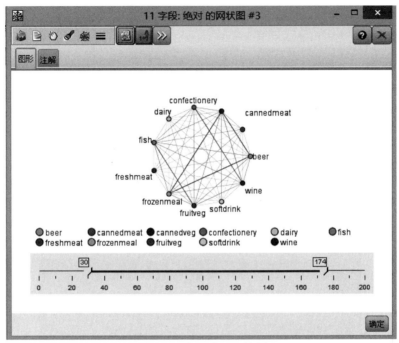

图 5.15　商品购买网络图

另外，选中网络图中的一条连线，单击鼠标右键，从弹出菜单中选择"生成链接的选择节点"或"生成链接的导出节点"选项，则可在数据流构建区自动生成选择或导出节点，将选中连线代表的样本筛选出来。

如果想要得到更准确的连线频数信息，可点击网络图中第一行最右边的双箭头按钮，会在图形右侧显示各类链接的详细信息。

3. 使用"建模"选项卡下的 Apriori 节点挖掘关联规则

选择"建模"选项卡下的 Apriori 节点，连接到数据流。单击鼠标右键，选择弹出菜单中的"编辑"选项进行节点的参数设置。Apriori 节点的参数设置包括"字段""模型""专家"和"注解"四张选项卡。

"字段"选项卡用来指定关联规则中的前项和后项变量，如图 5.16 所示。

- 使用预定义角色：表示可通过"字段"选项卡下的"类型"节点，指定变量的角色。
- 使用定制字段分配：表示分别在后项和前项对话框中自行指定建模变量角色。
- 使用事务处理格式：用于事务表数据。
- 分区：用于指定分区的变量，因为关联分析是无监督的方法，不需要使用测试集或验证集进行验证，所以通常忽略该选项。

图 5.16 Apriori 节点的"字段"选项卡

在本示例中，我们选择"使用定制字段分配"方式，把所有的商品类别变量既作为前项变量又作为后项变量输入相应的对话框。

"模型"选项卡主要用来指定关联规则相关的阈值，如图 5.17 所示。

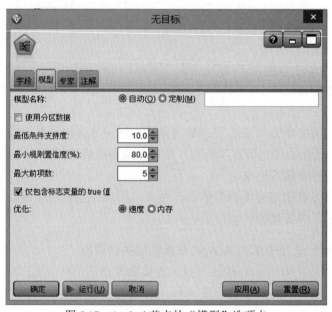

图 5.17 Apriori 节点的"模型"选项卡

- 最低条件支持度：指定规则前项的最小支持度，默认为 10%。
- 最小规则置信度：指定规则的最小置信度，默认为 80%。
- 最大前项数：指定规则前项包含的最大项目数，默认为 5 项。
- 仅包含标志变量的 true 值：选中该选项，表示只显示变量取值为真(T)时的规则，而不显示变量取值为否(F)时的规则。

在本示例中，我们关心的是商品被一起购买的情况，所以选择"仅包含标志变量的 true 值"选项，其他阈值使用默认值。

"专家"选项卡主要用来指定关联规则的评价指标，如图 5.18 所示。

- 方式：分为"简单"和"专家"两种。"简单"方式下，默认评价指标为规则置信度。"专家"方式下，评价指标有"规则置信度""置信度差""置信度比率""信息差"和"标准化卡方"五个可选项。

在本示例中，选择"简单"方式。

图 5.18　Apriori 节点的"专家"选项卡

4. 结果解读与部署

根据以上设定，运行 Apriori 节点，数据流自动生成模型节点。用鼠标右击该节点，选择弹出菜单中的"编辑"选项进行规则的参数设置。模型节点的参数包括"模型""设置""摘要"和"注解"四张选项卡。

"模型"选项卡主要用来对生成的模型进行管理。利用图 5.19 所示的工具栏，可以选择显示的规则和顺序，以及规则的评价指标。

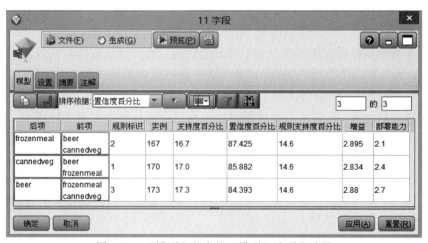

后项	前项	规则标识	实例	支持度百分比	置信度百分比	规则支持度百分比	增益	部署能力
frozenmeal	beer cannedveg	2	167	16.7	87.425	14.6	2.895	2.1
cannedveg	beer frozenmeal	1	170	17.0	85.882	14.6	2.834	2.4
beer	frozenmeal cannedveg	3	173	17.3	84.393	14.6	2.88	2.7

图 5.19　"模型"节点的"模型"选项卡结果

本示例共产生了三条关联规则，如图 5.19 所示。下面以规则标识号为 1 的规则为例，解读挖掘结果。

规则标识 1：{beer，frozenmeal} ⇒ {cannedveg}。在所有 1000 项交易中，包含前项 {beer，frozenmeal} 的交易共有 170 次(实例)，前项支持度为 17.0%(支持度白分比)，购买了前项商品 beer 和 frozenmeal 的客户有 85.882%的可能购买后项商品 cannedveg(置信度百分比)，同时购买了前项和后项商品的交易次数占所有交易项的 14.6%(规则支持度百分比)。使用该规则向客户推荐后项商品 cannedveg 比纯随机推荐 cannedveg 的有效性提升了 2.834 倍(增益，即提升度)。部署能力等于前项支持度减去规则支持度，意味着 1000 次交易中包含前项商品 beer 和 frozenmeal 但不包含后项商品 cannedveg 的交易项占 2.4%，也即可以向发生过这 24 次交易的客户部署这条规则，推荐 cannedveg。

"设置"选项卡用来设置模型部署的参数，如图 5.20 所示。

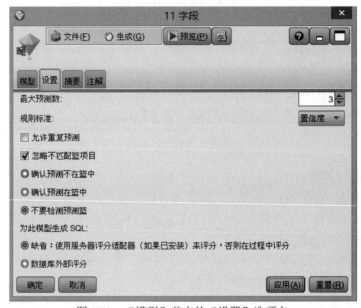

图 5.20　"模型"节点的"设置"选项卡

● 最大预测数和规则标准指定用于预测的规则。最大预测数的默认值为 3，规则标准默认为"置信度"，两者结合，意味着根据已发生的每一笔交易，可以选择置信度最大的三条规则用于推荐。

● 允许重复预测：选中表示允许同时应用相同后项结果的多条关联规则。例如，如果规则 {啤酒，牛奶} ⇒ {葡萄酒} 和 {藕粉，芝士} ⇒ {葡萄酒} 都是有趣的规则，那么选中该项后，则允许同时应用这两条规则。

● 忽略不匹配篮项目：选中表示如果样本应用规则时不能按顺序完全匹配前项的所有项目，允许采用不完全匹配，忽略一些无法匹配的项目。当发现的规则较少时，建议采用这一策略。

● 确认预测不在篮中：选中表示样本应用关联规则时，规则后项不能出现在已有的交易项中。例如，顾客的购物篮中已有空调，那么无论后项商品为空调的规则其支持度、置信度及提升度有多高，也不能再向该顾客推荐空调。是否选择该选项应看分析的实际问题，一般对于耐用消费品，为了提高推荐的有效性，可以选中该选项。

- 确认预测在篮中：选中表示样本应用关联规则时，规则后项应在已有的交易项中出现过。是否选择该选项应看分析的实际问题。例如牙膏，客户需要经常购买，牙膏生产企业为了回馈忠诚度高的客户，选中该选项，可以向已经购买过该牙膏的客户进行优惠促销活动。

- 不要检测预测篮：选中表示样本应用关联规则时，不考虑规则后项是否在已有的交易中出现过。

在本示例中，因为只产生了 3 条有趣的规则，又是日常生活用品推荐，所以"最大预测数"选择默认值 3，"规则标准"也使用默认值"置信度"，同时选中"忽略不匹配篮项目"和"不要检测预测篮"。

"模型"节点参数设置完成后，在该节点后连接"输出"选项卡下的"表格"节点，用鼠标右击该表格节点，选择弹出菜单中的"运行"选项，可以输出如图 5.21 的部署结果。其中，前 18 个字段为原始数据，后 9 个字段为推荐结果。因为只产生了 3 条规则，最大预测数又选择了默认值 3，部署时会使用这 3 条规则进行推荐。系统为每一条规则分配了 3 个字段，变量名前缀分别为\$A、\$AC 和\$A-Rule，分别表示推荐的商品、推荐应用的规则置信度及规则编号。

	cardid														\$A-11 字段-1	\$AC-11 字段-1	\$A-Rule_ID-1	\$A-11 字段-2	\$AC-11 字段-2	\$A-Rule_ID-2	\$A-11 字段-3	\$AC-11 字段-3	\$A-Rule_ID-3
1	39808		M		F	T	T	F	F	F	F	F	F	T	\$null\$	\$null\$	\$null\$	\$null\$	\$null\$	\$null\$	\$null\$	\$null\$	\$null\$
2	67362		F		F	T	F	F	F	F	F	T	F	F	\$null\$	\$null\$	\$null\$	\$null\$	\$null\$	\$null\$	\$null\$	\$null\$	\$null\$
3	10872		M		F	F	F	T	F	T	T	F	F	F	frozenmeal	0.874	2	cannedveg	0.859	1	beer	0.844	3
4	26748		M		F	T	F	F	F	F	F	T	F	F	\$null\$	\$null\$	\$null\$	\$null\$	\$null\$	\$null\$	\$null\$	\$null\$	\$null\$
5	91609		M		F	F	F	F	F	F	F	F	F	F	\$null\$	\$null\$	\$null\$	\$null\$	\$null\$	\$null\$	\$null\$	\$null\$	\$null\$
6	26630		F		F	F	F	F	F	F	F	F	F	F	\$null\$	\$null\$	\$null\$	\$null\$	\$null\$	\$null\$	\$null\$	\$null\$	\$null\$
7	62995		F		T	F	F	F	F	F	F	T	F	F	\$null\$	\$null\$	\$null\$	\$null\$	\$null\$	\$null\$	\$null\$	\$null\$	\$null\$
8	38765		M		T	F	F	F	F	F	F	F	F	F	\$null\$	\$null\$	\$null\$	\$null\$	\$null\$	\$null\$	\$null\$	\$null\$	\$null\$
9	28935		F		T	F	F	F	T	F	F	F	F	F	\$null\$	\$null\$	\$null\$	\$null\$	\$null\$	\$null\$	\$null\$	\$null\$	\$null\$
10	41792		F		T	T	T	F	F	T	F	T	F	F	\$null\$	\$null\$	\$null\$	\$null\$	\$null\$	\$null\$	\$null\$	\$null\$	\$null\$
11	59480		F		T	T	T	F	F	T	T	F	F	F	\$null\$	\$null\$	\$null\$	\$null\$	\$null\$	\$null\$	\$null\$	\$null\$	\$null\$
12	60755		F		T	F	F	F	F	T	F	T	F	F	\$null\$	\$null\$	\$null\$	\$null\$	\$null\$	\$null\$	\$null\$	\$null\$	\$null\$
13	70998		M		F	F	T	F	T	T	F	F	T	F	\$null\$	\$null\$	\$null\$	\$null\$	\$null\$	\$null\$	\$null\$	\$null\$	\$null\$
14	80617		F		F	F	T	F	F	F	F	T	T	F	\$null\$	\$null\$	\$null\$	\$null\$	\$null\$	\$null\$	\$null\$	\$null\$	\$null\$
15	61144		F		T	F	F	F	F	F	F	F	T	F	\$null\$	\$null\$	\$null\$	\$null\$	\$null\$	\$null\$	\$null\$	\$null\$	\$null\$
16	36405		F		F	F	F	F	T	T	F	F	F	F	cannedveg	0.859	1	\$null\$	\$null\$	\$null\$	\$null\$	\$null\$	\$null\$
17	76567		M		T	F	F	F	F	F	F	F	T	F	\$null\$	\$null\$	\$null\$	\$null\$	\$null\$	\$null\$	\$null\$	\$null\$	\$null\$
18	85699		F		F	F	F	F	F	T	F	F	F	F	\$null\$	\$null\$	\$null\$	\$null\$	\$null\$	\$null\$	\$null\$	\$null\$	\$null\$
19	11357		F		F	F	T	F	F	F	F	F	T	F	\$null\$	\$null\$	\$null\$	\$null\$	\$null\$	\$null\$	\$null\$	\$null\$	\$null\$
20	97761		F		T	F	F	T	F	F	T	T	F	T	\$null\$	\$null\$	\$null\$	\$null\$	\$null\$	\$null\$	\$null\$	\$null\$	\$null\$
21	20362		M		T	F	F	F	F	F	F	F	F	T	\$null\$	\$null\$	\$null\$	\$null\$	\$null\$	\$null\$	\$null\$	\$null\$	\$null\$
22	33173		F		F	F	F	F	F	T	F	F	F	T	\$null\$	\$null\$	\$null\$	\$null\$	\$null\$	\$null\$	\$null\$	\$null\$	\$null\$
23	69934		F		F	F	F	F	F	F	T	F	F	F	\$null\$	\$null\$	\$null\$	\$null\$	\$null\$	\$null\$	\$null\$	\$null\$	\$null\$
24	14743		M		T	T	T	T	T	T	T	F	F	F	frozenmeal	0.874	2	cannedveg	0.859	1	beer	0.844	3
25	83071		M		F	F	F	F	F	F	F	F	F	F	\$null\$	\$null\$	\$null\$	\$null\$	\$null\$	\$null\$	\$null\$	\$null\$	\$null\$
26	17571		F		T	F	T	F	F	T	T	F	F	F	cannedveg	0.859	1	\$null\$	\$null\$	\$null\$	\$null\$	\$null\$	\$null\$
27	37917		F		F	F	F	F	F	F	F	F	F	F	\$null\$	\$null\$	\$null\$	\$null\$	\$null\$	\$null\$	\$null\$	\$null\$	\$null\$
28	11236		M		F	F	F	F	F	F	F	F	F	F	\$null\$	\$null\$	\$null\$	\$null\$	\$null\$	\$null\$	\$null\$	\$null\$	\$null\$
29	47914		F		F	F	F	T	F	F	F	F	F	F	\$null\$	\$null\$	\$null\$	\$null\$	\$null\$	\$null\$	\$null\$	\$null\$	\$null\$
30	58154		M		F	F	F	T	F	F	F	F	F	F	\$null\$	\$null\$	\$null\$	\$null\$	\$null\$	\$null\$	\$null\$	\$null\$	\$null\$
31	35197		M		F	F	F	F	F	T	T	F	F	F	cannedveg	0.859	1	\$null\$	\$null\$	\$null\$	\$null\$	\$null\$	\$null\$
32	64892		F		F	F	F	T	F	T	F	T	F	F	\$null\$	\$null\$	\$null\$	\$null\$	\$null\$	\$null\$	\$null\$	\$null\$	\$null\$
33	1024.		F		F	F	T	T	F	F	F	F	F	F	frozenmeal	0.874	2	\$null\$	\$null\$	\$null\$	\$null\$	\$null\$	\$null\$
34	56677		F		T	F	F	F	F	F	F	F	F	F	\$null\$	\$null\$	\$null\$	\$null\$	\$null\$	\$null\$	\$null\$	\$null\$	\$null\$
35	94105		M		F	T	F	F	F	F	F	T	F	F	\$null\$	\$null\$	\$null\$	\$null\$	\$null\$	\$null\$	\$null\$	\$null\$	\$null\$
36	63817		M		F	F	F	F	F	F	F	F	F	F	\$null\$	\$null\$	\$null\$	\$null\$	\$null\$	\$null\$	\$null\$	\$null\$	\$null\$
37	44887		M		T	F	F	F	F	F	F	F	F	F	\$null\$	\$null\$	\$null\$	\$null\$	\$null\$	\$null\$	\$null\$	\$null\$	\$null\$
38	69720		F		F	F	F	F	F	F	F	F	F	F	\$null\$	\$null\$	\$null\$	\$null\$	\$null\$	\$null\$	\$null\$	\$null\$	\$null\$

图 5.21　部署结果

5.4.2　事务表数据的应用示例

Movie 数据集
与数据流

示例数据是某观影网站20年的观众评分数据，原始数据包含 4 个变量：客户编号(userId)、电影编号(movieId)、评分(rating)和电影名称(title)，共

1 048 575 条记录。为了提高推荐的有效性,本示例选取评分在 3 分及以上的记录,共 856 558 条, 客户编号(userId)和电影名称(title)两个变量构成示例数据集 Movie.xlsx。

从数据读入、数据审核、探索性分析到模型构建和部署,建立的数据流如图 5.22 所示。

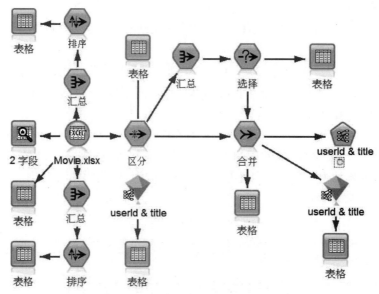

图 5.22　事务表观影数据关联分析数据流

1. 使用"源"选项卡下的 Excel 节点读入数据

首先,选择"源"选项卡下的 Excel 节点,将其添加到数据流构建区。然后单击鼠标右键,选择弹出菜单中的"编辑"选项进行节点的参数设置。Excel 节点的参数设置包含"数据""过滤器""类型"和"注解"四张选项卡。

"数据"选项卡用于设置 Excel 文件读入时的主要参数,如图 5.23 所示。

图 5.23　Excel 节点的"数据"选项卡

- 文件类型：用来选择读取的 Excel 文件类型，包括.xls 和.xlsx 两种格式。
- 导入文件：用来指定要读取的 Excel 文件的路径地址和文件名。
- 使用指定范围：如果在 Excel 文件中命名了范围，那么可以通过选择此选项来指定要读取的范围，并在下方文本框中选择已命名范围。一旦选择了此项，将禁用下面"选择工作表"和"工作表范围"功能。
- 选择工作表：若 Excel 文件中包含多张 Excel 工作表，则可以通过"按索引"或者"按名称"来指定要读取的工作表。
- 工作表范围：用来指定工作表的数据读取范围。默认为"范围从第一个非空行开始"，也可以选择"单元格的显示范围"来指定，右边第一个文本框用来指定范围的左上角单元格地址，第二个文本框用来指定范围的右下角单元格地址。
- 对于空行：用来指定数据读取过程中，遇到空行的处理方式。选择"停止读取"，读取时如果遇到空行，读取过程就结束。选择"返回空白行"，读取时如果遇到空行，读取过程将继续，其中空白行将以$null$显示。
- 第一行存在列名称：选中该选项，数据读取时第一行的内容将作为列名称。

IBM SPSS Modeler 在读取数据阶段，变量可以分为非实例化、半实例化和实例化三个状态。非实例化指变量的存储类型和取值范围都未知的状态；半实例化指变量的存储类型已知但取值范围未知的状态；实例化指变量的存储类型和取值范围都已知的状态。

右击"类型"选项卡，如图 5.24 所示，可以看到变量 userId 和 title 都处于半实例化状态。单击"读取值"，选择弹出菜单中的"确定"选项。运行结果如图 5.25 所示，变量 userId 从半实例化状态转变为实例化状态，但变量 title 被界定为无类型，无法识别，仍处于半实例化状态。

图 5.24　Excel 节点的"类型"选项卡

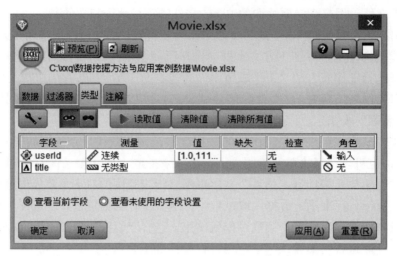

图 5.25　Excel 节点的读取值运行结果

　　如图 5.26 所示，选择"工具"→"流属性"→"选项"菜单命令，右击"选项"，弹出如图 5.27 所示的默认对话框。其中，"名义字段的最大成员数"默认为 250，去除此选项，单击"确定"。然后在"类型"选项卡下，先单击"清除所有值"，再单击"读取值"，运行结果如图 5.28 所示，两变量均被实例化。

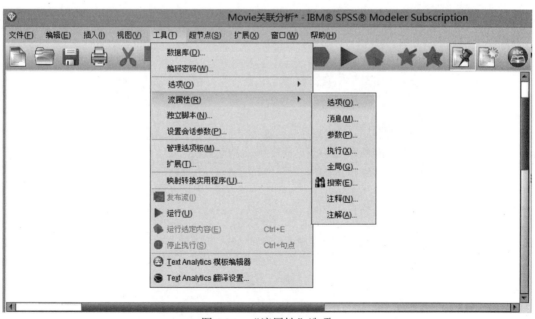

图 5.26　"流属性"选项

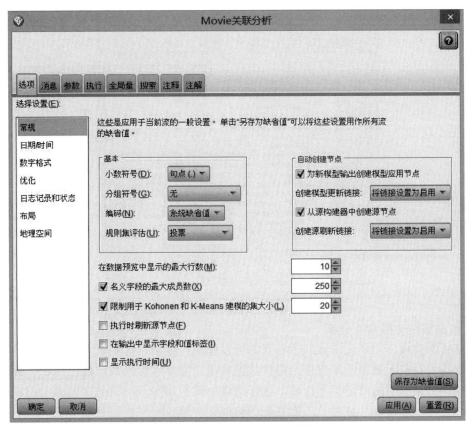

图 5.27 "选项"默认对话框

图 5.28 Excel 节点的读取值再次运行结果

在数据流中连接"输出"选项卡下的"表格"节点,"表格"节点执行结果如图 5.29 所示。

图 5.29   "表格"节点执行结果

2. 数据审核和探索性分析

数据实例化后，由于记录数较多，我们可以使用"输出"选项卡下的"数据审核"节点来检查是否存在无效值或缺失值。将"数据审核"节点添加到数据流，然后单击鼠标右键，选择弹出菜单中的"运行"选项，运行结果如图 5.30 所示。通过"质量"选项卡，我们发现 userId 和 title 两个变量均不存在无效值或缺失值。

字段	测量	离群值	极值	操作	缺失插补	方法	完成百分	有效记录	空值	字符型	空白	空白值
userId	连续	0	0	无	从不	固定	100	856558	0	0	0	0
title	名义	—	—	—	从不	固定	100	856558	0	0	0	0

完整字段(%)：100%　完整记录(%)：100%

图 5.30   "数据审核"节点"质量"选项卡结果

使用"记录"选项卡下的"汇总"节点，如图 5.31 所示，关键字段选择 userId，用来分析数据集中总共有多少位观众，以及每位观众看了多少部影片。然后使用"记录"选项卡下的"排序"节点，对每位观众观看影片数(Record_Count)进行排序，排列顺序选择降序，操作过程如图 5.32、5.33 所示。在"排序"节点后连接"表格"节点，右击鼠标，选择弹出菜单中的"运行"选项，运行结果如图 5.34 所示。数据集中总共包含 11 039 位观众，其中，有两位观众在 20 年间观看影片数达 3000 次以上。

使用相同的操作，对 title 进行汇总，用来分析数据集中总共有多少部影片，以及每部影片被观看了多少次。运行结果如图 5.35 所示，数据集中总共包含 16 841 部影片，其中，有 4 部影片在 20 年间被观看了 3000 次以上。

图 5.31　"汇总"节点"设置"选项卡

图 5.32　"排序"节点"选择字段"对话框

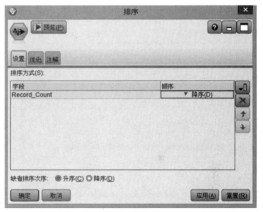

图 5.33　"排序"节点"设置"选项卡

图 5.34　观众观看影片次数汇总

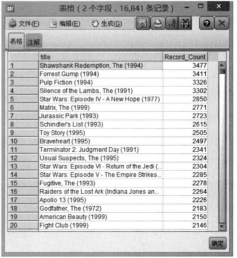

图 5.35　影片被观看次数汇总

3. 数据预处理

为了提高规则推荐的有效性，我们可以去除重复观看的记录以及只观看过一部影片的观众。

使用"记录"选项卡下的"区分"节点，将其添加到 Excel 节点后。单击鼠标右键，选择弹出菜单中的"编辑"选项进行参数设置。在"设置"选项卡下，方式选择"每组仅包括首个记录"，用于分组的关键字字段选择 userId 和 title，如图 5.36 所示。这样的设置意味着如果同一位观众对同一部影片看了多次，相同的记录只保留第一条。添加"表格"节点后，运行结果如图 5.37 所示，通过去除重复记录，数据集还保留 856 546 条记录。

图 5.36　"区分"节点"设置"选项卡　　　　　　图 5.37　区分结果

使用"记录"选项卡下的"汇总""选择"节点，将其添加到"区分"节点后。对"汇总"节点，关键字段选择 userId。对"选择"节点，单击鼠标右键，选择弹出菜单中的"编辑"选项进行参数设置。在"设置"选项卡下，方式选择"包括"，条件对话框使用表达式构建器，输入表达式"Record_Count >= 2"，如图 5.38 所示。添加"表格"节点后，运行结果如图 5.39 所示，观看两部及以上影片的观众有 10 816 位。

使用"记录"选项卡下的"合并"节点，合并"区分"节点和"选择"节点的结果。添加"合并"节点后，单击鼠标右键，选择弹出菜单中的"编辑"选项进行参数设置。如图 5.40 所示，在"合并"选项卡下，合并方法选择"关键字"，并选择"仅包含匹配的记录(内部连接)"。添加"表格"节点后，运行结果如图 5.41 所示，数据集仍保留 856 323 条记录。

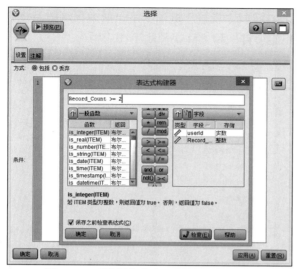

图 5.38　"选择"节点"设置"选项卡

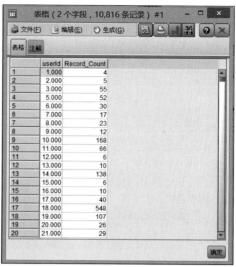

图 5.39　选择结果

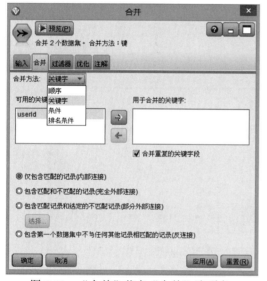

图 5.40　"合并"节点"合并"选项卡

图 5.41　合并结果

4. 建模与部署

在"合并"节点后添加 Apriori 节点。单击鼠标右键，选择弹出菜单中的"编辑"选项进行参数设置。在"字段"选项卡下，如图 5.42 所示，选择"使用定制字段分配"，同时选择"使用事务处理格式"，标识选择 userId，内容选择 title。选择"标识连续"，意味着作为标识的字段已经经过排序，对于较大的数据集，选择此项后，能提升运算效率。在"模型"选项卡下，如图 5.43 所示，最低条件支持度为 15%，最小规则置信度为 75%，最大前项数默认为 5，并选择"仅包含标志变量的 true 值"。"专家"选项卡使用默认方式"简单"。

根据以上设定，运行 Apriori 节点，数据流自动生成"模型"节点。用鼠标右击该节点，选择弹出菜单中的"编辑"选项。在弹出的对话框中，通过"模型"选项卡可以查看并管理产生的规则，如图 5.44 所示，共产生 38 条规则。"设置"选项卡下，最大预测数及规则标准都选择默认值，同时选择"忽略不匹配篮项目"和"确认预测不在篮中"。

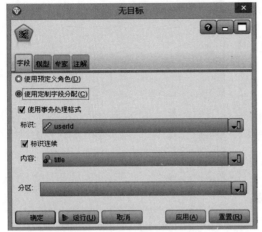

图 5.42　Apriori 节点"字段"选项卡

图 5.43　Apriori 节点"模型"选项卡

后项	前项	规则标识	实例	支持度百分...	置信度百分...	规则支持度	增益	部署能力
Star Wars: Episode IV - A Ne...	Star Wars: Episode VI - Re... Star Wars: Episode V - Th...	20	1,657	15.32	90.344	13.841	3.429	1.479
Star Wars: Episode V - The E...	Raiders of the Lost Ark (In... Star Wars: Episode IV - A ...	32	1,629	15.061	87.477	13.175	4.141	1.886
Lord of the Rings: The Fellow...	Lord of the Rings: The Tw...	8	1,790	16.55	86.76	14.358	4.735	2.191
Lord of the Rings: The Fellow...	Lord of the Rings: The Ret...	6	1,769	16.355	85.755	14.026	4.68	2.33
Star Wars: Episode IV - A Ne...	Star Wars: Episode V - Th...	13	2,285	21.126	83.063	17.548	3.152	3.578
Star Wars: Episode V - The E...	Star Wars: Episode VI - Re... Star Wars: Episode IV - A ...	21	1,807	16.707	82.844	13.841	3.921	2.866
Lord of the Rings: The Two T...	Lord of the Rings: The Ret...	4	1,769	16.355	82.815	13.545	5.004	2.811
Lord of the Rings: The Return...	Lord of the Rings: The Tw...	5	1,790	16.55	81.844	13.545	5.004	3.005
Forrest Gump (1994) = T	Jurassic Park (1993) = T Pulp Fiction (1994) = T	34	1,644	15.2	81.509	12.389	2.591	2.811
Forrest Gump (1994) = T	Jurassic Park (1993) = T Silence of the Lambs, The...	33	1,730	15.995	81.329	13.009	2.585	2.986
Silence of the Lambs, The (1...	Seven (a.k.a. Se7en) (199... Pulp Fiction (1994) = T	17	1,627	15.043	80.27	12.075	2.63	2.968
Pulp Fiction (1994) = T	Seven (a.k.a. Se7en) (199...	11	2,036	18.824	79.912	15.043	2.599	3.781
Forrest Gump (1994) = T	Speed (1994) = T	3	1,634	15.107	79.253	11.973	2.519	3.134
Jurassic Park (1993) = T	Speed (1994) = T	2	1,634	15.107	79.07	11.945	3.141	3.162
Star Wars: Episode VI - Retur...	Star Wars: Episode V - Th... Star Wars: Episode IV - A ...	22	1,898	17.548	78.872	13.841	3.703	3.707
Pulp Fiction (1994) = T	Usual Suspects, The (199... Shawshank Redemption, ...	27	1,722	15.921	78.862	12.555	2.565	3.365
Shawshank Redemption, The...	Usual Suspects, The (199... Pulp Fiction (1994) = T	28	1,730	15.995	78.497	12.555	2.447	3.439

图 5.44　"模型"节点"模型"选项卡运行结果

"模型"节点参数设置完成后，在该节点后连接"表格"节点，单击鼠标右键，选择弹出菜单中的"运行"选项，输出如图 5.45 的部署结果。此部署结果未包含只看一部影片的观众。如果要向所有观众推荐，可以在数据流"区分"节点后添加"模型"节点。

事务表数据模型部署时，要求用于标识的字段必须是已排序的，否则不会产生推荐结果。对于未排序的标识字段，分析时建议先使用"记录"选项下的"排序"节点对其进行排序。

表格（12 个字段，856,323 条记录）#1

文件(F)　编辑(E)　生成(G)

表格　注解

	userId	Record_Count	title	$A-userId & title-1	$AC-userId & title-1	$A-Rule_ID-1	$A-userId & title-2	$AC-userId & title-2
31	3.000	55	Miracle on 34th Street (1994)	Forrest Gump (1...	0.765	1	$null$	$null$
32	3.000	55	Mrs. Doubtfire (1993)	Forrest Gump (1...	0.765	1	$null$	$null$
33	3.000	55	Muppet Treasure Island (1996)	Forrest Gump (1...	0.765	1	$null$	$null$
34	3.000	55	Home Alone (1990)	Forrest Gump (1...	0.765	1	$null$	$null$
35	3.000	55	Net, The (1995)	Forrest Gump (1...	0.765	1	$null$	$null$
36	3.000	55	Oliver & Company (1988)	Forrest Gump (1...	0.765	1	$null$	$null$
37	3.000	55	Pretty Woman (1990)	Forrest Gump (1...	0.765	1	$null$	$null$
38	3.000	55	Primal Fear (1996)	Forrest Gump (1...	0.765	1	$null$	$null$
39	3.000	55	Quiz Show (1994)	Forrest Gump (1...	0.765	1	$null$	$null$
40	3.000	55	Rock, The (1996)	Forrest Gump (1...	0.765	1	$null$	$null$
41	3.000	55	Santa Clause, The (1994)	Forrest Gump (1...	0.765	1	$null$	$null$
42	3.000	55	Shawshank Redemption, The (1994)	Forrest Gump (1...	0.765	1	$null$	$null$
43	3.000	55	Silence of the Lambs, The (1991)	Pulp Fiction (199...	0.770	37	Forrest Gump (1...	0.765
44	3.000	55	Sleepless in Seattle (1993)	Pulp Fiction (199...	0.770	37	Forrest Gump (1...	0.765
45	3.000	55	Speed (1994)	Forrest Gump (1...	0.793	3	Jurassic Park (1...	0.791
46	3.000	55	Substitute, The (1996)	Forrest Gump (1...	0.793	3	Jurassic Park (1...	0.791
47	3.000	55	Time to Kill, A (1996)	Forrest Gump (1...	0.793	3	Jurassic Park (1...	0.791
48	3.000	55	Tombstone (1993)	Forrest Gump (1...	0.793	3	Jurassic Park (1...	0.791
49	3.000	55	Toy Story (1995)	Forrest Gump (1...	0.793	3	Jurassic Park (1...	0.791
50	3.000	55	True Lies (1994)	Forrest Gump (1...	0.793	3	Jurassic Park (1...	0.791

确定

图 5.45　部署结果

5.5　基于 R 语言的应用

本节我们选择使用 arules 软件包中的 Groceries 数据集进行应用分析，该数据集是某食品杂货店一个月的真实交易数据，主要目的在于掌握运用 R 软件实现关联挖掘的主要函数功能及分析过程。

5.5.1　数据初探

groceries 数据集与 R 代码

首先查找 R 工作目录，将 groceries.csv 数据集保存在工作目录下，也可在加载 arules 软件包后直接使用 data( )函数调用 Groceries 数据集。

```
> getwd()                #查找 R 工作目录
> install.packages("arules")
> library(arules)        #以下以 read.transactions()函数读取事务型数据集 groceries.csv 示例
```

使用 read.transactions( )函数，产生一个适用于事务型数据的稀疏矩阵。参数“sep=","”表示输入文件中的项之间用逗号隔开，并使用 summary( )函数查看数据基本信息。

```
> groceries<-read.transactions("groceries.csv",sep=",")
> summary(groceries)
transactions as itemMatrix in sparse format with
9835 rows (elements/itemsets/transactions) and
169 columns (items) and a density of 0.02609146
```

输出信息共包括四部分内容，第一部分内容如上所示，对稀疏矩阵进行了概述。“9835 rows”表示共有 9835 次交易，“169 columns”表示所有交易项中共出现了 169 类商品。如果某次交易中，该类商品被购买了，则矩阵中对应的单元格取值为 1，否则为 0。"a density of 0.02609146"表示稀疏矩阵中非零单元格的占比为 2.609 146%。

输出信息的第二部分内容列出了这一个月的交易中被购买次数最多的 6 类商品，如下所示。

```
most frequent items:
    whole milk    other    vegetables    rolls/buns
       2513                  1903            1809
        soda                yogurt          (Other)
        1715                 1372            34055
```

输出信息的第三部分内容列出了交易规模的描述性统计分析结果，如下所示，只包含一件商品的交易有 2159 次，包含商品最多的一次交易为 32 件。第一四分位数的购买规模为 2 件，表示 25%的交易最多包含 2 件商品。均值为 4.409，表示每次交易平均购买商品 4.409 件。

```
element (itemset/transaction) length distribution:
sizes
1     2     3     4     5     6     7     8     9     10    11   12
2159  1643  1299  1005  855   645   545   438   350   246   182  117
13    14    15    16    17    18    19    20    21    22    23   24
78    77    55    46    29    14    14    9     11    4     6    1
26    27    28    29    32
1     1     1     3     1
Min.    1st Qu.    Median    Mean    3rd Qu.    Max.
1.000   2.000      3.000     4.409   6.000      32.000
```

输出信息的第四部分内容列出了稀疏矩阵中商品所在的列按字母表顺序排列的前 3 类示例商品，如下所示，分别为擦洗剂(abrasive cleaner)、人造甜味剂(artif. sweetener)和婴儿用品(baby cosmetics)。

```
includes extended item information - examples:
              labels
1 abrasive cleaner
2 artif.sweetener
3 baby cosmetics
```

使用 inspect( )函数和向量运算的组合，可以查看稀疏矩阵的内容。查看前 6 项交易内容如下所示。

```
>inspect(groceries[1:6])
     items
  [1] {citrus fruit,
       margarine,
       ready soups,
```

```
          semi-finished bread}
[2]  {coffee,
      tropical fruit,
      yogurt}
[3]  {whole milk}
[4]  {cream cheese,
      meat spreads,
      pip fruit,
      yogurt}
[5]  {condensed milk,
      long life bakery product,
      other vegetables,
      whole milk}
[6]  {abrasive cleaner,
      butter,
      rice,
      whole milk,
      yogurt}
```

使用 itemFrequency( )函数，可以查看包含特定商品的交易比例。以下所示为查看 groceries 数据中前 3 件商品的交易比例。

```
> itemFrequency(groceries[,1:3])
  abrasive cleaner    artif. sweetener    baby cosmetics
     0.0035587189        0.0032536858       0.0006100661
```

5.5.2　可视化交易数据

1. 可视化商品的支持度

使用 itemFrequencyPlot( )函数，可生成所包含的特定商品交易比例的柱状图。因为事务型数据包含了非常多的项，所以为了获得一副清晰的图，需要限制出现在图中的项，可以运用 support 参数或 topN 参数。如图 5.46，显示了 groceries 数据集中支持度在 10%及以上的 8 类商品；图 5.47 显示了根据支持度降序排列的前 15 类商品。

```
> itemFrequencyPlot(groceries,support=0.1)
```

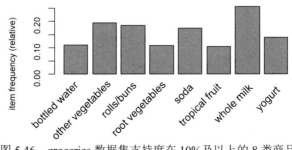

图 5.46　groceries 数据集支持度在 10%及以上的 8 类商品

```
> itemFrequencyPlot(groceries,topN=15)
```

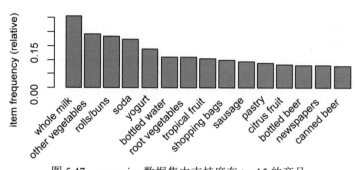

图 5.47 groceries 数据集中支持度在 top15 的商品

2. 可视化稀疏矩阵

除了可视化商品的支持度，还可以使用 image( )函数可视化稀疏矩阵。可视化前 20 次交易的稀疏矩阵如图 5.48 所示。图中描绘了一个 20 行(交易)169 列(商品)的矩阵，矩阵中黑色单元表示在此次交易中(行)该商品(列)被购买了。

```
> image(groceries[1:20])
```

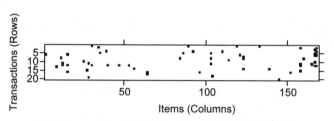

图 5.48 groceries 数据集中前 20 次交易的稀疏矩阵

这种可视化可以识别某类商品受欢迎的程度，例如图中某列黑色单元特别密集，同样也可以探索人们购买商品的数量。但是对于超大型的交易数据集，这种可视化效果较差，会因为单元太小而无法识别。不过，可以通过将其与 sample( )函数结合，可视化稀疏矩阵中一组随机抽样的交易。图 5.49 显示了随机选择的 100 次交易的稀疏矩阵。

```
> image(sample(groceries,100))
```

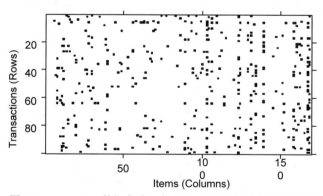

图 5.49 groceries 数据集中随机抽取 100 次交易的稀疏矩阵

5.5.3 挖掘关联规则

使用 arules 添加包中的 Apriori( )函数产生挖掘关联规则，虽然运行该函数非常简单，但是要找到产生有效关联规则的合适的支持度、置信度值，则可能需要大量的尝试。以下命令为使用 Apriori( )函数产生支持度阈值为 0.01、置信度阈值为 0.5、项数阈值为 2 的规则集，规则集命名为 groceryrules。运行结果如下所示，其中显示找到 15 条符合要求的规则。

```
> groceryrules<-apriori(groceries,parameter=list(support=0.01,confidence=0.5,
minlen=2))
  Apriori

  Parameter specification:
   confidence minval smax  arem  aval originalSupport maxtime support minlen maxlen target   ext
       0.5    0.1    1  none FALSE        TRUE       5    0.01      2     10  rules FALSE
  Algorithmic control:
   filter  tree  heap memopt load sort verbose
     0.1  TRUE  TRUE  FALSE  TRUE    2    TRUE
  Absolute minimum support count: 98
  set item appearances ...[0 item(s)] done [0.00s].
  set transactions ...[169 item(s), 9835 transaction(s)] done [0.00s].
  sorting and recoding items ... [88 item(s)] done [0.00s].
  creating transaction tree ... done [0.00s].
  checking subsets of size 1 2 3 4 done [0.00s].
  writing ... [15 rule(s)] done [0.00s].
  creating S4 object  ... done [0.00s].
```

也可以通过使用规则集名称查看产生的规则数，为了进一步了解已产生规则集的概况，可以使用 summary( )函数，运行结果如下所示，共包含四部分信息。第一部分信息显示规则集中共有 15 条规则；第二部分信息反映规则的长度分布(rule length distribution)，该规则集中 15 条规则都包含了三类商品，所以规则长度的最小值、四分之一位数、中位数、均值、四分之三位数和最大值都为 3；第三部分信息为规则评价指标，包括支持度、置信度、提升度和支持度计数；第四部分信息为挖掘信息，包括数据集名称、交易项数、支持度阈值和置信度阈值。

```
> groceryrules
set of 15 rules
> summary(groceryrules)
set of 15 rules

rule length distribution (lhs + rhs):sizes
 3
15

 Min. 1st Qu.  Median   Mean 3rd Qu.   Max.
 3        3       3      3       3      3
```

```
summary of quality measures:
    support          confidence       lift            count
 Min.   :0.01007   Min.   :0.5000   Min.    :1.984   Min.    : 99.0
 1st Qu.:0.01174   1st Qu.:0.5151   1st Qu.:2.036    1st Qu.:115.5
 Median :0.01230   Median :0.5245   Median :2.203    Median :121.0
 Mean   :0.01316   Mean   :0.5411   Mean   :2.299    Mean   :129.4
 3rd Qu.:0.01403   3rd Qu.:0.5718   3rd Qu.:2.432    3rd Qu.:138.0
 Max.   :0.02227   Max.   :0.5862   Max.    :3.030   Max.    :219.0
mining info:
     data ntransactions support confidence
 groceries          9835    0.01        0.5
```

使用 inspect( ) 函数可以查看具体规则。如下所示，可以使用 inspect( ) 函数查看 groceryrules 规则集中的前 6 条规则。

```
> inspect(groceryrules[1:6])
    lhs                               rhs               support    confidence lift     count
[1] {curd,yogurt}                  => {whole milk}     0.01006609 0.5823529 2.279125 99
[2] {butter,other vegetables}      => {whole milk}     0.01148958 0.5736041 2.244885 113
[3] {domestic eggs,other vegetables} => {whole milk}   0.01230300 0.5525114 2.162336 121
[4] {whipped/sour cream,yogurt}    => {whole milk}     0.01087951 0.5245098 2.052747 107
[5] {other vegetables,whipped/sour cream} => {whole milk} 0.01464159 0.5070423 1.984385 144
[6] {other vegetables,pip fruit}   => {whole milk}     0.01352313 0.5175097 2.025351 133
```

arules 软件包包含一个 sort( ) 函数，和 inspect( ) 函数结合使用，可以对规则进行排序。排序依据可以通过参数 by 指定为 "support" "confidence" 或 "lift"，默认情况下，按降序排列，如要按升序排列，可添加参数 decreasing=FALSE，具体如下所示。

```
> inspect(sort(groceryrules,by="confidence")[1:6])
    lhs                               rhs                    support    confidence lift     count
[1] {citrus fruit,root vegetables} => {other vegetables}    0.01037112 0.5862069 3.029608 102
[2] {root vegetables,tropical fruit} => {other vegetables}  0.01230300 0.5845411 3.020999 121
[3] {curd,yogurt}                  => {whole milk}           0.01006609 0.5823529 2.279125 99
[4] {butter,other vegetables}      => {whole milk}           0.01148958 0.5736041 2.244885 113
[5] {root vegetables,tropical fruit} => {whole milk}         0.01199797 0.5700483 2.230969 118
[6] {root vegetables,yogurt}       => {whole milk}           0.01453991 0.5629921 2.203354 143
> inspect(sort(groceryrules,by="confidence",decreasing=FALSE)[1:6])
    lhs                               rhs                   support    confidence lift     count
[1] {root vegetables,yogurt}       => {other vegetables} 0.01291307 0.5000000 2.584078 127
[2] {rolls/buns,root vegetables}   => {other vegetables} 0.01220132 0.5020921 2.594890 120
[3] {other vegetables,whipped/sour cream} => {whole milk} 0.01464159 0.5070423 1.984385 144
[4] {other vegetables,yogurt}      => {whole milk}        0.02226741 0.5128806 2.007235 219
[5] {tropical fruit,yogurt}        => {whole milk}        0.01514997 0.5173611 2.024770 149
[6] {other vegetables,pip fruit}   => {whole milk}        0.01352313 0.5175097 2.025351 133
```

使用 subset( )函数可以从规则集中提取所需要的子集，通过使用下面的命令，将把满足条件的规则存在一个名为 yogurtrules 的新对象中。然后使用 inspect( )函数查看新生成的规则子集。运算符%in%表示至少有一项在定义的列表中可以找到，例如，items%in%c ("curd","yogurt")表示与 curd 或 yogurt 相匹配的规则。运算符%pin%表示部分匹配，例如，items%pin%"fruit"表示要找到所有包含 fruit 的规则，如 tropical fruit 与 citrus fruit 等。%ain%表示完全匹配，例如，items%ain%c("curd","yougurt")表示要找到既包含 curd 又包含 yogurt 的规则。

```
> yogurtrules<-subset(groceryrules,items%in%"yogurt")
> inspect(yogurtrules)
    lhs                          rhs                  support    confidence lift     count
[1] {curd,yogurt}            => {whole milk}         0.01006609 0.5823529 2.279125 99
[2] {whipped/sour cream,yogurt} => {whole milk}      0.01087951 0.5245098 2.052747 107
[3] {tropical fruit,yogurt}  => {whole milk}         0.01514997 0.5173611 2.024770 149
[4] {root vegetables,yogurt} => {other vegetables}   0.01291307 0.5000000 2.584078 127
[5] {root vegetables,yogurt} => {whole milk}         0.01453991 0.5629921 2.203354 143
[6] {other vegetables,yogurt} => {whole milk}        0.02226741 0.5128806 2.007235 219
```

我们要想知道该食品杂货店这个月销量前几位的商品是什么，可以使用 apriori( )函数，将其目标参数 target 设为"frequent itemsets"，获得满足要求的频繁项集。如下所示，寻找支持度阈值为 0.01 的频繁项集，sort 参数为-1，即结果按降序排列。我们发现该月销量最好的前 6 类商品为：全脂牛奶、其他蔬菜、面包卷、苏打、酸奶和瓶装水。

```
> itemsets_apr=apriori(groceries,parameter=list(supp=0.01,target="frequent itemsets"),
control= list(sort=-1))
Apriori
Parameter specification:
 confidence minval smax arem aval originalSupport maxtime support minlen maxlen    target    ext
    NA        0.1    1  none FALSE     TRUE            5    0.01     1     10  frequent itemsets FALSE
Algorithmic control:
  filter  tree heap  memopt load  sort  verbose
  0.1     TRUE TRUE  FALSE   TRUE  -1    TRUE
Absolute minimum support count: 98
set item appearances ...[0 item(s)] done [0.00s].
set transactions ...[169 item(s), 9835 transaction(s)] done [0.00s].
sorting and recoding items ... [88 item(s)] done [0.00s].
creating transaction tree ... done [0.00s].
checking subsets of size 1 2 3 4 done [0.00s].
writing ... [333 set(s)] done [0.00s].
creating S4 object  ... done [0.00s].
    > itemsets_apr                            #查看频繁项集的个数
    set of 333 itemsets
    > inspect(itemsets_apr[1:6])              #显示前 6 项频繁项集
```

```
           items               support    count
    [1] {whole milk}           0.2555160  2513
    [2] {other vegetables}     0.1934926  1903
    [3] {rolls/buns}           0.1839349  1809
    [4] {soda}                 0.1743772  1715
    [5] {yogurt}               0.1395018  1372
    [6] {bottled water}        0.1105236   108
```

使用 write( )函数可以将规则保存到 CSV 文件中，文件会存到 R 工作目录下。

```
>write(groceryrules,file="groceryrules.csv",sep=",",quote=TRUE,row.names=FALSE)
```

5.5.4　可视化关联规则

arulesViz 软件包是 arules 的扩展包，提供了关联规则的可视化技术，以下介绍几个简单的应用。

可视化 groceryrules，绘制散点图，如图 5.50 所示。

```
> install.packages("arulesViz")        #安装关联规则可视化添加包
> library(arulesViz)                    #加载关联规则可视化添加包
> plot(groceryrules)                    #可视化 groceryrules
```

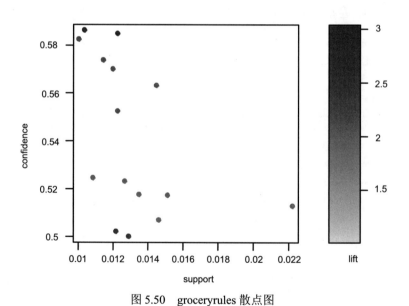

图 5.50　groceryrules 散点图

变换横、纵轴及颜色条对应的变量，绘制 groceryrules 散点图，如图 5.51 所示。

```
> plot(groceryrules,measure=c("support","lift"),shading="confidence")
```

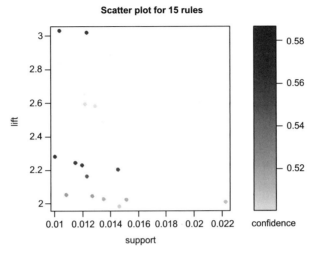

图 5.51　变换后的 groceryrules 散点图

绘制互动散点图，如图 5.52 所示。

```
> plot(groceryrules,interactive=TRUE)
```

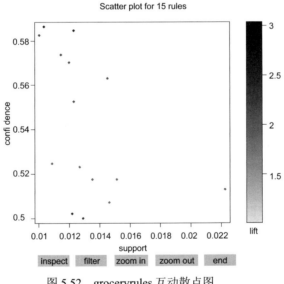

图 5.52　groceryrules 互动散点图

在图 5.52 下方有 5 个按钮。我们可通过两次单击，在图上选定感兴趣的若干点，然后单击 inspect 按钮可获得选定点的详细信息。单击 filter 按钮后，再单击 lift 值，可以过滤掉小于单击值的点。

我们还可以将 shading 参数设置为 "order"，绘制 Two-key 图，横、纵轴分别为支持度与置信度，点的颜色深浅表示该点所代表的关联规则中含有商品的多少，商品种类越多，点的颜色越深。图 5.53 显示每条规则都包含 3 种商品。

```
> plot(groceryrules,shading="order",control=list(main="Two-key plot"))
```

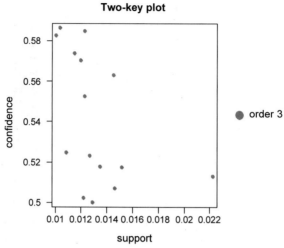

图 5.53   groceryrulesTwo-key 图

将图形类型改为"grouped",可绘制分组图。如图 5.54 所示,圆点大小代表支持度的高低,颜色深浅代表提升度的大小。关于 method 参数,还可以设置为"matrix""matrix3D""paracoord",绘制图分别为图 5.55、图 5.56、图 5.57 所示。

```
> plot(groceryrules,method="grouped")
```

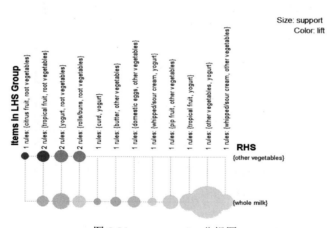

图 5.54   groceryrules 分组图

```
> plot(groceryrules,method="matrix",measure="lift")
Itemsets in Antecedent (LHS)
 [1] "{citrus fruit,root vegetables}"     "{root vegetables,tropical fruit}"     "{root
vegetables,yogurt}"
 [4] "{rolls/buns,root vegetables}"       "{curd,yogurt}"       "{butter,other vegetables}"
 [7] "{domestic eggs,other vegetables}" "{whipped/sour cream,yogurt}"     "{other
```

vegetables,pip fruit}"

[10] "{tropical fruit,yogurt}" "{other vegetables,yogurt}" "{other vegetables,whipped/sour cream}"

Itemsets in Consequent (RHS)

[1] "{whole milk}"   "{other vegetables}"

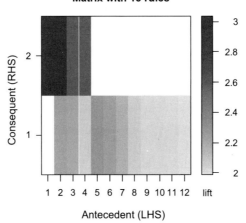

图 5.55   groceryrules 矩阵图

```
> plot(groceryrules,method="matrix3D",measure="lift")
```

Itemsets in Antecedent (LHS)

[1] "{citrus fruit,root vegetables}"   "{root vegetables,tropical fruit}"

[3] "{root vegetables,yogurt}"   "{rolls/buns,root vegetables}"

[5] "{curd,yogurt}"   "{butter,other vegetables}"

[7] "{domestic eggs,other vegetables}" "{whipped/sour cream,yogurt}"

[9] "{other vegetables,pip fruit}"   "{tropical fruit,yogurt}"

[11] "{other vegetables,yogurt}"   "{other vegetables,whipped/sour cream}"

Itemsets in Consequent (RHS)

[1] "{whole milk}"   "{other vegetables}"

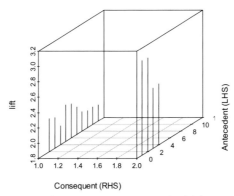

图 5.56   groceryrules3D 矩阵图

```
> plot(groceryrules,method="paracoord")
```

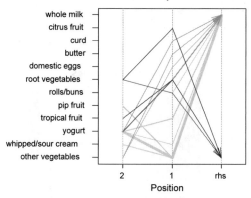

图 5.57　groceryrules 坐标图

还可以使用 igraph 软件包绘制散点图，如图 5.58 所示。

```
> install.packages("igraph")          #安装 igraph 添加包
> library(igraph)                      #加载 igraph 添加包
> plot(groceryrules,method="graph")
```

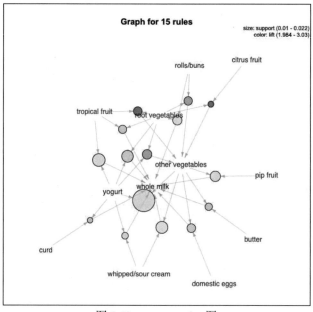

图 5.58　groceryrules 图

5.6　练习与拓展

1. 关联规则挖掘问题分哪两个步骤？
2. 简述 Apriori 算法原理，并分析其优缺点。

3. 查阅相关资料,了解关联规则挖掘的其他算法(如 FP-tree),并与 Apriori 算法比较,分析各自的优缺点。

4. 结合教材案例,调整案例中的参数,练习使用 IBM SPSS Modeler 实现关联分析。

5. 结合教材案例,调整案例中的参数,练习使用 R 语言实现关联分析。

自测题

第 **6** 章

决 策 树

决策树算法源于机器学习技术，属于有监督的学习方法。决策树算法通过向现有数据学习，建立树形结构模型，用于对未来新数据进行分类和预测。本章首先对决策树方法进行概述，然后介绍决策树经典算法 ID3 算法和 C5.0 算法的基本原理，最后介绍 C5.0 算法基于 IBM SPSS Modeler 的应用和基于 R 语言的应用。

6.1 决策树概述

决策树的建模思路是尽量模拟人做决策的过程，如图 6.1 中 A 同学周六的计划安排。

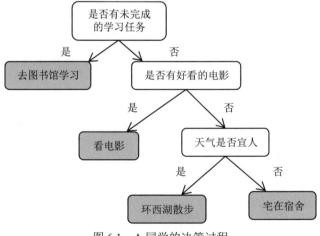

图 6.1 A 同学的决策过程

首先，没有未完成的学习任务，A 同学选择休息；然后，他查了一下正在上映的电影，发现没有他喜欢的，因此决定不去电影院；最后，他查了一下天气预报，显示周六天气晴朗、气温不高，他决定去环西湖散步，既能欣赏美景，又能锻炼身体。

6.1.1　决策树分析相关概念

1. 树结构相关概念

如图 6.1 所示，决策树包含根节点、叶节点和中间节点。根节点，如 "是否有未完成的学习任务"，位于树的最上层，一棵决策树只有一个根节点。没有下层的节点称为叶节点。一棵决策树可以有多个叶节点，如 "去图书馆学习" "看电影" "环西湖散步" 和 "宅在宿舍" 均为叶节点。位于根节点下且还有下层的节点称为中间节点，也称内部节点。中间节点可以分布在多个层中，如 "是否有好看的电影" 和 "天气是否宜人" 均为中间节点。

同层节点称为兄弟节点，如 "去图书馆学习" 和 "是否有好看的电影" 互为兄弟节点。上层节点是下层节点的父节点，下层节点是上层节点的子节点。如 "天气是否宜人" 是 "环西湖散步" 和 "宅在宿舍" 的父节点，"环西湖散步" 和 "宅在宿舍" 是 "天气是否宜人" 的子节点。根节点没有父节点，叶节点没有子节点。

如果树中每个节点最多只能生长出两个分枝，这样的决策树称为二叉树，图 6.1 所示即为一棵二叉树。如果父节点能够生长出两个以上的子节点，这样的决策树称为多叉树。

2. 分类树和回归树

决策树是一种有监督的学习方法，用于学习的数据包含输入变量和输出变量。如果用于预测的输出变量是类别型变量，则称该决策树为分类树。如果用于预测的输出变量是数值型变量，则称该决策树为回归树。对于分类树，某个叶节点的预测值为该节点变量值的众数类别。对于回归树，某个叶节点的预测值为该节点变量值的平均值。

3. 训练集、测试集和验证集

训练集是用于训练模型的数据集。我们一般把模型的预测输出与样本实际输出之间的差异称为误差，模型在训练集上的误差称为训练误差或经验误差，在新样本集上的误差称为泛化误差。显然，我们希望得到训练误差和泛化误差都小的模型。在很多情况下，我们可以训练一个训练误差很小的模型，然而，当模型把训练样本学习得太好时，很可能会导致泛化性能下降，这种现象被称为 "过拟合"，即模型过度依赖于训练数据集而失去了泛化能力，在新数据集上预测会产生较大的泛化误差。为了避免过拟合，我们使用测试集来测试模型对新样本的预测性能，然后以测试集上的测试误差作为泛化误差的近似来评估模型。

在有些情况下，某些算法在训练模型前需要预先设定一些参数，这类参数被称为超参数。它们不能直接通过训练样本数据获得，但可以通过设置不同的值，训练不同的模型，来最终选择能获得最优模型的超参数。验证集就是用于选择模型的超参数。

所以，在有监督的学习中，我们通常至少把数据集划分为训练集和测试集两部分。当模型有超参数存在时，我们需要把数据集划分为训练集、测试集和验证集三部分。

6.1.2　决策树分析核心问题

1. 决策树的生长问题

决策树的生长过程即利用训练数据集训练模型，完成决策树的建立过程，其本质是对训练样本不断分组的过程。在样本不断分组的过程中，逐渐生长出各个分枝。有效的分枝能使枝中样本的输出变量值尽快趋同，差异迅速减少。一般当节点中的输出变量均为相同类别或差异很小，或达到指定的停止生长的标准时，该节点即为叶节点。

所以，决策树生长过程中，需要解决的主要问题是：第一，如何从众多的输入变量中选择一个当前最佳的分组变量；第二，如何从选定的分组变量中找到最佳的分割点用于分枝。不同的解决方法形成了不同的决策树算法。

2. 决策树的剪枝问题

随着决策树的生长，越深层的节点代表的样本量越少，其一般代表性会越差。极端情况下基于树枝脉络可能会产生这样一条规则：职业为教师、年龄在 40～50 岁且姓名是王一的人会购买《数据挖掘方法与应用》这本书，显而易见，这条规则失去了一般意义。所以，为了避免这种过拟合现象，我们需要对树进行修剪。

修剪技术主要分为预修剪和后修剪两种。预修剪技术主要用于限制树的完全生长，常用的方法有：第一，节点中的样本为同类或空时，停止生长；第二，指定节点样本量的最小值，当节点中样本量少于最小值时，停止生长；第三，指定树的深度，当树的深度达到指定值时，停止生长。

后修剪技术是等待决策树充分生长后再根据一定的标准进行修剪，剪去不具有一般代表性的树枝。采用后剪枝技术的决策树算法，其剪枝的标准也不尽相同。最基本的标准，如可以使用错误率，修剪的过程将不断计算父节点的错误率和其子节点的错误率，当子节点的错误率之和大于其父节点的错误率时，则剪去子节点。

6.2　ID3 算法

6.2.1　信息论的基本概念

1. 自信息量

信息是用来消除随机不确定性的度量。信息量的大小可由所消除的不确定性大小来计量。不确定性的程度与事件发生的概率有关，事件发生的可能性越大，它所包含的信息量就越小，必定发生的事件，不存在不确定性，其信息量为零。反之，事件发生的概率越小，它能给予观察者的信息量就越大。

自信息量表示事件发生后，事件给予观察者的信息量，是事件发生概率的函数，事件 X 的自信息量计算公式为式(6-1)。

$$I(X) = \log_2 \frac{1}{p(X)} = -\log_2 p(X) \tag{6-1}$$

式中，$I(X)$ 实质上是无量纲的，为研究问题方便，$I(X)$ 的量纲根据对数的底来定义。对数取 2 为底，自信息量的单位是比特(bit)；取 e 为底(自然对数)，单位为奈特(nat)；取 10 为底(常用对数)，单位为哈特(hart)。一般情况下，我们使用以 2 为底的对数，单位为比特。

【例 6.1】假设英文字母 "c" 出现的概率为 0.105，"f" 出现的概率为 0.035，"h" 出现的概率为 0.012。请分别计算它们的自信息量。

"c" 的自信息量：$I(c) = -\log_2 p(c) = -\log_2 0.105 = 3.25$ (比特)

"f" 的自信息量：$I(f) = -\log_2 p(f) = -\log_2 0.035 = 4.84$ (比特)

"h" 的自信息量：$I(h) = -\log_2 p(h) = -\log_2 0.012 = 6.38$ (比特)

2. 信息熵

自信息量度量的是一个具体事件发生了所带来的信息，而信息熵则是考虑一个随机变量所有可能发生的事件带来的信息量的期望，是随机变量平均不确定性的度量。其计算公式为式(6-2)。

$$E(X) = -\sum_{x \in X} p(x) \log_2 p(x) \tag{6-2}$$

如果 X 的所有可能发生的事件 x_i 具有相同的概率，则 X 的不确定性最大，信息熵达到最大。所以，$p(x_i)$ 差别越小，信息熵越大；$p(x_i)$ 差别越大，信息熵越小。

6.2.2 ID3 算法基本原理

ID3 算法最早由 Quinlan 提出，是一种典型的决策树学习算法，主要通过信息增益的方式来选择最优划分属性。

1. 信息增益

假设训练数据集是关系数据表 S，共有 n 个记录和 $m+1$ 个属性，所有属性取值为离散值。其中，X_1, X_2, $\cdots$, X_m 为描述属性或条件属性，Y 为类别属性。类别属性 Y 的不同取值个数即类别数为 u，其值域为$(y_1, y_2, \cdots, y_u)$，在 S 中类别属性 Y 取值为 $y_i(1 \leqslant i \leqslant u)$ 的记录个数为 s_i。

对于描述属性 X_k ($1 \leqslant k \leqslant m$)，它的不同取值个数为 v，其值域为$(x_1, x_2, \cdots, x_v)$。在类别属性 Y 取值为 $y_i(1 \leqslant i \leqslant u)$ 的子区域中，描述属性 X_k 取值为 $x_j(1 \leqslant j \leqslant v)$ 的记录个数为 S_{ij}。

类别属性 Y 的先验熵，即 Y 未收到任何信息前各个类别取值的平均不确定性，也即 Y 的信源熵、平均自信息量，计算公式为式(6-3)。

$$E(Y) = -\sum_{i=1}^{u} p(y_i) \log_2 p(y_i) = -\sum_{i=1}^{u} \frac{s_i}{n} \log_2 \frac{s_i}{n} \tag{6-3}$$

式中，$p(y_i)$ 为 $Y=y_i(1 \leqslant i \leqslant u)$ 的概率。

对于描述属性 $X_k(1 \leqslant k \leqslant m)$，类别属性 Y 的条件熵，即 Y 收到描述属性 X_k 发出的信息后各个类别取值的平均不确定性，也即后验熵，计算公式为(6-4)。

$$E(Y \mid X_k) = -\sum_{j=1}^{v} p(x_j) \sum_{i=1}^{u} p(y_i \mid x_j) \log_2 p(y_i \mid x_j) = -\sum_{j=1}^{v} \frac{s_j}{n} \sum_{i=1}^{u} \frac{s_{ij}}{s_j} \log_2 \frac{s_{ij}}{s_j} \qquad (6\text{-}4)$$

式中，$p(x_j)$ 为 $X = x_j(1 \leqslant j \leqslant v)$ 时的概率，$p(y_i \mid x_j)$ 为 $X = x_j(1 \leqslant j \leqslant v)$ 时 $Y=y_i(1 \leqslant i \leqslant u)$ 的概率。

给定描述属性 $X_k(1 \leqslant k \leqslant m)$，其对类别属性 Y 产生的信息增益(information gain)即为类别属性 Y 的先验熵减去后验熵，反映了描述属性 X_k 减少 Y 的不确定性程度，计算公式为(6-5)。

$$G(Y, \ X_k) = E(Y) - E(Y \mid X_k) \qquad (6\text{-}5)$$

式中，$G(Y, \ X_k)$ 为描述属性 X_k 对类别属性 Y 产生的信息增益，$G(Y, \ X_k)$ 越大，对减少 Y 不确定性的贡献越大，或者说属性 X_k 对分类提供的信息越多。

2. ID3 算法描述

ID3 算法以信息增益为度量标准，用于决策树节点的属性选择，每次优先选取对分类提供信息量最多的属性，即能使类别属性后验熵值变为最小的属性，以构造一棵熵值下降最快的决策树，到叶子节点处的熵值为零，即每个叶子节点对应的实例集中的实例都属于同一类。建立决策树的 ID3 算法 Generate_decision_tree(S，X)如下。

算法 6.1　ID3 算法

输入：训练数据集 S，描述属性集合 X 和类别属性集合 Y。

输出：决策树。

方法：

```
创建对应 S 的节点 Node(初始时为决策树的根节点);
If (S 中的样本属于同一类别 y)
{    以 y 标识 Node 并将它作为叶子节点;
     Return;
}
If(X 为空)
{    以 S 中占多数的样本类别 y 标识 Node，并将它作为叶子节点;
     Return;
}
for(对于属性集合 X 中的每一个属性 Xk)
     Xi=MAX{G(Y, Xk)}
for(Xi 中的每个可能取值 xij)
{    产生 S 的一个子集 Sj;
     If(Sj 为空)
     {    创建对应 Sj 的节点 Nodej;
```

以 S 中占多数的样本类别 y 标识 $Node_j$；

将 $Node_j$ 作为叶子节点，形成 $Node$ 的一个分枝；

```
    }
    else
        Generate_decision_tree(Sj, X-Xi);
}
```

6.2.3　使用 ID3 算法建立决策树

【例 6.2】表 6.1 给出了一个关于 2019 年学生是否参加暑期支教活动的训练数据集，包含 14 名学生，描述属性分别为：在读阶段、已参加公益活动次数、是否党员和性别，类别属性为是否参加。要求使用 ID3 算法生成决策树。

表 6.1　学生是否参加暑期支教活动数据集

学生 ID 号	在读阶段	已参加公益活动次数	是否党员	性别	是否参加
1	本科	大于 3 次	否	女	否
2	本科	大于 3 次	否	男	否
3	博士	大于 3 次	否	女	是
4	硕士	1～3 次	否	女	是
5	硕士	没有参加	是	女	是
6	硕士	没有参加	是	男	否
7	博士	没有参加	是	男	是
8	本科	1～3 次	否	女	否
9	本科	没有参加	是	女	是
10	硕士	1～3 次	是	女	是
11	本科	1～3 次	是	男	是
12	博士	1～3 次	否	男	是
13	博士	大于 3 次	是	女	是
14	硕士	1～3 次	否	男	否

1. 创建根节点

类别属性为是否参加，它有两个不同的值"是"和"否"，即有两个不同的类 y_1 和 y_2；设 y_1 对应"是"，y_2 对应"否"，则 $s_1=9$，$s_2=5$。

(1) 先计算数据集中类别属性的先验熵。

$$E(是否参加) = -\sum_{i=1}^{u} \frac{s_i}{n} \log_2 \frac{s_i}{n} = -\left(\frac{9}{14} \log_2 \frac{9}{14} + \frac{5}{14} \log_2 \frac{5}{14} \right) = 0.94$$

(2) 求描述属性集合 {在读阶段，已参加公益活动次数，是否党员，性别} 中每个属性的信息增益，选取最大值的属性作为根节点。

对于"在读阶段"属性：

$$E(是否参加|在读阶段)=-\sum_{j=1}^{3}\frac{s_j}{n}\sum_{i=1}^{2}\frac{s_{ij}}{s_j}\log_2\frac{s_{ij}}{s_j}$$

(1) 在读阶段="本科"的样本数为5，其中2名学生参加，3名学生不参加。

$$E(是否参加)=-\left(\frac{2}{5}\log_2\frac{2}{5}+\frac{3}{5}\log_2\frac{3}{5}\right)=0.971$$

(2) 在读阶段="博士"的样本数为4，其中4名学生都参加，不参加人数为0。

$$E(是否参加)=-\left(\frac{4}{4}\log_2\frac{4}{4}+0\right)=0$$

(3) 在读阶段="硕士"的样本数为5，其中3名学生参加，2名学生不参加。

$$E(是否参加)=-\left(\frac{3}{5}\log_2\frac{3}{5}+\frac{2}{5}\log_2\frac{2}{5}\right)=0.971$$

则：

$$E(是否参加|在读阶段)=\sum_{j=1}^{3}\frac{s_j}{n}E[j(是否参加)]=\left(\frac{5}{14}\times0.971+\frac{4}{14}\times0+\frac{5}{14}\times0.971\right)=0.694$$

所以：

$G(是否参加，在读阶段) = E(是否参加) - E(是否参加|在读阶段) =0.94-0.694=0.246$

同理可得：

$$G(是否参加，已参加公益活动次数)=0.029$$
$$G(是否参加，是否党员)=0.151$$
$$G(是否参加，性别)=0.048$$

在属性集合中，属性"在读阶段"的信息增益最高，选取该描述属性来划分样本数据集。创建一个根结点，用在读阶段标记，并对每个属性值(本科、博士和硕士)引出一个分枝。

2. 创建分枝

(1) 分枝在读阶段="本科"。样本数为5，其中2名学生参加，3名学生不参加。在这一分枝下：

$$E(是否参加)=-\left(\frac{2}{5}\log_2\frac{2}{5}+\frac{3}{5}\log_2\frac{3}{5}\right)=0.971$$

$$G(是否参加，已参加公益活动次数)=0.571$$
$$G(是否参加，是否党员)=0.971$$
$$G(是否参加，性别)=0.02$$

所以，对于分枝在读阶段="本科"，属性"是否党员"信息增益最高，选取该描述属性继续划分样本数据集。

分枝是否党员＝"否"，由于所有记录属于同一类别"否"，所以分枝是否党员＝"否"的节点为叶节点。

分枝是否党员＝"是"，由于所有记录属于同一类别"是"，所以分枝是否党员＝"是"的节点为叶节点。

(2) 分枝在读阶段＝"博士"。由于所有记录属于同一类别"是"，所以分枝在读阶段＝"博士"的节点为叶节点。

(3) 分枝在读阶段＝"硕士"。

$$E(是否参加)=-\left(\frac{3}{5}\log_2\frac{3}{5}+\frac{2}{5}\log_2\frac{2}{5}\right)=0.971$$

$$G(是否参加，已参加公益活动次数)=0.02$$

$$G(是否参加，是否党员)=0.02$$

$$G(是否参加，性别)=0.97$$

所以，对于分枝在读阶段＝"硕士"，属性"性别"信息增益最高，选取该描述属性继续划分样本数据集。

分枝性别＝"男"，由于所有记录属于同一类别"否"，所以分枝性别＝"男"的节点为叶节点。

分枝性别＝"女"的节点，由于所有记录属于同一类别"是"，所以分枝性别＝"女"的节点为叶节点。

生成的决策树如图 6.2 所示。

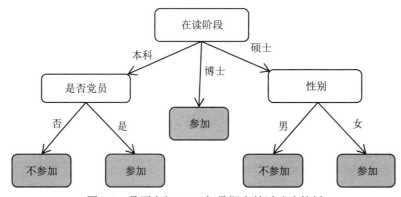

图 6.2　是否参加 2019 年暑期支教活动决策树

6.3　C5.0 算法

ID3 算法经过不断改善形成了决策树算法中具有里程碑意义的 C4.5 算法。C5.0 算法的核心与 C4.5 算法相同，实际上，C5.0 是 C4.5 的进一步商业化版本，在执行效率和内存使用方面进行了改进，适用于更大的数据集。由于 C5.0 算法细节未全部公开，本节主要介绍其算法中与 C4.5 算法相同的核心部分，即决策树的生长过程中分裂属性的选择标准和树的剪枝方法。

6.3.1 C5.0 算法的决策树生长

1. 最佳分裂属性选择标准

ID3 算法选择具有最大信息增益的离散属性作为决策树的分裂属性，在算法实际应用中，这种方法会存在什么问题？离散属性本身取值的多少会不会影响该属性信息增益的大小？下面通过一个例题进行说明。

【例 6.3】表 6.2 为某电商平台上客户是否购买某类图书的数据集，包含客户 ID 号、年龄段(X_1)、性别(X_2)、浏览时间(X_3)和是否购买(Y)。

表 6.2　某电商平台客户是否购买某类图书数据集

客户 ID 号	年龄段(X_1)	性别(X_2)	浏览时间(X_3)	是否购买(Y)
1	老年	男	13	是
2	中青年	男	16	是
3	中青年	女	18	是
4	少年及以下	男	20	否
5	老年	女	24	是
6	老年	女	26	是
7	少年及以下	女	29	是
8	少年及以下	女	31	是
9	少年及以下	男	35	否
10	中青年	女	37	否
11	老年	男	40	是
12	中青年	男	43	否
13	中青年	女	44	否
14	少年及以下	女	46	是

$$E(Y) = -\sum_{i=1}^{u} \frac{s_i}{n} \log_2 \frac{s_i}{n} = -\left(\frac{9}{14} \log_2 \frac{9}{14} + \frac{5}{14} \log_2 \frac{5}{14} \right) = 0.94$$

$$E(Y \mid X_1) = -\sum_{j=1}^{3} \frac{s_j}{n} \sum_{i=1}^{2} \frac{s_{ij}}{s_j} \log_2 \frac{s_{ij}}{s_j}$$

$$= -\left[\frac{5}{14} \times \left(\frac{3}{5} \log_2 \frac{3}{5} + \frac{2}{5} \log_2 \frac{2}{5} \right) + \frac{5}{14} \left(\frac{2}{5} \log_2 \frac{2}{5} + \frac{3}{5} \log_2 \frac{3}{5} \right) + \frac{4}{14} \times \left(\frac{4}{4} \log_2 \frac{4}{4} + 0 \right) \right]$$

$$= 0.694$$

$$G(Y, \ X_1) = E(Y) - E(Y \mid X_1) = 0.94 - 0.694 = 0.246$$

假设年龄段中把中青年拆成两个取值：中年和青年，客户 ID 号为 2、10 和 12 的客户为青年，客户 ID 号为 3 和 13 的为中年，如表 6.3 所示。

表 6.3　年龄段取值调整后某电商平台客户是否购买某类图书数据集

客户 ID 号	年龄段(X_1)	性别(X_2)	浏览时间(X_3)	是否购买(Y)
1	老年	男	13	是
2	青年	男	16	是
3	中年	女	18	是
4	少年及以下	男	20	否
5	老年	女	24	是
6	老年	女	26	是
7	少年及以下	女	29	是
8	少年及以下	女	31	是
9	少年及以下	男	35	否
10	青年	女	37	否
11	老年	男	40	是
12	青年	男	43	否
13	中年	女	44	否
14	少年及以下	女	46	是

则重新计算变量年龄段的后验熵：

$$E(Y \mid X_1) = -\sum_{j=1}^{4} \frac{s_j}{n} \sum_{i=1}^{2} \frac{s_{ij}}{s_j} \log_2 \frac{s_{ij}}{s_j}$$

$$= -\left[\frac{5}{14} \times \left(\frac{3}{5} \log_2 \frac{3}{5} + \frac{2}{5} \log_2 \frac{2}{5} \right) + \frac{3}{14} \left(\frac{1}{3} \log_2 \frac{1}{3} + \frac{2}{3} \log_2 \frac{2}{3} \right) + \right.$$

$$\left. \frac{2}{14} \times \left(\frac{1}{2} \log_2 \frac{1}{2} + \frac{1}{2} \log_2 \frac{1}{2} \right) + \frac{4}{14} \times \left(\frac{4}{4} \log_2 \frac{4}{4} + 0 \right) \right]$$

$$= 0.687$$

$$G(Y, \ X_1) = E(Y) - E(Y \mid X_1) = 0.94 - 0.687 = 0.253$$

可见，调整后的后验熵比调整前增大了。属性本身取值增多，会增加其信息增益。所以，使用信息增益作为最佳分裂属性的选择标准，会使其倾向于选择取值类别多的属性。为了解决这个问题，C5.0 使用信息增益率作为选择标准，既考虑了属性信息增益的大小，又去除了属性自身信息熵的影响，计算公式为

$$\text{GainsR}(Y, \ X_k) = G(Y, \ X_k) / E(X_k) \tag{6-6}$$

调整前年龄段的信息增益率

$$\text{GainsR}(Y,\ X_1) = G(Y,\ X_1) / E(X_1)$$
$$= 0.246 / \left[-\left(\frac{5}{14}\log_2\frac{5}{14} + \frac{5}{14}\log_2\frac{5}{14} + \frac{4}{14}\log_2\frac{4}{14} \right) \right]$$
$$= 0.246 / 1.577$$
$$= 0.156$$

调整后年龄段的信息增益率

$$\text{GainsR}(Y,\ X_1) = G(Y,\ X_1) / E(X_1)$$
$$= 0.253 / \left[-\left(\frac{5}{14}\log_2\frac{5}{14} + \frac{3}{14}\log_2\frac{3}{14} + \frac{2}{14}\log_2\frac{2}{14} + \frac{4}{14}\log_2\frac{4}{14} \right) \right]$$
$$= 0.253 / 1.924$$
$$= 0.131$$

可见调整后信息增益率没有增大。

2. 对连续型属性的处理

ID3 算法只能处理离散型属性,对于连续型属性,必须先离散化,才能处理。C5.0 算法集成了对连续型属性的离散化。IBM SPSS Modeler C5.0 节点基于最短描述长度原则,即 MDLP(minimum description length principle)的熵分组方法自动完成对连续型属性的离散化,该方法是一种有监督的离散化方法。核心测度指标是信息熵和信息增益。

MDLP 最初是数据压缩的评价标准,从信息传递角度看,短小的数据编码比冗长的编码传输效率更高。MDLP 的编码问题较为复杂,本节以下仅对分组问题中的编码进行介绍。

以【例6.3】为例,对表中浏览时间(已排序)进行有指导的分组,指导属性为"是否购买"。分组前"是否购买"属性的信息熵为 0.94。假定取中位数为组限值,即 30,则分组后"浏览时间"属性的后验熵为

$$E(Y \mid X_3) = -\sum_{j=1}^{2} \frac{s_j}{n} \sum_{i=1}^{2} \frac{s_{ij}}{s_j} \log_2 \frac{s_{ij}}{s_j}$$
$$= -\left[\frac{7}{14} \times \left(\frac{1}{7}\log_2\frac{1}{7} + \frac{6}{7}\log_2\frac{6}{7} \right) + \frac{7}{14}\left(\frac{3}{7}\log_2\frac{3}{7} + \frac{4}{7}\log_2\frac{4}{7} \right) \right]$$
$$= 0.788\,4$$

分组后"浏览时间"属性的信息增益为

$$G(Y,\ X_3) = E(Y) - E(Y \mid X_3) = 0.94 - 0.788\,4 = 0.151\,6$$

可以理解,如果取某个组限值后,分成两个组,输出属性"是否购买"分别取"是"和"否",那么这个组限值对预测输出属性是最优的。此时后验熵最小,信息增益最大。所以,信息增益越大,说明根据该组限值分组"浏览时间"属性越有意义。

按照上述方法,可计算出取所有可能组限值分组后的信息增益,然后选择信息增益最大的且有意义的组限值进行分组。这个过程可在各个分组中不断重复。不难想象,上述分

组过程不断重复的最终结果是各样本自成一组。但这样的分组结果是没有意义的,也就是说,上述分组过程必须要有一个停止的标准。

基于 MDLP 的停止标准是,分组带来的收益不大于分组代价时,分组就不应该继续下去了。因为从信息传输角度看,分组的代价在于分组需要一定长度的编码来描述分组方案。分组方案越简单,描述所用的编码长度越短,分组代价就越低。编码长度计算公式为式(6-7)。

$$\frac{\log_2(n-1)}{n} + \frac{\Delta(X, T; Y, S)}{n} \tag{6-7}$$

式中,n 表示数据集 S 包含的样本量,X 为待分组的连续属性,T 为组限,Y 为用于指导分组的输出属性。

$$\Delta(X, T; Y, S) = \log_2(3^k - 2) - [kE(Y) - k_1 E(Y_1) - k_2 E(Y_2)]$$

式中,k 为数据集 S 包含的输出属性 Y 的类别数,k_1 和 k_2 为根据选定值分组后两组样本所包含的输出属性 Y 的类别数,$E(Y)$ 为数据集 S 对应的输出变量的信息熵,$E(Y_1)$ 和 $E(Y_2)$ 分别为分组后两组样本所对应的输出属性 Y 的信息熵。

根据式(6-7),计算根据组限值 30 对 X_3 分组的代价:

$$\frac{\log_2(n-1)}{n} + \frac{\Delta(X, T; Y, S)}{n} = \frac{\log_2 13}{14} + \frac{\log_2(3^2 - 2) - (2 \times 0.94 - 2 \times 0.591\,6 - 2 \times 0.985\,2)}{14}$$
$$= 0.555\,7$$

可见,以 30 分组得到的信息增益 0.151 6 小于分组代价 0.555 7,因此不能依此分组,需要继续寻找。

IBM SPSS Modeler C5.0 节点基于 MDLP 的分组默认为二分,即选择分组后信息增益最大的组限分组,将小于组限的样本分为一类,大于组限的样本分为另一类,形成两个分叉。其实现过程如图 6.3 所示。

图 6.3　C5.0 节点基于 MDLP 二叉分组流程

3. 对具有缺失值属性的处理

ID3 算法不能处理带有缺失值的数据集,所以在运用 ID3 算法进行挖掘前需要对数据集中的缺失值进行预处理。C5.0 算法在生成决策树的过程中,增加了对缺失值的处理策略。

C5.0 算法选择最佳分裂属性时,如果遇到属性值有缺失,会将带有缺失值的样本临时剔除,并进行权重调整处理。

假设表 6.2 中,ID 号为 1 的客户年龄段属性取值缺失,如表 6.4 所示。

表 6.4　带有缺失值的某电商平台客户是否购买某类图书数据集

客户 ID 号	年龄段(X_1)	性别(X_2)	浏览时间(X_3)	是否购买(Y)
1	？	男	13	是
2	中青年	男	16	是
3	中青年	女	18	是
4	少年及以下	男	20	否
5	老年	女	24	是
6	老年	女	26	是
7	少年及以下	女	29	是
8	少年及以下	女	31	是
9	少年及以下	男	35	否
10	中青年	女	37	否
11	老年	男	40	是
12	中青年	男	43	否
13	中青年	女	44	否
14	少年及以下	女	46	是

C5.0 算法计算年龄段属性的信息增益率过程如下。

(1) 计算输出属性的先验熵。

$$E(Y) = -\sum_{i=1}^{u} \frac{s_i}{n} \log_2 \frac{s_i}{n} = -\left(\frac{8}{13} \log_2 \frac{8}{13} + \frac{5}{13} \log_2 \frac{5}{13} \right) = 0.961$$

(2) 计算输入属性的后验熵。

$$E(Y \mid X_1) = -\sum_{j=1}^{3} \frac{s_j}{n} \sum_{i=1}^{2} \frac{s_{ij}}{s_j} \log_2 \frac{s_{ij}}{s_j}$$

$$= -\left[\frac{5}{13} \times \left(\frac{3}{5} \log_2 \frac{3}{5} + \frac{2}{5} \log_2 \frac{2}{5} \right) + \frac{5}{13} \left(\frac{2}{5} \log_2 \frac{2}{5} + \frac{3}{5} \log_2 \frac{3}{5} \right) + \frac{3}{13} \times \left(\frac{3}{3} \log_2 \frac{3}{3} + 0 \right) \right]$$

$$= 0.747$$

(3) 计算经权重调整的输入属性的信息增益。

调整权重使用：(数据集样本总数量−缺失值样本数量)/数据集中样本总数量，表示所在属性具有已知值样本的概率。

$$G(Y, X_1) = \frac{13}{14} [E(Y) - E(Y \mid X_1)] = \frac{13}{14} (0.961 - 0.747) = 0.199$$

(4) 计算信息增益率。

$$\text{GainsR}(Y, \ X_1) = G(Y, \ X_1) / E(X_1)$$
$$= 0.199 / \left[-\left(\frac{5}{13} \log_2 \frac{5}{13} + \frac{5}{13} \log_2 \frac{5}{13} + \frac{3}{13} \log_2 \frac{3}{13} \right) \right]$$
$$= 0.199/1.549$$
$$= 0.128$$

4. 分裂属性最佳分割点的处理

确定了最佳分裂属性后，IBM SPSS Modeler C5.0 节点默认采用以下方法确定该属性的最佳分割点。

如果最佳分裂属性为具有 k 个类别的分类型变量，则根据 k 个取值将样本分为 k 组，形成树的 k 个分枝。例如表 6.2 的数据集，如果将年龄段作为最佳分裂属性，则会将样本分成少年及以下、中青年和老年三个分枝。这样处理，该属性将不会再出现在后续的分枝节点中，由此产生的推理规则的逻辑会比较清晰，但可能因该属性类别取值过多而导致树过于茂盛。

如果最佳分裂属性为连续型属性，则按以上基于 MDLP 的二分法产生两个分枝。

除了以上默认的方法，IBM SPSS Modeler C5.0 节点还允许通过选择"组符号(group symbolics)"将分裂属性的相似类别进行合并，然后再基于合并的结果分枝。这样处理，当属性类别取值过多时能有效减少树的分枝。但是，该分裂属性在后续的分枝节点中会多次出现，由此产生的推理规则的逻辑会比较混乱。

6.3.2 C5.0 算法的决策树修剪

C5.0 采用后剪枝方法从叶节点向上逐层修剪，其核心问题是对误差的估计和修剪标准的设置。

1. 悲观估计法

通常，决策树的修剪应基于测试集数据的预测误差，C5.0 算法是基于训练集数据，利用置信区间的估计方法，直接在训练样本集上估计误差。

(1) 对决策树的每个节点，以输出属性的众数类别作为预测类别。

(2) 设第 i 个节点包含 N_i 个样本，有 E_i 个预测错误的样本，则错误率(即误差)的计算公式为式(6-8)。

$$f_i = E_i / N_i \tag{6-8}$$

(3) 在近似正态分布假设的基础上，对第 i 个节点的真实误差 e_i 进行区间估计，置信度为 $1 - \alpha$，则有

$$P\left[\frac{f_i - e_i}{\sqrt{\dfrac{f_i(1-f_i)}{N_i}}} < |z_{\alpha/2}|\right] = 1 - \alpha \tag{6-9}$$

式中，$z_{\alpha/2}$ 为临界值，第 i 个节点 e_i 的置信上限，即 e_i 的悲观估计为

$$e_i = f_i + z_{\alpha/2}\sqrt{\frac{f_i(1-f_i)}{N_i}} \tag{6-10}$$

IBM SPSS Modeler C5.0 节点默认置信度为 $1-0.25=75\%$，当 α 为 0.25 时，$z_{\alpha/2}=1.15$。

2. 修剪标准

在悲观估计法的基础上，C5.0 算法将根据"是否减少误差"判断是否修剪。

如果待剪子树中叶节点的加权误差大于父节点的误差，如式(6-11)，则剪掉叶节点，否则不能剪掉。

$$\sum_{i=1}^{k} p_i e_i > e \qquad (i = 1, 2, \cdots, k) \tag{6-11}$$

式中，k 为待剪子树叶节点的个数，p_i 为第 i 个叶节点的样本量占整个子树样本量的比例，e_i 为第 i 个叶节点的估计误差，e 为父节点的估计误差。

【例 6.4】图 6.4 为决策树的某一分枝，椭圆为叶节点，方框为中间节点。括号中第一个数字表示该节点所含样本量，第二个数字表示预测错误的样本量。判断是否应该剪掉 B 节点下的三个叶子节点 D、E、F。

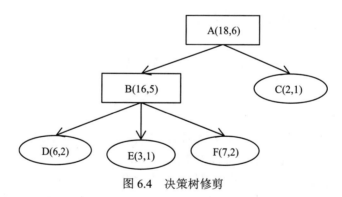

图 6.4　决策树修剪

假设 $1-\alpha$ 取默认值 0.75，则 $z_{\alpha/2}=1.15$。

(1) D、E、F 节点的估计误差为

$$e_{\mathrm{D}} = f_{\mathrm{D}} + z_{\alpha/2}\sqrt{\frac{f_{\mathrm{D}}(1-f_{\mathrm{D}})}{N_{\mathrm{D}}}} = \frac{2}{6} + 1.15\sqrt{\frac{\dfrac{2}{6}\times\dfrac{4}{6}}{6}} = 0.554\,7$$

同理，分别求出 E、F 节点的估计误差为 0.646 3 和 0.482 1。

(2) 叶子节点的加权估计误差为

$$\sum_{i=1}^{k} p_i e_i = \frac{6}{16} \times 0.554\,7 + \frac{3}{16} \times 0.646\,3 + \frac{7}{16} \times 0.482\,1 = 0.540\,1$$

(3) 父节点的估计误差为

$$e_{\mathrm{B}} = f_{\mathrm{B}} + z_{\alpha/2} \sqrt{\frac{f_{\mathrm{B}}(1 - f_{\mathrm{B}})}{N_{\mathrm{B}}}} = \frac{5}{16} + 1.15 \sqrt{\frac{\frac{5}{16} \times \frac{11}{16}}{16}} = 0.445\,8$$

(4) 判定是否应修剪。

根据式(6-11)，叶子节点的加权估计误差 0.540 1 大于父节点的估计误差 0.445 8，应剪掉叶子节点 D、E、F。

实际分析中，可以根据需要调整置信度。置信度越大，所允许的悲观误差估计越高，被剪掉的子树越大，最终的决策树越小。置信度越小，所允许的悲观误差估计越低，被剪掉的子树越小，最终的决策树越大。

以上的修剪标准，只考虑了误差的大小，而没有区分不同的错误对预测带来的损失大小。比如，银行在客户风险分析中，把优质客户预测为会违约的客户而拒绝其贷款申请，把会违约客户预测为优质客户对其放贷，带给银行的损失是不同的。IBM SPSS Modeler C5.0 节点允许选择使用损失矩阵，将"是否减少误差"调整为"是否减少损失"进行剪枝。通过判断待剪子树中叶节点的加权损失是否大于父节点的损失来修剪，如果大于就剪掉，如式(6-12)。

$$\sum_{i=1}^{k} p_i e_i c_i > ec \qquad (i = 1, 2, \cdots, k) \tag{6-12}$$

式中，k 为待剪子树叶节点的个数，p_i 为第 i 个叶节点的样本量占整个子树样本量的比例，e_i 为第 i 个叶节点的估计误差，c_i 为第 i 个叶节点的错判损失，e 为父节点的估计误差，c 为父节点的错判损失。

6.4 基于 IBM SPSS Modeler 的应用

示例数据集为"药物数据集.xlsx"，包含 999 位患者的基本信息、临床检验数据和服用的药物，这些患者患有同种疾病，服用不同药物后都取得了同样的治疗效果。患者基本信息为年龄和性别，临床检验数据包括血压、胆固醇、唾液中的钠含量和钾含量。分析目标是利用 C5.0 算法挖掘以往药物处方适用的规则，为未来医生开具处方提供参考。

药物数据集
与数据流

从数据读入、数据检查、探索性分析到决策树模型构建及预测，建立的数据流如图 6.5 所示。

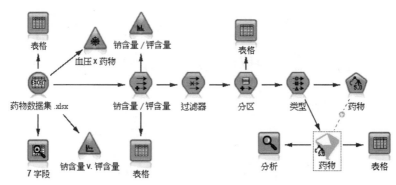

图 6.5　药物数据 C5.0 决策树分析数据流

6.4.1　数据读取与审核

1. 数据读取

选择"源"选项卡下的 Excel 节点读入药物数据集，通过"表格"节点查看数据，结果如图 6.6 所示，包括 999 条记录，7 个字段。

	年龄	性别	血压	胆固醇	钠含量	钾含量	药物
1	24.000	F	HIGH	HIGH	0.793	0.031	drugA
2	47.000	M	LOW	HIGH	0.739	0.056	drugC
3	47.000	M	LOW	HIGH	0.697	0.069	drugC
4	28.000	F	NORMAL	HIGH	0.564	0.072	drugX
5	61.000	F	LOW	HIGH	0.559	0.031	drugY
6	49.000	F	NORMAL	HIGH	0.790	0.049	drugY
7	60.000	M	NORMAL	HIGH	0.777	0.051	drugY
8	43.000	M	LOW	NORMAL	0.526	0.027	drugY
9	47.000	M	LOW	HIGH	0.896	0.076	drugC
10	43.000	M	LOW	HIGH	0.627	0.041	drugY
11	74.000	F	LOW	HIGH	0.793	0.038	drugY
12	50.000	F	NORMAL	HIGH	0.828	0.065	drugY
13	16.000	F	HIGH	NORMAL	0.834	0.054	drugY
14	43.000	M	HIGH	HIGH	0.656	0.047	drugA
15	32.000	F	HIGH	NORMAL	0.643	0.025	drugY
16	57.000	M	LOW	NORMAL	0.537	0.028	drugY
17	63.000	M	NORMAL	HIGH	0.616	0.024	drugY
18	47.000	M	LOW	NORMAL	0.809	0.026	drugY
19	33.000	F	LOW	NORMAL	0.858	0.026	drugY
20	28.000	F	HIGH	NORMAL	0.557	0.030	drugX

图 6.6　药物数据集

2. 数据审核

连接"输出"选项卡下的"数据审核"节点查看数据基本特征及质量，结果如图 6.7 和 6.8 所示。7 个字段中，年龄、钠含量和钾含量为连续型变量，审核结果分别显示了这 3 个字段的最小值、最大值、均值、标准差和偏态系数等基本描述统计量。999 位患者中，最小年龄为 15 岁，最大年龄为 74，年龄差距比较大。血压有三个类别值：低血压、正常和高血压。胆固醇有两个类别值：高和正常。药物有五个类别值：A、B、C、X 和 Y。

字段	图形	测量	最小值	最大值	平均值	标准差	偏度	唯一	有效
年龄		连续	15.000	74.000	43.795	17.450	0.087	–	999
性别		标记	–	–	–	–	–	2	999
血压		名义	–	–	–	–	–	3	999
胆固醇		标记	–	–	–	–	–	2	999
钠含量		连续	0.442	0.900	0.701	0.117	-0.092	–	999
钾含量		连续	0.020	0.080	0.050	0.017	-0.007	–	999
药物		名义	–	–	–	–	–	5	999

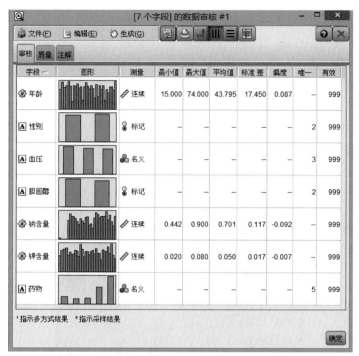

图 6.7 “数据审核”节点“审核”选项卡结果

字段	测量	离群值	极值	操作	缺失插补	方法	完成百分比	有效记录	空值	字符型空值	空白	空白值
年龄	连续	0	0	无	从不	固定	100	999	0	0	0	0
性别	标记	–	–	–	从不	固定	100	999	0	0	0	0
血压	名义	–	–	–	从不	固定	100	999	0	0	0	0
胆固醇	标记	–	–	–	从不	固定	100	999	0	0	0	0
钠含量	连续	0	0	无	从不	固定	100	999	0	0	0	0
钾含量	连续	0	0	无	从不	固定	100	999	0	0	0	0
药物	名义	–	–	–	从不	固定	100	999	0	0	0	0

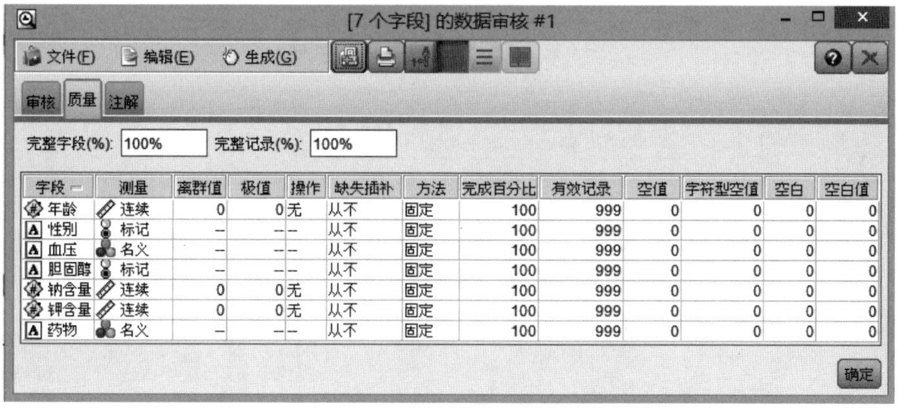

图 6.8 “数据审核”节点“质量”选项卡结果

同时，审核结果还显示了连续型变量的直方图和类别型变量的柱型图。图形表明，性别、血压和胆固醇分布比较均匀，差异不大，但服用药物 Y 的病人数量明显较多。

“质量”选项卡结果显示，每个字段都不存在离群值、极值和缺失值，999 条记录都为有效记录。

6.4.2 探索性分析

1. 血压与药物关系探索

通过网络图来观察不同血压特征患者的药物选择。在“图形”选项卡中选择“网络”

节点，添加到数据流。设置"网络"节点"散点图"选项卡下的参数，选择"网络"，字段选择"血压"与"药物"；在"选项"选项卡中，链接数选择"显示所有链接"，其他参数选择默认值，如图 6.9 所示。运行"网络"节点，生成血压与药物网络图，如图 6.10 所示，共产生 8 条强链接，线条越粗，表示符合线条两端取值的样本量越大。其中，Y 药与血压的三条连线粗细相差不大，且样本量都在 140 以上，表明 Y 药对患者的血压没有特殊要求，更具有普遍性。对于血压正常的患者，还建议服用 X 药；对于低血压的患者，除了 Y 药，还建议服用 X 药或 C 药；对于高血压的患者，还可以考虑服用 A 药或 B 药。

图 6.9　"网络"节点参数设置

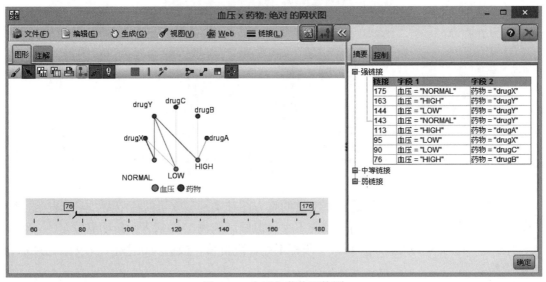

图 6.10　血压与药物网络图

2. 唾液中钠含量和钾含量关系探索

散点图适用于分析两个连续型变量之间的关系。通过散点图来观察服用不同药物的患者唾液中的钠含量和钾含量。在"图形"选项卡中选择"散点图"节点，添加到数据流。单击鼠标右键，选择弹出菜单中的"编辑"选项进行参数设置，包括"散点图""选项""外观""输出"和"注解"五张选项卡。

"散点图"选项卡用于设置绘制散点图的基本参数，如图6.11所示。

图6.11 "散点图"选项卡

选中"散点图"选项卡下方的二维坐标图，在右侧"X字段"和"Y字段"选项框中选择X轴变量和Y轴变量。本例中X字段选择"钠含量"，Y字段选择"钾含量"。如果选择下方三维坐标，则会绘制三个变量的样本点分布特征3-D图形，此时会加上Z轴变量选项框。

交叠字段下方包含了"颜色""大小""形状""面板""动画"和"透明度"选项框。如果希望分析其他变量不同取值时X变量和Y变量的相关性，可以通过"颜色""大小""形状"和"透明度"选项框选择交叠变量，运行结果会以不同颜色、大小、形状和透明度反映交叠变量不同取值时的样本点分布特征。"面板"选项框选定交叠变量，运行结果会按交叠变量不同取值绘制多张散点图。"动画"选项选定交叠变量，运行结果可以动画形式显示交叠变量不同取值时的散点图。本例想要探索服用不同药物患者的钠含量和钾含量的分布特征，所以交叠字段"颜色""大小"和"形状"选项框都选择了"药物"。

"交叠字段类型"选项用于选择是否在散点图上添加拟合曲线。"无"表示不添加拟合曲线；"平滑器"表示采用局部加权回归方法(LOESSS)拟合出对应的平滑曲线，添加在散点图上；"函数"表示任意添加函数，输入的函数代表的曲线将会添加在散点图上。

"选项"选项卡用于设置散点图的绘制样式。"样式"用于设定散点图的类型，如图6.12所示。"点"表示绘制经典散点图，样本在图中可以不同形式的点状显示，如圆点、小正方形等。

"自动X范围"和"自动Y范围"为默认选项，选择该选项后，将会绘制数据集中所有的样本点。取消该选项，则可以通过"最小值"和"最大值"选项框选择所要绘制的散点图的X轴和Y轴变量的范围。"自动Z范围"在选择三维散点图时将被激活。

数据集中存在大量重复值时，选择"散开"，绘制散点图时会将重复的变量值随机修正为实际预测值附近的值，有效分散点的集中程度，更清晰地展示变量特征。

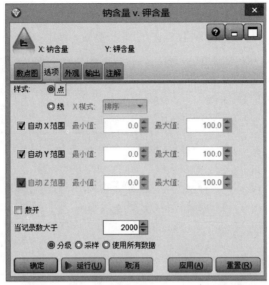

图 6.12 "选项"选项卡"点"样式参数

"当记录数大于"用于设置记录数超过阈值时散点图的绘制方式，阈值默认为 2000。当样本量大于设定的阈值时，可选择下方三种方法。"分级"为默认选项，该选项使图形在实际绘制前被分散在较小的网格中，并计算在每个单元格中出现的样本点的数量。在最后绘制的图形中，每个网格中的矩心处将出现一个点(该点代表网格中所有点位置的平均数)。所绘制点的大小表示此区域内样本点的数量多少。该方法是表示大数据集的最佳方式。"采样"选项会随机抽取阈值数量的样本绘制散点图。"使用所有数据"选项表示仍对所有数据绘制散点图。

"线"表示以线的方式绘制图形。"X 模式"选项包括"排序""交叠字段"和"如所读取"，如图 6.13 所示。

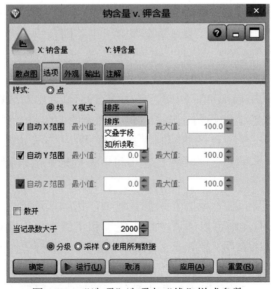

图 6.13 "选项"选项卡"线"样式参数

"排序"模式会按 X 轴上变量的升序重新排列数据,然后从左向右依次连成线。"交叠字段"模式不会对 X 轴上的变量进行排序,只要 X 值不断增大,数据将会绘制在一条线上。如果 X 值减小,则将重新开始绘制一条新线。绘制完成的图可能有多条线,它们可用于对比多个 Y 值序列。此模式的线图对具有时间周期的数据分析很有用。"如所读取"模式会按数据集中 X 轴变量的自然顺序进行连线,适合已按时间顺序排列的时间序列。

"外观"选项卡用于对输出图形标题与标签的参数设置,如图 6.14 所示。

图 6.14   "外观"选项卡参数

"标题"对话框用于输入图形标题名称,显示在图形正上方。"子标题"对话框用于输入子标题名称,出现在标题正下方、图形正上方。"文字说明"对话框用于输入针对图形的详细说明,出现在图形正下方。"X 标签""Y 标签"和"Z 标签"(3-D 图将被激活)对话框用于输入对应坐标轴的标签,默认为"自动"。"显示网格线"选项用于设定图形是否显示网格线,默认为"显示网格线"。

本示例中,如果"散点图"选项卡参数按图 6.11 设置,"选项"选项卡选择"点"样式,"外观"选项卡参数按图 6.14 设置,则运行结果如图 6.15 所示。对生成的图文件,可以通过下拉式菜单选项进行文件的保存、导出图形、编辑及生成选择或导出节点等操作,还可以通过视图菜单,从探索模式切换到编辑模式,进入编辑状态。

由图 6.15 可知,服用 Y 药物的患者,其唾液中钾含量明显低于服用其他类药物的患者,但其唾液中钠含量没有明显区别于其他患者的特征。可见,单纯唾液中钾含量较低的患者可推荐服用 Y 药。

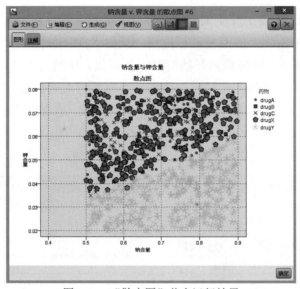

图 6.15 "散点图"节点运行结果

6.4.3 数据预处理

1. 使用"导出"节点衍生新的变量

我们由以上服用不同药物患者唾液中钠含量和钾含量关系探索性分析得知，服用 Y 药物的患者唾液中钾含量明显偏低，所以在建模前，我们尝试使用"导出"节点衍生新的变量：钠含量/钾含量，并观察其分布特征。

选择"字段"选项卡下的"导出"节点，添加到数据流。然后单击鼠标右键，选择弹出菜单中的"编辑"选项进行节点的参数设置，如图 6.16 所示。

图 6.16 "导出"节点"设置"选项卡参数设置

- 模式：“单个”表示只导出一个字段；“多个”表示可以导出多个字段，但多个字段计算公式必须相同。如果选择导出单个字段，则在“导出字段”下方对话框输入字段名；如果选择导出多个字段，则“导出字段”会切换为“导出自”，下方输入对话框改为选择下拉框，可以选择要导出的多个新变量名称的前缀或后缀。
- 导出为：下拉框有六个可选项，默认为“公式”，表示根据公式计算导出字段。
- 字段类型：指定导出字段的类型，默认为“缺省”，实例化后会自动转为具体的类型。
- 公式：可以在下方的对话框中直接输入公式，也可以单击右侧的“表达式构建器”按钮，在弹出的“表达式构建器”对话框中输入公式，如图 6.17 所示。左侧提供公式需要用到的各类函数，中间为可选择的运算符，右侧列出当前可用的字段信息。

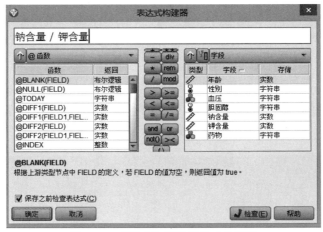

图 6.17 “导出”字段表达式构建器

设定参数后，连接“表格”节点，运行结果如图 6.18 所示，衍生一个新的字段“钠含量/钾含量”。

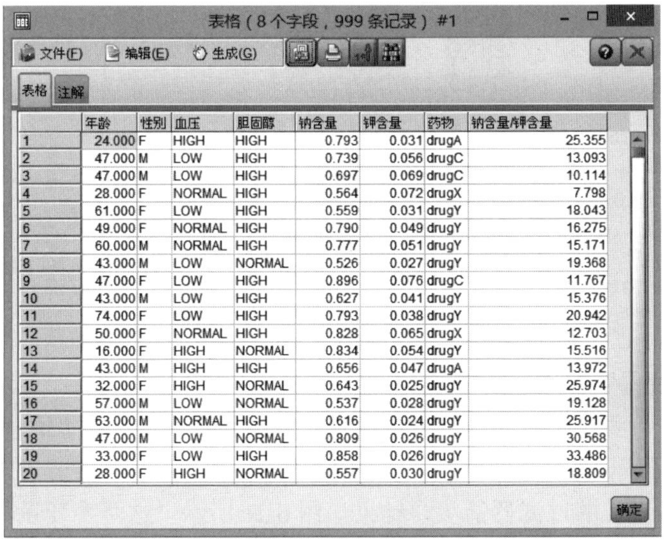
表格（8 个字段，999 条记录）#1

	年龄	性别	血压	胆固醇	钠含量	钾含量	药物	钠含量/钾含量
1	24.000	F	HIGH	HIGH	0.793	0.031	drugA	25.355
2	47.000	M	LOW	HIGH	0.739	0.056	drugC	13.093
3	47.000	M	LOW	HIGH	0.697	0.069	drugC	10.114
4	28.000	F	NORMAL	HIGH	0.564	0.072	drugX	7.798
5	61.000	F	LOW	HIGH	0.559	0.031	drugY	18.043
6	49.000	F	NORMAL	HIGH	0.790	0.049	drugY	16.275
7	60.000	M	NORMAL	HIGH	0.777	0.051	drugY	15.171
8	43.000	M	LOW	NORMAL	0.526	0.027	drugY	19.368
9	47.000	F	LOW	HIGH	0.896	0.076	drugC	11.767
10	43.000	M	LOW	HIGH	0.627	0.041	drugY	15.376
11	74.000	F	LOW	HIGH	0.793	0.038	drugY	20.942
12	50.000	F	NORMAL	HIGH	0.828	0.065	drugX	12.703
13	16.000	F	HIGH	NORMAL	0.834	0.054	drugY	15.516
14	43.000	M	HIGH	HIGH	0.656	0.047	drugA	13.972
15	32.000	F	HIGH	NORMAL	0.643	0.025	drugY	25.974
16	57.000	M	LOW	NORMAL	0.537	0.028	drugY	19.128
17	63.000	M	NORMAL	HIGH	0.616	0.024	drugY	25.917
18	47.000	M	LOW	NORMAL	0.809	0.026	drugY	30.568
19	33.000	F	LOW	HIGH	0.858	0.026	drugY	33.486
20	28.000	F	HIGH	NORMAL	0.557	0.030	drugY	18.809

图 6.18 导出结果

选择"图形"选项卡下的"直方图"节点，添加到数据流，设置节点参数如图 6.19 所示。

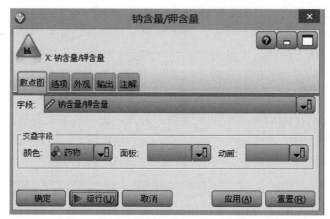

图 6.19　直方图参数设置

运行结果如图 6.20 所示，衍生变量"钠含量/钾含量"在不同患者中区分度非常明显，比值高的患者都服用 Y 药。所以，在后续构建决策树模型时，选择输入变量时用该变量替代原始的"钠含量"和"钾含量"两个变量。

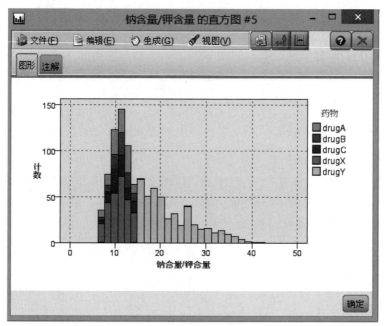

图 6.20　钠含量/钾含量直方图

2. 使用"过滤器"节点过滤变量

根据以上分析，我们在后续分析前可以先过滤掉"钠含量"和"钾含量"这两个变量。选择"字段"选项卡下的"过滤器"节点，添加到数据流。双击该节点，在"过滤器"选项卡点击两个变量对应的过滤器箭头，结果如图 6.21 所示。这两个变量将不会出现在后续的数据流中。

图 6.21 "过滤器"节点

3. 使用"分区"节点划分训练集与测试集

对于有监督的学习方法，为了避免"过拟合"，在构建模型前，通常需要把数据集至少划分为两部分：训练集和测试集。选择"字段"选项卡下的"分区"节点，添加到数据流。在"分区"节点中，设置分区参数，如图 6.22 所示，70%的样本为训练集，30%的样本为测试集。

图 6.22 "分区"节点参数设置

- 分区字段：使用“分区”节点后，生成一个新的字段用于标记样本属于哪个数据集。
- 分区：提供两种选择，把数据集划分成训练集和测试集两部分，或者划分成训练集、测试集和验证集三部分。
- 训练分区大小、测试分区大小和验证分区大小：用于指定每个分区的相对大小，必须满足所有分区大小之和为 100%。
- 值：用于标记“分区”字段，默认为“将标签追加为系统定义的值”。
- 可重复的分区分配：为默认选项，选择该项，可以通过设定一个随机种子确保重现分区的结果。

分区结果如图 6.23 所示，生成一列新的字段“分区”，标记为“1_培训”的样本用于训练集，标记为“2_测试”的样本用于测试集。

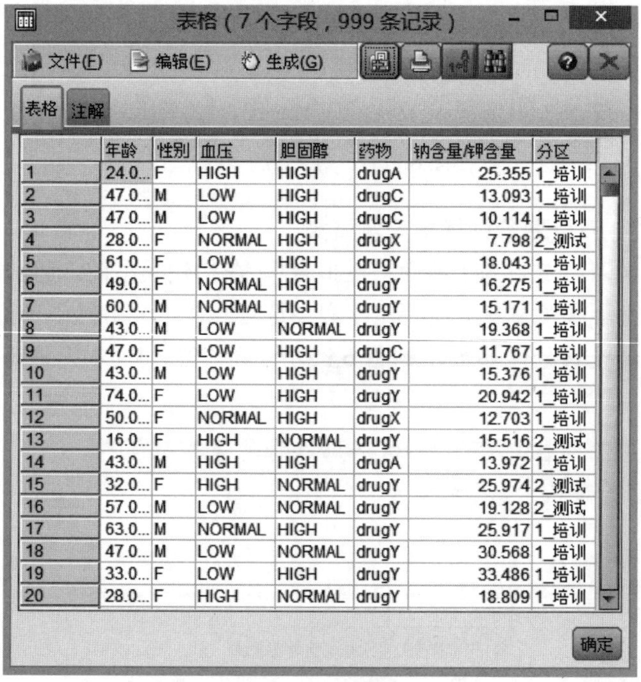

	年龄	性别	血压	胆固醇	药物	钠含量/钾含量	分区
1	24.0...	F	HIGH	HIGH	drugA	25.355	1_培训
2	47.0...	M	LOW	HIGH	drugC	13.093	1_培训
3	47.0...	M	LOW	HIGH	drugC	10.114	1_培训
4	28.0...	F	NORMAL	HIGH	drugX	7.798	2_测试
5	61.0...	F	LOW	HIGH	drugY	18.043	1_培训
6	49.0...	F	NORMAL	HIGH	drugY	16.275	1_培训
7	60.0...	M	NORMAL	HIGH	drugY	15.171	1_培训
8	43.0...	M	LOW	NORMAL	drugY	19.368	1_培训
9	47.0...	F	LOW	HIGH	drugC	11.767	1_培训
10	43.0...	M	LOW	HIGH	drugY	15.376	1_培训
11	74.0...	F	LOW	HIGH	drugY	20.942	1_培训
12	50.0...	F	NORMAL	HIGH	drugX	12.703	1_培训
13	16.0...	F	HIGH	NORMAL	drugY	15.516	2_测试
14	43.0...	M	HIGH	HIGH	drugA	13.972	1_培训
15	32.0...	F	HIGH	NORMAL	drugY	25.974	2_测试
16	57.0...	M	LOW	NORMAL	drugY	19.128	2_测试
17	63.0...	M	NORMAL	HIGH	drugY	25.917	1_培训
18	47.0...	M	LOW	NORMAL	drugY	30.568	1_培训
19	33.0...	F	LOW	HIGH	drugY	33.486	1_培训
20	28.0...	F	HIGH	NORMAL	drugY	18.809	1_培训

图 6.23　分区结果

4. 使用“类型”节点重新实例化数据并设置字段角色

数据经过预处理以后，在建模前，需要重新对数据进行实例化，才能用于训练模型。例如，对于衍生字段“钠含量/钾含量”，通过“类型”节点的“类型”选项卡可知，仍处于半实例化状态，只界定了类型，而没有取值范围，只有通过“读取值”，才能重新实例化，获得该字段的取值范围。

另外，我们还可以通过“类型”选项卡下的“角色”选项，设定字段角色。输入变量包括“年龄”“性别”“血压”“胆固醇”和“钠含量/钾含量”五个字段；输出变量为“药物”字段，分区变量为通过“分区”节点产生的分区字段。“钠含量”和“钾含量”不参与建模。

重新实例化并设定字段角色的结果如图 6.24 所示。

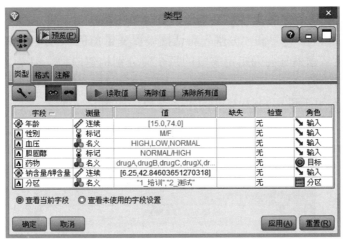

图 6.24　实例化并设置字段角色后的结果

6.4.4　决策树模型构建与评估：基于 C5.0 算法

1. 决策树模型构建

选择"建模"选项卡下的 C5.0 节点，添加到数据流。双击 C5.0 节点，可以看到该节点一共包含"字段""模型""成本""分析"和"注解"五张选项卡，如图 6.25 所示。

图 6.25　C5.0 节点"字段"选项卡

"字段"选项卡在所有建模节点都存在，是一个通用型选项卡，主要用于变量角色的设置。由于我们已在"类型"节点设置了变量角色，所以在"字段"选项卡中只需选择"使用预定义角色"。

如果在"类型"节点没有对"角色"进行设置，可以选择下方的"使用定制字段分配"。通过"目标""输入""分区"和"分割"对话框设置变量角色。"分割"允许指定一个或多个字段为分割字段，建模时会为指定字段的每个值分别构建模型。但是，被指定为分割的字段不能再用于其他角色。

"模型"选项卡用于设置 C5.0 算法的主要参数，如图 6.26 所示。

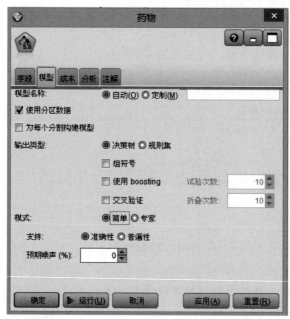

图 6.26　C5.0 算法"模型"选项卡简单模式

- 使用分区数据：如果使用"分区"节点预定义了分区字段或者在"字段"选项卡"使用定制字段分配"中选择了分区字段，选择此项将使用训练集训练模型、测试集评估模型。
- 为每个分割构建模型：如果在"类型"节点"角色"选项设置了"拆分"字段或者在"字段"选项卡"使用定制字段分配"中选择了分割字段，选择此项将会为选定字段的每个取值单独构建模型。
- 输出类型：用于指定输出结果，包括"决策树"和"规则集"。选择"决策树"，将输出基于 C5.0 算法构建的决策树模型及由决策树直接获得的规则集。选择"规则集"，将不会输出决策树模型，只输出由 PRISM(patient rule induction space method) 算法生成的规则。
- 组符号：如前所述，选择此项，C5.0 将尝试对类别型分裂属性的相似类别进行合并，以合并结果输出分枝，以这种方式得到的树会比较精简。未选择此项，C5.0 将会为分裂属性的每个值创建一个分枝。
- 使用 boosting：选择此项，C5.0 将使用 boosting 方法来生成多棵决策树，并通过组合投票的方式得出最后结果。一般情况下，该选项将提高模型的准确率。生成决策树的棵数可通过右侧"试验次数"选项框设定，默认为 10。

─── **知识拓展** ───

集成学习之 Bagging 和 Boosting

集成学习(ensemble learning)是现在非常热门的机器学习方法。它通过构建若干个基学习器(弱学习器)，并采用一定的结合策略，最终获得一个强学习器，以达到"博采众长"的目的，完成学习任务。集成学习可以是分类问题的集成，如基学习器都为分类决策树，也可以是回归问题、特征选取或异常点检测等问题的集成。如果所有的基学习器都是由同一种算法所产生的，我们一般称为同质集成。如果基学习器并不是由同一种算法所产生的，我们一般称为异质集成。

Bagging 算法(bootstrap aggregating)，又称袋装算法，是最为经典的并行集成算法。Bagging 算法为了能够生成多个不同的基学习器，并使这些基学习器之间尽可能独立，通过对训练数据集进行 k 次有放回随机抽样(即使用自助抽样法)，获得 k 个不同的自助训练数据集，然后基于每个自助训练数据集单独训练模型，从而获得 k 个不同的基学习器。再通过对 k 个不同基学习器的结果取多数(分类任务)或取平均(回归任务)的方法，得到 Bagging 的结果。

虽然 Bagging 需要生成多个基学习器，但由于多个基学习器是独立生成的，所以可以使用并行化的方法提高运算效率。而在 Boosting 中，学习器将采用串行方式生成，下一个学习器将根据上一个学习器的预测结果重新调整样本权重，对于错误预测的样本将给予较大的权重，正确预测的样本给予较小的权重，权重之和仍为 1，从而使得新的学习器更加关注错误预测的样本。这样，经过 k 次迭代，将获得 k 个基学习器和 k 个误差。Boosting 算法基学习器集成不同于 Bagging 算法，是通过加权投票方式实现的。不同的基学习器具有不同的权重，权重大小与基学习器的误差成反比，误差较小的基学习器有较高的投票权重，误差较大的基学习器有较低的投票权重。

- 交叉验证：选择此项，C5.0 将使用交叉验证的方式建立模型，交叉验证次数可通过右侧"折叠次数"选项框设定，默认为 10。如果选择了"使用分区数据"，那么交叉验证只在训练样本集中进行。

─── **知识拓展** ───

k 折交叉验证

设样本量为 n，k 折交叉验证即将样本随机划分为不相交的 k 组，令其中的 $k-1$ 组为训练样本集用于训练模型，剩余的一组为测试样本集用于计算模型误差，反复进行组的轮换，这样就获得 k 组训练集与测试集，可进行 k 次训练与测试，最终返回的是这 k 个测试结果的均值。k 最常用的取值是 10，此时称为 10 折交叉验证。

- 模式：用于指定 C5.0 建模过程中的参数设置方式。"简单"表示自动调整参数，"专家"表示手工调整参数。

"简单"模式下，如图 6.26 所示，"支持"选项用于选择决策树的生长模式，分为两种：准确性和普遍性。选择"准确性"表示决策树的生长将以高的预测精度为标准设置模型参数，包括树的深度、节点所允许的最小样本量及树修剪时的置信度等，可能导致过拟合。选择"普遍性"表示将生成一个更具普遍适应性的模型，以减少对训练集的过度依赖，但其在训练集的预测精度会下降。"预期噪声"用于指定训练集中噪声样本的比例，通常可不指定。

"专家"模式下，各参数的设置如图 6.27 所示。"修剪严重性"即为悲观误差估计方法的置信度，默认值为 75%。该值越大，得到的树越简洁。"每个子分支的最小记录数"用于指定每个节点允许的最小样本数，默认值为 2。增加该值有助于防止使用噪声数据进行过度训练，避免过拟合。C5.0 的剪枝分为两个阶段：局部修剪和全局修剪，该节点默认"使用全局修剪"。选择"辨别属性"，C5.0 在建模前将会先对输入变量的有效性进行评估，若发现某些变量与目标变量关系不大，则剔除这些变量再训练模型。

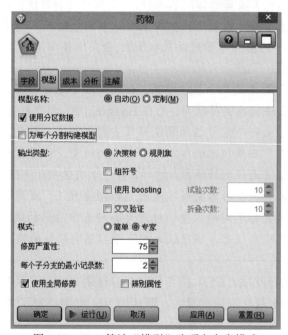

图 6.27　C5.0 算法"模型"选项卡专家模式

"成本"选项卡用于设置误差成本代价，如图 6.28 所示。选中"使用错误分类成本"，可以调整各类错误成本，默认值为 1，即认为各类错误成本代价相同。在本示例中，暂不考虑使用错误分类成本。

"分析"选项卡用于设置计算输入变量重要性的指标，如图 6.29 所示。选中"模型评估"下方的"计算预测变量重要性"选项，表示输出结果中会以条形图方式显示输入变量对于预测的相对重要性。倾向评分是用于计算变量的倾向性得分的方法，仅对标志型目标变量有效。选中"计算原始倾向评分"，表示对每个样本分类模型将给出预测值为真的概率，此概率是基于训练集计算的。选中"计算调整倾向评分"，表示对每个样本分类模型将给出预测值为真的调整概率，此概率可基于测试集或验证集计算，需要在"基于"选项中指定。

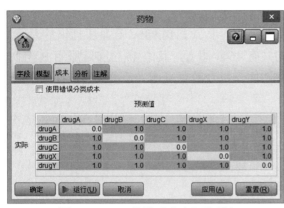

图 6.28　C5.0 算法"成本"选项卡　　　图 6.29　C5.0 算法"分析"选项卡

　　本示例 C5.0 节点参数设置：在"字段"选项卡选择"使用预定义角色"；在"模型"选项卡选择"使用分区数据"，输出类型选择"决策树"，模式选择"简单"，支持选择默认值"准确性"，预期噪声为 0；"成本"选项卡不选择"使用错误分类成本"；"分析"选项卡选择"计算预测变量重要性"。运行该节点，自动在数据流生成 C5.0 药物模型节点，该模型节点同时也会保存在流管理区"模型"选项卡下。

　　在数据流中双击药物模型节点，或者在流管理区右击该节点，选择弹出对话框的"浏览"选项，结果如图 6.30 所示，包含"模型""查看器""摘要""设置"和"注解"五张选项卡。"模型"选项卡下，左侧是决策树的文字结果，右侧是输入变量的重要性相对得分。

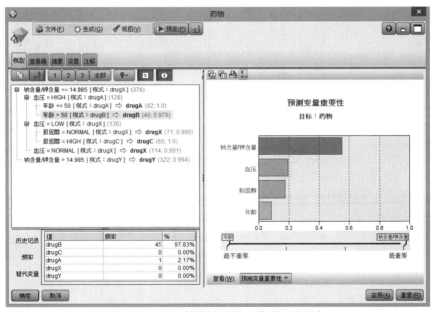

图 6.30　C5.0 算法结果的"模型"选项卡

　　左侧的文字结果是基于决策树的规则，树的深度为 3，共包括 6 条规则。单击工具栏上"1""2""3"或"全部"按钮，可选择显示对应深度的规则。通过 按钮，可选择展开或折叠菜单。通过 按钮，可选择显示或隐藏实例和置信度图。通过 按钮，可选择是否显示其他信息面板，如果选择显示，则在窗口左下方显示选定规则的历史记录和频率等详细信息。如选定规则：唾液中钠含量/钾含量值小于等于 14.985，高血压且年龄大于 50 的患者预测为服用 B 药物。满足这条规则的共有 46 位患者，其中 45 位实际服用 B 药物，占总样本量的 97.83%，1 位实际服用 A 药物，由于以众数类别作为预测类别，该规则的结论是 B 药物，规则置信度为 0.978。

右侧为输入变量重要性相对得分。本示例中，钠含量/钾含量的得分最高，为 0.55 分；其次分别是血压、胆固醇和年龄，分别为 0.19、0.18 和 0.08 分。

如果想要更直观地查看决策树结果，可以选择"查看器"选项卡，结果如图 6.31。在该选项卡下，可提供多种不同的决策树展现方式。

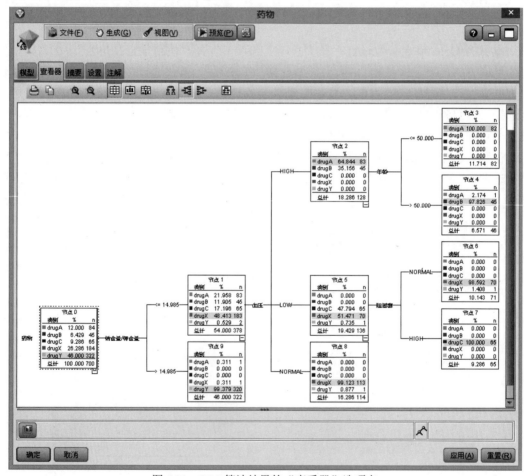

图 6.31　C5.0 算法结果的"查看器"选项卡

2. 决策树模型评估

为了进一步评估模型，在"药物模型"节点添加"输出"选项卡下的"分析"节点，进行参数设置，如图 6.32 所示。

- 重合矩阵：选中表示输出混淆矩阵，该选项只对分类型输出变量有效。
- 置信度图(如果可用)：选中表示输出有关预测置信度的评价指标。"阈值用于"表示给定一个百分比值，找到一个置信度，高于该置信度的样本中有指定百分比的样本其预测值是正确的。"改善准确性"表示给定一个折数，找到一个置信度，高于该置信度的样本中，其预测正确率比总正确率提高指定折数。例如，总正确率为 92%，则总错误率为 8%。如果指定折数为 2，意味着错误率下降一半，为 4%，则正确率为 96%。

- 使用以下内容查找目标/预测变量字段：默认选择"模型输出字段元数据"，表示模型中的输出变量即为存放实际值的变量；选择"字段名格式"，则表示变量名形如"$<x>-<target field>"这样的变量即为存放实际值的变量。
- 按分区分隔：为默认选项，选中表示分别显示训练集和测试集的模型对比结果。
- 按字段分解分析：用于指定一个分类型变量，分别评价模型在该变量不同类别下的效果。

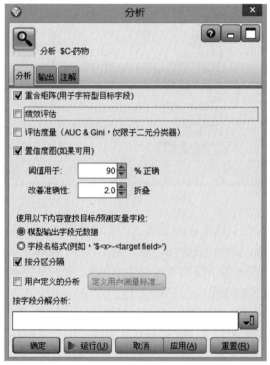

图 6.32 "分析"选项卡参数设置

按以上参数设定，运行"分析"节点，结果如图 6.33 所示，包括三部分内容。

第一部分显示了模型在训练集(1_培训)和测试集(2_测试)中的表现。训练样本总共有 700 位患者，模型正确预测了其中 695 位，错误预测了 5 位，正确率为 99.29%。测试样本正确率为 99.67%。模型在两个数据集中的表现都非常好，且在测试集上的正确率高于训练集。

第二部分显示了模型在训练集和测试集上的混淆矩阵，行表示实际值，对角线上的数据表示每类药物预测正确的患者人数。以测试集为例，预测正确的服用 A 药物的患者为 29 位，服用 B 药物的患者为 30 位，服用 C 药物的患者为 25 位，服用 X 药物的患者为 86 位，服用 Y 药物的患者为 128 位。

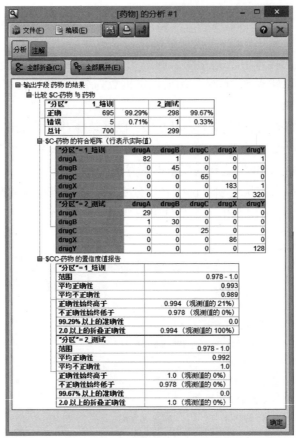

图 6.33　模型评估结果

　　第三部分显示了模型在训练集和测试集上的置信度报告。以测试集为例，范围为测试样本预测置信度的取值范围，最小为 0.978，最大为 1。平均正确性 0.992 表示所有被正确预测的样本(298 位患者)，其预测置信度的平均值为 0.992。平均不正确性 1.0 表示所有被错误预测的样本(1 位患者)，其预测置信度的平均值为 1.0。正确性始终高于 1.0(预测值的 0%)表示预测置信度在 1 以上的样本，其预测值都是正确的，占所有样本的 0%，也即本例找不出一个预测置信度高于该置信度的样本，其预测都是对的。当找不到合适的置信度值时，报告呈现的是所有预测置信度的最高值。不正确性始终低于 0.978(观测值的 0%)表示预测置信度在0.978 以下的样本，其预测值都是错误的，占所有样本的 0%，也即本例找不出一个预测置信度低于该置信度的样本，其预测都是错的。当找不到合适的置信度值时，报告呈现的是所有预测置信度的最低值。99.67%以上的准确性 0.0 表示预测置信度 0 以上，即所有样本中，有99.67%的样本被预测是正确的。2.0 以上的折叠正确性 1.0(观测值的 0%)表示预测置信度高于1 的样本占总样本的 0%，它们的预测正确率比总体正确率提高了 2 折，即不存在这样的样本。

6.4.5　预测结果

　　为观察预测结果，将"表格"节点添加到数据流，运行"表格"节点，结果如图 6.34

所示，包括了 9 个字段和 999 条记录。其中，以$C 和$CC 为前缀的变量为模型给出的预测类别值和预测置信度。本软件版本的预测类别值和预测置信度都是基于决策树规则得到的。早期版本的预测置信度(如 IBM SPSS Modeler14.1)是相应规则的置信度经拉普拉斯平滑(Laplace smoothing)调整后的结果。

	年龄	性别	血压	胆固醇	药物	钠含量/钾含量	分区	$C-药物	$CC-药物
1	24.000	F	HIGH	HIGH	drugA	25.355	1_培训	drugY	0.994
2	47.000	M	LOW	HIGH	drugC	13.093	1_培训	drugC	1.000
3	47.000	M	LOW	HIGH	drugC	10.114	1_培训	drugC	1.000
4	28.000	F	NORMAL	HIGH	drugX	7.798	2_测试	drugX	0.991
5	61.000	F	LOW	HIGH	drugY	18.043	1_培训	drugY	0.994
6	49.000	F	NORMAL	HIGH	drugY	16.275	1_培训	drugY	0.994
7	60.000	M	NORMAL	HIGH	drugY	15.171	1_培训	drugY	0.994
8	43.000	M	LOW	NORMAL	drugY	19.368	1_培训	drugY	0.994
9	47.000	F	LOW	HIGH	drugC	11.767	1_培训	drugC	1.000
10	43.000	M	LOW	HIGH	drugY	15.376	1_培训	drugY	0.994
11	74.000	F	LOW	HIGH	drugY	20.942	1_培训	drugY	0.994
12	50.000	F	NORMAL	HIGH	drugX	12.703	1_培训	drugX	0.991
13	16.000	F	HIGH	NORMAL	drugA	15.516	2_测试	drugY	0.994
14	43.000	M	HIGH	NORMAL	drugA	13.972	1_培训	drugA	1.000
15	32.000	F	HIGH	NORMAL	drugY	25.974	2_测试	drugY	0.994
16	57.000	M	LOW	NORMAL	drugY	19.128	2_测试	drugY	0.994
17	63.000	M	NORMAL	NORMAL	drugY	25.917	1_培训	drugY	0.994
18	47.000	M	LOW	NORMAL	drugY	30.568	1_培训	drugY	0.994
19	33.000	F	LOW	HIGH	drugY	33.486	1_培训	drugY	0.994
20	28.000	F	HIGH	NORMAL	drugY	18.809	1_培训	drugY	0.994

图 6.34　预测结果

知识拓展

拉普拉斯平滑

拉普拉斯平滑，又被称为加 1 平滑，是由法国数学家拉普拉斯最早提出的，主要解决估计过程中输入和输出变量联合分布下概率为 0 时后验概率无法计算的问题，适用于类别型变量，其计算公式为

$$\frac{N_j(t)+1}{N(t)+k} \tag{6-13}$$

式中，$N(t)$ 是节点 t 包含的样本量；$N_j(t)$ 是节点 t 包含第 j 类的样本量；k 是输出变量的类别个数。

在实际使用中，也经常使用 $\lambda(0 \leqslant \lambda \leqslant 1)$ 来代替简单加 1，此时，分母也相应改为加 $k\lambda$。

6.5　基于 R 语言的应用

本节示例数据集来自于 UCI 机器学习数据仓库(machine learning data

credit 数据集与
R 代码

repository)^①，由汉堡大学的 Hans Hofmann 捐赠，是德国一个信贷机构的贷款数据。此
数据集 credit.csv 已在原始数据基础上作了一些预处理，我们在分析前可以把该数据集
保存到 R 工作目录下。

6.5.1　数据探索

1. 数据集初探

使用 read.csv( )函数导入数据，并使用 str( )函数显示数据集内部结构。

```
>credit<-read.csv("credit.csv",stringsAsFactors=TRUE)
>str(credit)
'data.frame':  1000 obs. of  17 variables:
$ checking_balance     : Factor w/ 4 levels "< 0 DM","> 200 DM",..: 1 3 4 1 1 4 4 3 4 3 ...
$ months_loan_duration : int  6 48 12 42 24 36 24 36 12 30 ...
$ credit_history       : Factor w/ 5 levels "critical","good",..: 1 2 1 2 4 2 2 2 2 1 ...
$ purpose              : Factor w/ 5 levels "business","car",..: 4 4 3 4 2 3 4 2 4 2 ...
$ amount               : int  1169 5951 2096 7882 4870 9055 2835 6948 3059 5234 ...
$ savings_balance      : Factor w/ 5 levels "< 100 DM","> 1000 DM",..: 5 1 1 1 1 5 4 1 2 1 ...
$ employment_duration  : Factor w/ 5 levels "< 1 year","> 7 years",..: 2 3 4 4 3 3 2 3 4 5 ...
$ percent_of_income    : int  4 2 2 2 3 2 3 2 2 4 ...
$ years_at_residence   : int  4 2 3 4 4 4 4 2 4 2 ...
$ age                  : int  67 22 49 45 53 35 53 35 61 28 ...
$ other_credit         : Factor w/ 3 levels "bank","none",..: 2 2 2 2 2 2 2 2 2 2 ...
$ housing              : Factor w/ 3 levels "other","own",..: 2 2 2 1 1 1 2 3 2 2 ...
$ existing_loans_count : int  2 1 1 1 2 1 1 1 1 2 ...
$ job                  : Factor w/ 4 levels "management","skilled",..: 2 2 4 2 2 4 2 1 4 1 ...
$ dependents           : int  1 1 2 2 2 2 1 1 1 1 ...
$ phone                : Factor w/ 2 levels "no","yes": 2 1 1 1 1 2 1 2 1 1 ...
$ default              : Factor w/ 2 levels "no","yes": 1 2 1 1 2 1 1 1 1 2 ...
```

结果显示，credit.csv 数据集共有 1000 个样本，17 个变量，分别为支票账户余额
(checking_balance)、贷款期限(months_loan_duration)、历史信用(credit_history)、贷款用途
(purpose)、贷款金额(amount)、储蓄账户余额(savings_balance)、工作年限(employment_
duration)、贷款/收入比(percent_of_income)、居住年限(years_at_residence)、年龄(age)、其
他信用记录(other_credit)、房产类型(housing)、现有贷款账户数(existing_loans_count)、工作
类型(job)、受抚养人数(dependents)、是否有电话(phone)、是否违约(default)。在每个变量
名后面，列出了变量类型及最前面的几个值。变量类型分为两大类：整数型和因子型，对
于因子型，还列出了因子取值水平。

---

① UCI 数据集的网址为 http://archive.ics.uci.edu/ml，从这里可以获取更多相关信息。

2. 类别型变量探索

我们用来探索类别型变量的一个简单且常用的函数为 table( )函数，该函数既可以用来产生单个类别变量的不同类别取值及对应频数的单向表，也可以用来产生双类别变量的双向交叉表。

```
> table(credit$default)
  no  yes
 700  300
> table(credit$credit_history)
  critical     good  perfect    poor  very good
       293      530       40      88         49
> table(credit$purpose)
  business    car  education  furniture/appliances  renovations
        97    349         59                   473           22
> table(credit$job)
  management  skilled  unemployed  unskilled
         148      630          22        200
```

使用 table( )函数分别对 default、credit_history、purpose 和 job 四个类别型变量进行分析，我们得知在 1000 个样本中，违约者占了 30%。客户历史信用分为五类，表现为 "good" 及以上的有 619 位，占所有样本的 61.9%。贷款用途共有五类，其中最大用途为购买家具和家电，占 47.3%，其次为购车，占 34.9%。在所有借贷者中，工作类别为技术类的占比最高，为 63%，无业者仅为 2.2%。

```
> table(credit$default,credit$credit_history)
      critical  good  perfect  poor  very good
  no       243   361       15    60         21
  yes       50   169       25    28         28
```

使用 table( )函数探索 default 变量与 credit_history 变量的交叉分布关系。我们发现，历史信用为 "perfect" 的组违约率最高，达到 62.5%；其次为 "very good" 组，违约率为 57.14%；而违约率最低的组为 "critical" 组，仅为 17.06%。这个结果和我们的基本判断刚好相反。

```
> table(credit$default,credit$checking_balance)
      < 0 DM  > 200DM  1 - 200DM  unknown
  No     139       49        164      348
  yes    135       14        105       46
> table(credit$default,credit$savings_balance)
      < 100 DM  > 1000DM  100 - 500DM  500 - 1000DM  unknown
  no       386        42           69           52      151
  yes      217         6           34           11       32
```

使用 table( )函数探索 default 变量分别与 checking_balance 和 savings_balance 变量的交叉分布关系。我们看到，支票账户余额和储蓄账户余额最低级别的组违约人数占比最高，储蓄账户余额更为明显，这符合我们基本的判断。

3. 数值型变量探索

对于数值型变量，我们可以使用 summary( )函数得到常用的 6 个汇总统计量：最小值、四分之一位数、中位数据、算术平均数、四分之三位数和最大值。

```
> summary(credit$age)
Min.    1st Qu.  Median  Mean   3rd Qu.  Max.
19.00   27.00    33.00   35.55  42.00    75.00
```

在所有贷款者中，最大年龄为 75 岁，最小年龄为 19 岁，年龄差距比较大。年龄中位数为 33 岁。后续我们可以通过箱线图或直方图来进一步反映具体分布。

summary( )函数还可以同时得到多个数值型变量的汇总统计量：

```
> summary(credit[c("months_loan_duration","amount")])
months_loan_duration        amount
Min.    : 4.0        Min.    : 250
1st Qu.:12.0         1st Qu. : 1366
Median :18.0         Median  : 2320
Mean   :20.9         Mean    : 3271
3rd Qu.:24.0         3rd Qu. : 3972
Max.   :72.0         Max.    :18424
```

贷款期限最短为 4 个月，最长为 72 个月，中位数为 18 个月。贷款金额最小为 250 马克，最大为 18 424 马克，中位数为 2320 马克。

除了使用常用的汇总统计量反映数值型变量特征，我们还可以使用统计图来进一步观察数值型变量。下面我们选择直方图来反映单变量的分布特征，用散点图来反映双变量之间的关系。

使用 hist( )函数分别为变量 age、months_loan_duration 和 amount 绘制直方图，结果如图 6.35、6.36、6.37 所示。参数 main 用来指定图形标题，参数 xlab 用来标记 X 轴。

```
> hist(credit$age,main="年龄直方图",xlab="age(岁)")
```

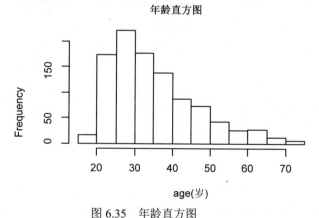

图 6.35　年龄直方图

从年龄直方图来看,它属于右偏分布,贷款者年龄主要集中在 20~40 岁,说明处于该年龄区间的人消费需求比较大。分布频数最大的组为 25~30 岁。

```
> hist(credit$months_loan_duration,main="贷款期限直方图",xlab="loan_duration(月)")
```

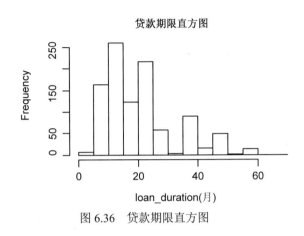

图 6.36 贷款期限直方图

从贷款期限直方图来看,贷款期限主要集中在 5~25 个月,分布频数最大的组为 10~15 个月,其次为 20~25 个月,说明贷款者对于额度不大的消费贷款,还款预期较多集中在两年以内。

```
> hist(credit$amount,main="贷款金额直方图",xlab="amount(马克)")
```

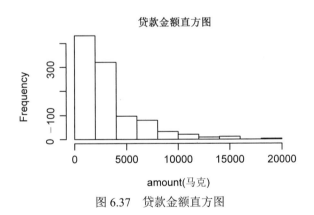

图 6.37 贷款金额直方图

贷款金额直方图属于明显的右偏分布,绝大部分贷款者的贷款金额在 4000 马克以下,频数最大的组为贷款金额最低的组(2000 马克以下),说明消费贷款需求以小额贷款为主。

使用 plot( )函数分别绘制变量 age 和 months_loan_duration、age 和 amount、amount和 months_loan_duration 的散点图,探索相应两变量之间的关系,结果如图 6.38、6.39和 6.40 所示。参数 main 用来指定图形标题,参数 xlab、ylab 分别用来标记 X 轴和 Y 轴。

```
> plot(x=credit$age,y=credit$months_loan_duration,main="年龄与贷款期限散点图",
    xlab="age(岁)",ylab="loan_duration(月)")
```

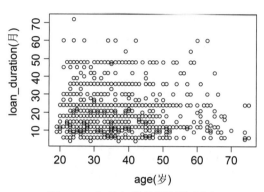

图 6.38　年龄与贷款期限散点图

　　年龄和贷款期限不存在明显的相关关系，从散点图的分布密集程度来看，主要集中在图形左下方，说明以中青年、短期贷款者居多。

```
> plot(x=credit$age,y=credit$amount,main="年龄与贷款金额散点图",
    xlab="age(岁)",ylab="amount(马克)")
```

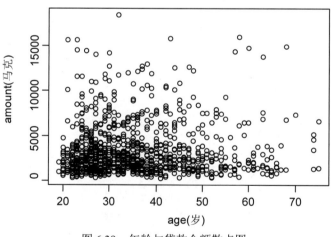

图 6.39　年龄与贷款金额散点图

　　年龄与贷款金额也不存在明显的相关关系，但相比年龄与贷款期限散点图，其图形左下方的点更为集中，说明中青年贷款者以小额贷款为主。

```
> plot(x=credit$amount,y=credit$months_loan_duration,main="贷款金额与贷款期限散点
  图",xlab="amount(马克)",ylab="loan_duration(月)")
```

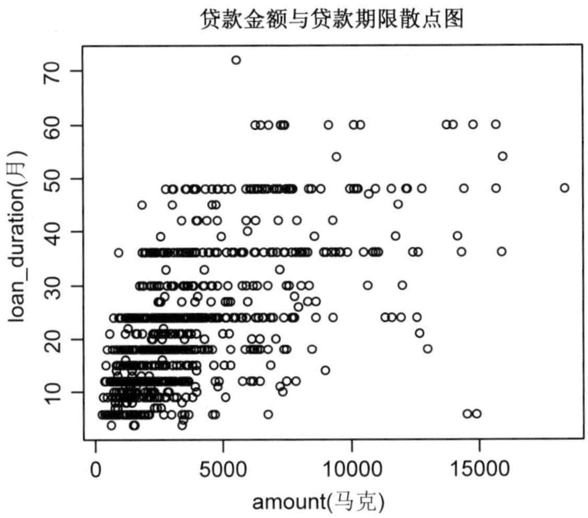

图 6.40　贷款金额与贷款期限散点图

从贷款金额与贷款期限散点图来看，小额贷款者较多选择较短的期限来还款，而额度较大的贷款者较多倾向于选择较长的还款期限。10 000 马克以上的贷款者基本上选择 25 个月以上的还款期限。

6.5.2　数据分区

为了保证分区样本的随机性，在分区前我们首先创建一个随机排序的数据框。

set.seed( )函数用来设定生成随机数的种子。种子的设定是为了让结果具有重复性，如果不设定种子，生成的随机数无法重现。set.seed( )括号里的数只是一个编号，作为标记使用，取值可以随意，当以后需要取得与上次相同的随机数时，set.seed( )中填写回该值即可。

runif( )函数用来生成随机数，默认情况下，产生 0～1 之间的随机序列。如命令 runif(100)会生成一个含有 100 个 0～1 之间的随机数列表。

order( )函数会以升序或降序的方式对数据列表进行排序。例如：

```
> order(c(0.26,1.86, 0.12, 2.19))
  [1] 3 1 2 4
```

因为 order( )函数默认按升序排列，最小的数为 0.12，出现在第三个，第二小的数为 0.26，出现在第一个，依此类推，得到以上返回的数值向量。

如果将 order( )函数和 runif( )函数结合，则可以生成一个随机排序的列表。如 order (runif(1000))会返回一个排序后 1000 个随机数在原来序列中位置的数值向量。

```
> set.seed(123456)
> credit_rand<-credit[order(runif(1000)),]
```

我们利用 order(runif(1000)) 生成的列表来筛选 credit 数据框中的行，并保存在名为 credit_rand 的数据框中。

为了确认我们得到的仅仅只是与原数据框排序不同的数据框，可以使用 head( ) 函数来查看两个数据框中某一个变量的前几个值，然后再查看该变量在两个数据框中的汇总统计量是否一致。

```
> head(credit$age)
 [1] 67 22 49 45 53 35
> head(credit_rand$age)
 [1] 33 50 31 27 26 27
> summary(credit$age)
 Min.    1st Qu.  Median  Mean    3rd Qu.  Max.
 19.00   27.00    33.00   35.55   42.00    75.00
> summary(credit_rand$age)
 Min.    1st Qu.  Median  Mean    3rd Qu.  Max.
 19.00   27.00    33.00   35.55   42.00    75.00
```

两个数据框中 age 变量的前六个值不同，但其汇总统计量完全一致，说明 credit_rand 是 credit 随机排序的结果。所以，我们可以根据 credit_rand 来划分训练集与测试集，前 800 个样本为训练集，其余 200 个样本为测试集。

```
> credit_train<-credit_rand[1:800,]
> credit_test<-credit_rand[801:1000,]
```

使用 prop.table( ) 函数可分析训练集与测试集 default 变量是否违约的比例，较为理想的状态是希望两者都接近 30%。

```
> prop.table(table(credit_train$default))
 no      yes
 0.705   0.295
> prop.table(table(credit_test$default))
 no      yes
 0.68    0.32
```

分析结果显示，训练集违约比例为 29.5%，测试集违约比例为 32%，分区效果非常理想。

6.5.3　模型训练与评估

1. 模型训练

使用 C50 添加包中的 C5.0 函数来训练决策树模型，首先安装 C50 添加包并加载。

```
> install.packages("C50")
> library(C50)
```

使用 C5.0 函数建立决策树模型，输入变量为训练数据集中去除第 17 列的其他所有变量，输出变量为第 17 列 default，决策树模型命名为 credit_treemodel。

```
> credit_treemodel<-C5.0(credit_train[-17],credit_train$default)
```

我们可以通过输入决策树模型名称来查看 credit_treemodel 模型概况。

```
> credit_treemodel
Call:
C5.0.default(x = credit_train[-17], y = credit_train$default)

Classification Tree
Number of samples: 800
Number of predictors: 16

Tree size: 36
```

显示的模型概况包括生成决策树的函数、模型类型(Classification Tree)、建模样本量、输入变量个数以及决策树的大小(即决策树的规则数，36)。

想要查看模型详细信息，可以使用 summary( ) 函数。输出结果主要包含三部分内容：第一部分为决策树的规则；第二部分输出一个混淆矩阵，反映模型对训练数据集的分类效果；第三部分输出变量重要性排序。

```
>summary(credit_treemodel)
C5.0 [Release 2.07 GPL Edition]
------------------------------

Class specified by attribute `outcome'

Read 800 cases (17 attributes) from undefined.data

Decision tree:

checking_balance in {> 200 DM,unknown}: no (363/45)
checking_balance in {< 0 DM,1 - 200 DM}:
:...months_loan_duration > 22:
    :...savings_balance in {> 1000 DM,unknown}:
    :   :...checking_balance = 1 - 200 DM: no (19/1)
    :   :checking_balance = < 0 DM:
    :   :   :...existing_loans_count <= 1: yes (9/2)
    :   :existing_loans_count > 1: no (4)
```

credit_treemodel 决策树模型总共有 36 条规则，上面的结果显示了该模型的前几条规则。例如，第一条规则为"如果支票账户余额大于 200 马克或者未知，则预测为不违约"。括号内 363/45 表示有 363 个样本符合该规则，其中有 45 位被错误预测为不违约。

```
Evaluation on training data (800 cases):
        Decision Tree
        ----------------
        Size      Errors

        36        117(14.6%)   <<

        (a)   (b)      <-classified as
        ----  ----
        534    30     (a): class no
         87   149     (b): class yes
```

混淆矩阵说明训练样本 800 位贷款者中，共有 117 位预测错误，其中有 30 位不违约的被预测为违约，有 87 位违约的被预测为不违约，整体错误率为 14.6%。

```
        Attribute usage:

        100.00% checking_balance
         54.63% months_loan_duration
         48.63% savings_balance
         36.13% credit_history
         18.00% job
         12.25% age
         11.63% percent_of_income
         10.00% other_credit
          7.75% purpose
          6.50% amount
          4.88% employment_duration
          4.38% phone
          1.63% existing_loans_count
          0.75% years_at_residence
```

由以上变量的重要性排序可知，最重要的前四个属性为：支票账户余额、贷款期限、储蓄账户余额和历史信用。

2. 模型评估

为了使用测试集数据进一步评估模型性能，我们可以使用 predict( )函数创建预测分类值向量，运用 gmodles 添加包中的 CrossTable( )函数，并将它与真实值比较。结果如图 6.41 所示。

```
> credit_pred<-predict(credit_treemodel,credit_test)
> install.packages("gmodels")
> library(gmodels)
> CrossTable(credit_test$default,credit_pred,prop.chisq=FALSE,prop.c=FALSE,prop.
         r=FALSE,dnn=c('actual default','predicted default'))
```

```
Total Observations in Table:  200


             | predicted default
actual default |     no |      yes | Row Total |
-------------|----------|----------|----------|
         no |     115 |       21 |      136 |
             |   0.575 |    0.105 |          |
-------------|----------|----------|----------|
        yes |      40 |       24 |       64 |
             |   0.200 |    0.120 |          |
-------------|----------|----------|----------|
Column Total |     155 |       45 |      200 |
-------------|----------|----------|----------|
```

图 6.41　credit_treemodel 模型测试集预测结果

在 200 位贷款者中，credit_treemodel 模型正确预测了 115 位实际不违约客户，24 位实际违约的客户，模型整体准确率为 69.5%。错误率为 30.5%，其中实际不违约被预测为违约的有 21 位，实际违约而被预测为不违约的有 40 位，占所有违约客户的 62.5%，也即该模型只正确预测了所有违约客户的约三分之一，这种错误对于信贷机构将带来非常严重的后果。我们需要进一步改进模型的性能，尤其是对于违约客户的识别能力。

6.5.4　使用 boosting 和代价矩阵调整模型

1. 使用 boosting 调整模型

运用 boosting 调整模型，参数 trials=10，即进行 10 次迭代，建立的决策树模型命名为 credit_treeboost10。

```
> credit_treeboost10<-C5.0(credit_train[-17],credit_train$default,trials=10)
> credit_treeboost10
Call:
C5.0.default(x = credit_train[-17], y = credit_train$default, trials = 10)

Classification Tree
Number of samples: 800
Number of predictors: 16

Number of boosting iterations: 10
Average tree size: 30.7
```

通过 10 次迭代，树的规模变小，平均大小为 30.7。同样，使用 summary(credit_treeboost 10)可以查看 10 次迭代所有的树、10 次迭代的错误率、混淆矩阵及变量重要性程度。我们主要根据混淆矩阵分析模型在训练集上的性能。

```
> summary(credit_treeboost10)
```

```
Evaluation on training data (800 cases):
Trial       Decision Tree
-----       --------------

            Size     Errors
   0         36      117(14.6%)
   1         26      182(22.8%)
   2         36      186(23.3%)
   3         28      180(22.5%)
   4         33      165(20.6%)
   5         36      209(26.1%)
   6         28      198(24.8%)
   7         23      200(25.0%)
   8         30      182(22.8%)
   9         31      140(17.5%)
boost                 62( 7.8%)   <<


    (a)    (b)    <-classified as
   ----   ----
    554     10    (a): class no
     52    184    (b): class yes
```

混淆矩阵说明训练样本 800 位贷款者中，共有 62 位预测错误，其中有 10 位不违约的被预测为违约，有 52 位违约的被预测为不违约，整体错误率为 7.75%。credit_treeboost 10 模型比 credit_treemodel 在训练集上的性能有较大的提升，整体错误率从 14.6%下降到 7.75%。继续分析其在测试集上的表现，结果如图 6.42 所示。

```
> credit_treeboost10_pred<-predict(credit_treeboost10,credit_test)
>CrossTable(credit_test$default,credit_treeboost10_pred,prop.chisq=FALSE,
      prop.c=FALSE,prop.r=FALSE,dnn=c('actual default','predicted default'))
```

```
        Total Observations in Table:   200


                 | predicted default
  actual default |        no |       yes | Row Total |
-----------------|-----------|-----------|-----------|
              no |       120 |        16 |       136 |
                 |     0.600 |     0.080 |           |
-----------------|-----------|-----------|-----------|
             yes |        38 |        26 |        64 |
                 |     0.190 |     0.130 |           |
-----------------|-----------|-----------|-----------|
    Column Total |       158 |        42 |       200 |
-----------------|-----------|-----------|-----------|
```

图 6.42　credit_treeboost10 模型测试集预测结果

在 200 位贷款者中，credit_treeboost10 模型正确预测了 120 位实际不违约客户，26 位实际违约的客户，模型整体准确率为 73%。错误率为 27%，其中实际不违约被预测为违约的有 16 位，实际违约而被预测为不违约的有 38 位，占所有违约客户的 59.375%。credit_treeboost10 模型比 credit_treemodel 在测试集上虽然整体准确率有所提升，但是对于违约客户的识别还是不太理想，仍有超过一半的违约客户无法识别，还需要进一步提升模型性能。

2. 使用代价矩阵调整模型

给一位很有可能违约的客户贷款比不给一位很有可能不会违约的客户贷款所犯的错误要严重得多，所以我们可以通过使用代价矩阵来调整不同错误的代价，从而提高模型的性能。

首先，建立代价矩阵。

```
> matrix_dimensions<-list(c("no","yes"),c("no","yes"))
> names(matrix_dimensions)<-c("predicted","actual")
> matrix_dimensions
$predicted
[1] "no"  "yes"
$actual
[1] "no"  "yes"
> error_cost<-matrix(c(0,1,5,0),nrow=2,dimnames=matrix_dimensions)
> error_cost
          actual

predicted   no   yes
      no    0    5
      yes   1    0
```

该代价矩阵表示，正确预测的代价为 0，实际为违约而预测为不违约所犯的错误的代价是实际为不违约而预测为违约所犯错误的 5 倍。使用 C5.0 函数的 costs 参数训练模型，并将生成的模型命名为 credit_treecost。

```
> credit_treecost<-C5.0(credit_train[-17],credit_train$default,costs=error_cost)
> summary(credit_treecost)
  Evaluation on training data (800 cases):

          Decision Tree
          ----------------------
     Size     Errors    Cost

      33    260(32.5%)   0.33     <<


     (a)    (b)      <-classified as
    ----   ----
     304    260     (a): class no
            236     (b): class yes
```

混淆矩阵说明训练样本 800 位贷款者中，共有 260 位预测错误，全部为实际不违约客户被错误预测成违约客户。模型整体准确率下降了，但对于违约客户的识别能力提升了，全部违约客户都被正确识别。所以，继续观察其在测试集上的表现，结果如图 6.43 所示。

```
> credit_treecost_pred<-predict(credit_treecost,credit_test)
> CrossTable(credit_test$default,credit_treecost_pred,prop.chisq=FALSE,
    prop.c=FALSE,prop.r=FALSE,dnn=c('actual default','predict default'))
```

```
         Total Observations in Table:  200


              | predict default
actual default |       no |      yes | Row Total |
--------------|----------|----------|-----------|
           no |       72 |       64 |      136 |
              |    0.360 |    0.320 |          |
--------------|----------|----------|-----------|
          yes |       16 |       48 |       64 |
              |    0.080 |    0.240 |          |
--------------|----------|----------|-----------|
  Column Total |       88 |      112 |      200 |
--------------|----------|----------|-----------|
```

图 6.43　credit_treecost 模型测试集预测结果

在 200 个贷款者中，credit_treecost 模型正确预测了 72 位实际不违约客户，48 位实际违约的客户，模型整体准确率为 60%，错误率为 40%。与 credit_treeboost10 模型相比，credit_treecost 模型整体准确率下降了，但是其对违约客户的识别能力有较大的提升，由40.625%提升到 75%。

6.6　练习与拓展

1. 分析基于有监督学习方法训练模型前需要把数据集划分为哪几个部分？常用的划分方法有哪些？

2. 决策树方法的核心问题是什么？如何实现？

3. 结合 ID3 算法的基本原理，分析其优缺点。

4. 分析 C5.0 算法基于 ID3 算法改进了哪些方面，并说明每一方面是如何改进的。

5 结合教材并查阅相关资料，分析集成学习常用的集成方法有哪些。

6. 查阅相关资料，学习 CART(classification and regression tree)算法基本原理，并与 C5.0 算法进行比较，分析其差异性。

7. 查阅相关资料，了解随机森林方法的基本原理。

8. 结合教材案例，调整案例中的参数，练习使用 IBM SPSS Modeler 实现决策树分析。

9. 结合教材案例，调整案例中的参数，练习使用 R 语言实现决策树分析。

10. 查阅相关资料，说明分类模型常用的评价指标有哪些。

自测题

第**7**章

贝叶斯分类

> **本章内容**
> - 贝叶斯分类概述
> - 朴素贝叶斯分类
> - TAN 贝叶斯分类
> - 基于 IBM SPSS Modeler 的应用
> - 基于 R 语言的应用

贝叶斯分类仍属于有监督学习的范畴，但与决策树分类方法不同的是，贝叶斯分类源于统计学分类方法。基于贝叶斯定理，贝叶斯分类算法计算待分类对象的后验概率，即该对象属于某一类的概率，然后选择具有最大后验概率的类别作为该对象的预测类别。本章首先对贝叶斯分类进行概述，然后分别介绍朴素贝叶斯分类算法和 TAN 贝叶斯分类算法的基本原理，最后介绍贝叶斯分类基于 IBM SPSS Modeler 的应用和基于 R 语言的应用。

7.1　贝叶斯分类概述

经常使用搜索引擎的读者都知道，当我们不小心输入一个不存在的单词时，搜索引擎会提示我们是不是要输入某一个正确的单词。比如，当输入"julh"时，系统会提示"您是不是要找：july"，如图 7.1 所示。您是否知道为什么系统提示的是"july"，而不是其他单词？

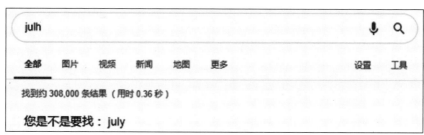

图 7.1　搜索提示

谷歌一员工写的文章①给出了正确答案——谷歌的拼写检查是基于贝叶斯方法的。我们学习了本章内容后，也就理解了图 7-1 中搜索引擎为什么提示的是"july"而不是其他。

7.1.1　贝叶斯定理

贝叶斯定理以英国数学家托马斯·贝叶斯(Thomas Bayes，1702—1761)的名字命名。贝叶斯本是一名牧师，为了证明上帝的存在，他开始研究概率论，并创立了贝叶斯统计理论。

对于监督式学习，数据集的变量包括自变量(特征变量)和因变量(标签变量)。自变量用 X 表示，因变量用 Y 表示，且 Y 为类别型变量，则贝叶斯定理的数学公式为

$$p(Y \mid X) = \frac{p(X \mid Y)p(Y)}{p(X)} \tag{7-1}$$

式中，$p(Y)$ 是关于 Y 的先验概率；$p(X)$ 是关于 X 的先验概率；$p(X \mid Y)$ 是 Y 发生后 X 的条件概率，通常是似然函数；$p(Y \mid X)$ 是 X 发生后 Y 的后验概率。

贝叶斯公式也被称为逆概公式，在实际生活中有很多应用，它可以帮助人们确定某个结果发生的最可能的原因。

7.1.2　贝叶斯信念网络

贝叶斯信念网络(Bayesian belief network，BBN)，简称贝叶斯网络。它借助网络图来表示一组随机变量之间的概率关系，包含两个主要成分：有向无环图和条件概率表。

有向无环图(directed acyclic graph，DAG)表示变量之间的依赖关系。图中每个节点代表一个随机变量，每条有向边表示变量之间的依赖关系。如果一条有向边从 X 到 Y，则称 X 是 Y 的父节点，Y 是 X 的子节点。如果还存在 Y 的子节点 Z，则称 X 是 Z 的祖先，Z 是 X 的后代。如果节点之间没有有向边连接，表示它们条件独立。

条件概率表(conditional probability table，CPT)把各节点和它的直接父节点关联起来。如果 X 没有父节点，则 CPT 中只包含先验概率 $p(X)$；如果 X 只有一个父节点 Y，则 CPT 中包含条件概率 $p(X \mid Y)$；如果 X 有多个父节点 $\{Y_1, Y_2, \cdots, Y_k\}$，则 CPT 中包含条件概率 $p(X \mid Y_1, Y_2, \cdots, Y_k)$。

一个简单的贝叶斯网络如图 7.2 所示。

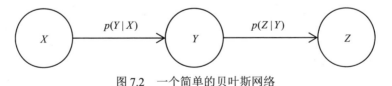

图 7.2　一个简单的贝叶斯网络

① 访问 http://norvig.com/spell-correct.html 可获取更多相关信息。

【**例 7.1**】有三个变量：X 表示性别，Y 表示是否为学生，Z 表示是否参加某次公益活动，其取值都只有两种情况。假设性别和是否为学生之间条件独立，它们对应的条件概率如表 7.1 所示。若已知先验概率 $p(X=男)=0.4$，$p(Y=是)=0.7$，$p(Z=是)=0.7$，求 $p(X=女, Y=否|Z=否)$ 的后验概率。

表 7.1　关于是否参加某次公益活动的条件概率表

项目	X=男 Y=是	X=男 Y=否	X=女 Y=是	X=女 Y=否
Z=是	0.8	0.6	0.7	0.1
Z=否	0.2	0.4	0.3	0.9

表 7.1 中的数据表示的是条件概率 $p(Z|X, Y)$，如 $p(Z=是|X=男，Y=是)=0.8$。根据题意，性别和是否为学生之间条件独立，则可以画出相应的贝叶斯网络，如图 7.3 所示。

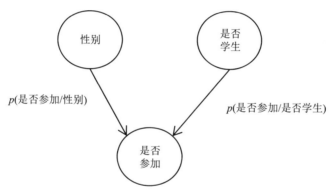

图 7.3　是否参加贝叶斯网络

$p(X=女)=1-0.4=0.6$，$p(Y=否)=1-0.7=0.3$，$p(Z=否)=1-0.7=0.3$。

由于性别和是否为学生均没有父节点，且相互条件独立，所以联合概率：

$$p(X=女，Y=否)=p(X=女) \times p(Y=否)=0.6 \times 0.3=0.18$$

依条件概率表有

$$p(Z=否|X=女，Y=否)=0.9$$

根据贝叶斯定理有

$$p(X=女，Y=否|Z=否)=\frac{p(Z=否|X=女，Y=否) \times p(X=女，Y=否)}{p(Z=否)}$$

$$=\frac{0.9 \times 0.18}{0.3}=0.54$$

同理，还可以求出 $p(X=女，Y=否|Z=是)$，$p(X=女，Y=是|Z=否)$ 和 $p(X=男,Y=否|Z=否)$ 等。

7.2 朴素贝叶斯分类

朴素贝叶斯分类是一种较为简单但应用非常广泛的贝叶斯分类方法，其应用的基本假设前提是输入变量之间条件独立，即对已知类别，假设所有属性相互独立，也即每个属性独立地对分类结果发生影响。

7.2.1 朴素贝叶斯分类原理

1. 朴素贝叶斯分类过程

设每个样本由 n 维属性 $\{X_1, X_2, \cdots, X_n\}$ 描述其特征，描述属性之间相互条件独立。输出属性为类别变量 C，假设 C 有 m 个类 $\{C_1, C_2, \cdots, C_m\}$，对应的贝叶斯网络如

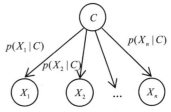

图 7.4 朴素贝叶斯网络

图 7.4 所示。其中， $p(X_i|C)$ 是属性 X_i 相对于类标记 C 的类条件概率，或称为"似然"。

给定一个未知类别的样本 X，朴素贝叶斯分类将 X 划分到具有最大后验概率的类 C_i 中，也就是把 X 预测为 C_i 类，当且仅当 $p(C_i|X) > p(C_j|X)$， $1 \leqslant j \leqslant m$， $i \neq j$。

根据贝叶斯定理可得

$$p(C_i|X) = \frac{p(X|C_i)p(C_i)}{p(X)} \tag{7-2}$$

由于 $p(X)$ 对所有的类为常数，只需求出分子部分 $p(X|C_i)p(C_i)$ 最大的值即可。 $p(X|C_i)$ 是一个联合条件概率， X_k 之间互相条件独立，所以有

$$p(X|C_i) = p(X_1, X_2, \cdots, X_n|C_i) = \prod_{k=1}^{n} p(X_k|C_i) \tag{7-3}$$

对于某个新样本 x，其描述属性为 $\{x_1, x_2, \cdots, x_n\}$，则可通过式(7-4)预测其所属类别为

$$c' = \arg\max_{c_i}\{p(C_i)\prod_{k=1}^{n} p(x_k|C_i)\} \tag{7-4}$$

式中， $p(C_i)$ 是类先验概率， $p(x_k|C_i)$ 是类条件概率。

显然，朴素贝叶斯分类就是基于训练集数据来估计类先验概率 $p(C)$ 和每个属性的类条件概率 $p(x_k|C)$ 的过程。

类先验概率 $p(C)$ 表示样本空间中各类样本所占的比例。根据大数定律，当训练集包含足够多的独立同分布样本时， $p(C)$ 可通过各类样本出现的频率进行估计，即

$$p(C_i) = s_i/s \tag{7-5}$$

式中， s_i 表示训练集中属性 C_i 类的样本数， s 表示训练集中总的样本数。

如果对应的描述属性 X_k 是离散属性，若有足够多的独立同分布样本，属性 X_k 的类条件概率 $p(x_k \mid C_i)$ 也可以通过训练集估计得到，即

$$p(x_k \mid C_i) = s_{ik}/s_i \tag{7-6}$$

式中，s_{ik} 表示在属性 X_k 上具有值 x_k 的类 C_i 的训练样本数，s_i 表示 C_i 中的训练样本数。

如果对应的描述属性 X_k 是连续属性，则通常假定其服从高斯分布。因而有

$$p(x_k \mid C_i) = f(x_k,\ \mu_{C_i},\ \sigma_{C_i}) = \frac{1}{\sqrt{2\pi}\sigma_{C_i}} e^{-\frac{(x_k - \mu_{C_i})^2}{2\sigma_{C_i}^2}} \tag{7-7}$$

式中，$f(x_k,\ \mu_{C_i},\ \sigma_{C_i})$ 是高斯分布的概率密度函数，参数 μ_{C_i} 可以用训练集中类 C_i 的所有关于属性 X_k 的样本均值来估计，参数 σ_{C_i} 可以用这些样本的标准差来估计。

注意 因为 $f(x_k,\ \mu_{C_i},\ \sigma_{C_i})$ 是高斯分布的概率密度函数，该函数是连续的，所以随机变量 X_k 取某一特定值 x_k 的概率为 0。取而代之，我们实际计算的是 X_k 落在区间 x_k 到 $x_k + \varepsilon$ 的条件概率，ε 是一个非常小的常数，如式(7-8)所示：

$$
\begin{aligned}
p(x_k \leqslant X_k \leqslant x_k + \varepsilon \mid C_i) &= \int_{x_k}^{x_k + \varepsilon} f(X_k,\ \mu_{C_i},\ \sigma_{C_i}) \mathrm{d}X_k \\
&\approx f(x_k,\ \mu_{C_i},\ \sigma_{C_i}) \times \varepsilon
\end{aligned} \tag{7-8}
$$

由于 ε 是每个类的一个常量乘法因子，在后续的后验概率计算时就抵消掉了，所以，我们仍可以使用公式(7-7)来估计类条件概率 $p(x_k \mid C_i)$。

综上，朴素贝叶斯分类过程如图 7.5 所示。

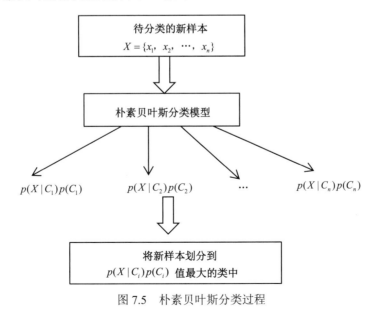

图 7.5　朴素贝叶斯分类过程

2. 朴素贝叶斯分类算法

对于训练数据集 S，输入变量为 n 维属性 $\{X_1,\ X_2,\ \cdots,\ X_n\}$，输出变量 C 有 m 个类 $\{C_1,\ C_2,\ \cdots,\ C_m\}$。朴素贝叶斯分类计算各个类的先验概率 $p(C_i)$ 和各个类的条件概率 $p(x_1,\ x_2,\ \cdots,\ x_n\,|\,C_i)$ 的学习算法如下，其中，描述属性以离散型变量为例。若描述属性为连续型变量，该描述属性的类条件概率可通过式(7-7)计算。

算法 7.1　朴素贝叶斯分类参数学习算法(描述属性以离散变量为例)

输入：训练数据集 S

输出：各个类的先验概率 $p(C_i)$ 和各个类的条件概率 $p(x_1,\ x_2,\ \cdots,\ x_n\,|\,C_i)$

方法：

```
for(S 中每个训练样本 S(x_{s1}, ⋯, x_{sn}, C_s))
{   统计类别 C_s 的计数 C_s.count;
    for(每个描述属性值 x_{si})
        统计类别 C_s 中描述属性值 x_{si} 的计数 C_s.x_{si}.count;
}
for(每个类别 C)
```

$$\{\quad p(C)=\frac{C.count}{|S|};\qquad\qquad //|S| \text{ 为 } S \text{ 中样本总数}$$

```
    for(每个描述属性 X_i)
        for(每个描述属性值 x_i)
```

$$p(x_i\,|\,C)=\frac{C.x_i.count}{C.count};$$

```
            for(每个 x_1, x_2, ⋯, x_n)
```

$$p(x_1,\ x_2,\ \cdots,\ x_n\,|\,C)=\prod_{i=1}^{n}p(x_i\,|\,C);$$

```
}
```

对于一个新的样本，朴素贝叶斯分类预测其类别的算法如下。

算法 7.2　朴素贝叶斯分类类别预测算法

输入：各个类别的先验概率 $p(C_i)$、各个类别的后验概率 $p(x_1,\ x_2,\ \cdots,\ x_n\,|\,C_i)$、新样本 $s_{new}(x_1,\ x_2,\ \cdots,\ x_n)$

输出：新样本 s_{new} 的类别 $maxc$

方法：

```
maxp=0;
for(每个类别 C_i)
{   p=p(C_i)×p(x_1, x_2, ⋯, x_n|C_i);
    if(p>maxp) maxc=C_i;
}
Return maxc;
```

7.2.2 朴素贝叶斯分类计算示例

【例7.2】根据表7.2所示的某保险公司10位客户购买保险的相关数据，使用朴素贝叶斯方法预测一位新客户(婚姻状态=已婚，年龄=38，性别=女，是否有房=无房)是否会购买此保险。

表7.2 某保险公司客户数据集

客户编号	婚姻状态	年龄	性别	是否有房	购买保险
1	未婚	24	女	无	否
2	未婚	28	女	有	否
3	已婚	36	女	有	否
4	已婚	32	女	有	否
5	未婚	29	女	有	是
6	未婚	34	男	有	是
7	未婚	30	男	有	否
8	已婚	48	男	有	否
9	未婚	33	男	有	是
10	未婚	29	男	有	是

1. 由训练数据集建立朴素贝叶斯网络

由某保险公司客户训练数据集建立朴素贝叶斯网络，如图7.6所示。

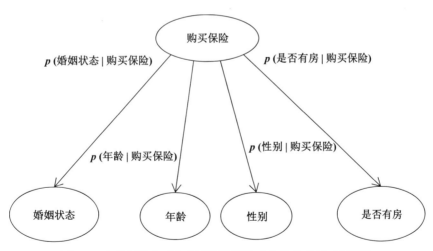

图7.6 由某保险公司客户训练数据集建立的朴素贝叶斯网络

2. 由训练数据集计算先验概率与条件概率

根据"购买保险"属性的取值，分为两个类：是和否。它们的先验概率通过训练样本集计算如下

$$p(购买保险=是)=\frac{4}{10}=0.4, \quad p(购买保险=否)=\frac{6}{10}=0.6$$

贝叶斯分析预测所需的类条件概率计算如下

$$p(婚姻状态=已婚|购买保险=是)=0$$

$$p(婚姻状态=已婚|购买保险=否)=\frac{3}{6}=0.5$$

$$\overline{x}_{年龄(购买保险=是)}=31.25 \qquad S_{年龄(购买保险=是)}=2.63$$

$$\overline{x}_{年龄(购买保险=否)}=33 \qquad S_{年龄(购买保险=否)}=8.37$$

$$p(年龄=38|购买保险=是)=\frac{1}{\sqrt{2\pi}\times 2.63}e^{-\frac{(38-31.25)^2}{2\times 6.92}}=0.005\,6$$

$$p(年龄=38|购买保险=否)=\frac{1}{\sqrt{2\pi}\times 8.37}e^{-\frac{(38-33)^2}{2\times 70}}=0.04$$

$$p(性别=女|购买保险=是)=\frac{1}{4}=0.25$$

$$p(性别=女|购买保险=否)=\frac{4}{6}=0.667$$

$$p(是否有房=无房|购买保险=是)=0$$

$$p(是否有房=无房|购买保险=否)=\frac{1}{6}=0.167$$

3. 计算联合条件概率

假设输入变量条件独立,新客户 X(婚姻状态=已婚,年龄=38,性别=女,是否有房=无房),则联合条件概率计算如下

$$
\begin{aligned}
p(X|购买保险=是) &= p(婚姻状态=已婚|购买保险=是)\\
&\times p(年龄=38|购买保险=是)\\
&\times p(性别=女|购买保险=是)\\
&\times p(是否有房=无房|购买保险=是)\\
&= 0\times 0.005\,6\times 0.25\times 0\\
&= 0\\
p(X|购买保险=否) &= p(婚姻状态=已婚|购买保险=否)\\
&\times p(年龄=38|购买保险=否)\\
&\times p(性别=女|购买保险=否)\\
&\times p(是否有房=无房|购买保险=否)\\
&= 0.5\times 0.04\times 0.667\times 0.167\\
&= 0.002
\end{aligned}
$$

4. 预测新客户购买保险类别

考虑"购买保险=是"的类,有

$$p(X|购买保险=是) \times p(购买保险=是)=0 \times 0.4=0$$

考虑"购买保险=否"的类，有

$$p(X|购买保险=否) \times p(购买保险=否)=0.002 \times 0.6=0.0012$$

因此，根据朴素贝叶斯分析最大后验概率的原理，预测该新客户不会购买此保险。

7.2.3 零概率问题：拉普拉斯平滑

通过例 7.2 的计算过程，我们不难发现，如果有一个属性的类条件概率为 0，则会直接导致后验概率为 0，尤其当训练样本很少而属性很多时。为了避免这个情况，我们通常可以采用 6.4 节介绍的拉普拉斯平滑法调整。调整后的先验概率 $p(C_i)$ 和条件概率 $p(x_k|C_i)$ 计算公式如式(7-9)和(7-10)所示。

$$p(C_i)=\frac{s_i+\lambda}{s+n\lambda} \tag{7-9}$$

$$p(x_k|C_i)=\frac{s_{ik}+\lambda}{s_i+n_k\lambda} \tag{7-10}$$

式中，s_i 表示训练集中属性 C 属于 C_i 类的样本数，s 表示总的样本数，n 表示训练集中 C 可能的类别数，s_{ik} 表示在属性 X_k 上具有值 x_k 的类 C_i 的训练样本数，n_k 表示属性 X_k 可能的类别数，λ 是一个大于 0 的常数，通常取 1。

例 7.2 中，类先验概率经拉普拉斯平滑后为

$$p(购买保险=是)=\frac{4+1}{10+2}=0.417$$

$$p(购买保险=否)=\frac{6+1}{10+2}=0.583$$

类条件概率经拉普拉斯平滑后为

$$p(婚姻状态=已婚|购买保险=是)=\frac{0+1}{4+2}=0.167$$

$$p(婚姻状态=已婚|购买保险=否)=\frac{3+1}{6+2}=0.5$$

$$p(性别=女|购买保险=是)=\frac{1+1}{4+2}=0.333$$

$$p(性别=女|购买保险=否)=\frac{4+1}{6+2}=0.625$$

$$p(是否有房=无房|购买保险=是)=\frac{0+1}{4+2}=0.167$$

$$p(是否有房=无房 \mid 购买保险=否) = \frac{1+1}{6+2} = 0.25$$

则

$$
\begin{aligned}
p(X \mid 购买保险=是) &= p(婚姻状态=已婚 \mid 购买保险=是) \\
&\times p(年龄=38 \mid 购买保险=是) \\
&\times p(性别=女 \mid 购买保险=是) \\
&\times p(是否有房=无房 \mid 购买保险=是) \\
&= 0.167 \times 0.005\,6 \times 0.333 \times 0.167 \\
&= 0.000\,052
\end{aligned}
$$

$$
\begin{aligned}
p(X \mid 购买保险=否) &= p(婚姻状态=已婚 \mid 购买保险=否) \\
&\times p(年龄=38 \mid 购买保险=否) \\
&\times p(性别=女 \mid 购买保险=否) \\
&\times p(是否有房=无房 \mid 购买保险=否) \\
&= 0.5 \times 0.04 \times 0.625 \times 0.25 \\
&= 0.003\,125
\end{aligned}
$$

考虑"购买保险=是"的类,有

$$p(X \mid 购买保险=是) \times p(购买保险=是) = 0.000\,052 \times 0.417 = 0.000\,021\,68$$

考虑"购买保险=否"的类,有

$$p(X \mid 购买保险=否) \times p(购买保险=否) = 0.003\,125 \times 0.583 = 0.001\,821\,88$$

因此,经拉普拉斯平滑调整后,根据朴素贝叶斯分析最大后验概率的原理,预测该新客户不会购买此保险。

7.3　TAN 贝叶斯分类

朴素贝叶斯分类假设描述属性之间相互条件独立,这个假设在实际应用中往往是不成立的,尤其当描述属性个数比较多的时候,这会给正确分类带来较大影响。TAN 贝叶斯分类方法(tree augmented naive bayes)由弗里德曼(Friedman)等人在 1997 年提出,TAN 贝叶斯网络放宽了描述属性条件独立的假设,允许描述属性之间形成树形结构,是对朴素贝叶斯网络的一种改进。

7.3.1　TAN 贝叶斯网络结构

Y 为输出变量,X_1, X_2, $\cdots$, X_n 为输入变量,TAN 贝叶斯网络结构如图 7.7 所示。

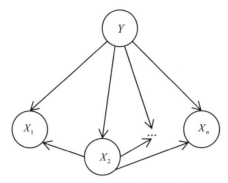

图 7.7　TAN 贝叶斯网络结构

输出变量节点 Y 与每个输入变量节点 X_i 都有有向边相连，节点 Y 是节点 X_i 的父节点，每个节点 X_i 是节点 Y 的子节点。

输入变量之间存在有向边相连，这意味着输入变量之间允许存在相互依赖关系，而非完全条件独立。

对每个输入变量节点，最多允许存在两个父节点，其中一个为输出变量节点，另一个为输入变量节点。如图 7.7，X_2 只有一个父节点 Y，但同时是其他输入变量节点的父节点；X_1 有两个父节点，为 Y 和 X_2。

节点 X_i 到节点 X_j 之间的有向边表示输入变量 X_i 对输出变量 Y 的影响作用，不仅取决于变量 X_i 自身，还取决于变量 X_j。

7.3.2　TAN 贝叶斯分类过程

TAN 贝叶斯分类过程包括 TAN 贝叶斯网络结构学习与节点参数估计过程和新样本类别预测过程。TAN 贝叶斯网络结构学习基本步骤如下：

(1) 计算所有输入变量对 X_i 和 X_j 的条件互信息，计算如式(7-11)所示。

$$I(X_i;\ X_j\,|\,Y) = \sum_{x_i, x_j, y} P(x_i,\ x_j,\ y) \log_2 \frac{P(x_i,\ x_j\,|\,y)}{P(x_i\,|\,y)P(x_j\,|\,y)} \tag{7-11}$$

式中，$P(x_i,\ x_j,\ y)$ 为 $X_i = x_i$，$X_j = x_j$，$Y = y$ 的联合概率；$P(x_i,\ x_j\,|\,y)$ 为 $Y = y$ 时，$X_i = x_i$，$X_j = x_j$ 的联合条件概率；$P(x_i\,|\,y)$ 为 $Y = y$ 时，$X_i = x_i$ 的条件概率；$P(x_j\,|\,y)$ 为 $Y = y$ 时，$X_j = x_j$ 的条件概率。

条件互信息量体现了在给定 Y 条件下，变量 X_i 提供了多少关于变量 X_j 的信息。条件互信息的值越小，表示变量 X_i 和变量 X_j 的相关性越弱，条件互信息的值越大，表示两者相关性越强。

(2) 依次找到与变量 X_i 具有最大条件互信息的变量 X_j，并以无向边连接节点 X_i 和节点 X_j，得到最大权重跨度树。

(3) 将无向边转为有向边。任选一个输入变量节点作为根节点，所有无向边改为有向边，方向朝外。

(4) 输出变量节点作为父节点与所有输入变量节点相连。

通过训练数据集，得到了各个描述属性之间的树形结构，就可以估计类条件概率，从而预测新样本的类别。

例如，基于图 7.8 的 TAN 贝叶斯网络结构，X_1，X_2，X_3，X_4，X_5 为输入变量，C 为类别型输出变量，有 m 个类 $\{C_1, C_2, \cdots, C_m\}$，类条件概率可以通过式(7-12)估计

$$p(X_1, X_2, X_3, X_4, X_5 \mid C) = P(X_1 \mid C, X_2) \times P(X_2 \mid C, X_3) \\ \times P(X_3 \mid C) \times P(X_4 \mid C, X_3) \times P(X_5 \mid C, X_4) \tag{7-12}$$

对于某个新样本 x，其描述属性为 $\{x_1, x_2, x_3, x_4, x_5\}$，则可通过式(7-13)预测其所属类别为

$$c' = \arg\max_{C_i} \{P(C_i) \times P(x_1 \mid C_i, x_2) \times P(x_2 \mid C_i, x_3) \times P(x_3 \mid C_i) \times P(x_4 \mid C_i, x_3) \times P(x_5 \mid C_i, x_4)$$

$$\tag{7-13}$$

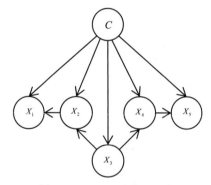

图 7.8　TAN 贝叶斯网示例

7.4　基于 IBM SPSS Modeler 的应用

本节应用示例的数据集来自于 UCI 机器学习数据仓库(machine learning data repository)[①]，由卡内基梅隆大学的 Jeff Schlimmer 捐赠。该数据集包含了列于 *The Audubon Society Field Guide to North American Mushrooms*(1981)上的 23 种带菌褶蘑菇品种的 8124 个蘑菇样本数据，具有 1 个标签(目标)属性和 22 个特征属性。如表 7.3 所示，type 为标签属性，取值为 edible 和 poisonous，其余 22 个为特征属性，包括蘑菇帽的形状、蘑

mushrooms 数据
集与数据流

菇帽的颜色、蘑菇的气味、茎的形状、茎根和生存的环境等。为了后续分析时更直观地理解各字段取值，本节使用的 mushroom.csv 数据集在原数据集的基础上作了简单处理，添加了字段名称，并把简化的字段取值恢复为原始值。

---

① 访问 http://archive.ics.uci.edu/ml 可获取更多相关信息。

表 7.3　蘑菇数据集属性说明

属性名称	属性取值
type	edible，poisonous
cap-shape	bell，conical，convex，flat，knobbed，sunken
cap-surface	fibrous，grooves，scaly，smooth
cap-color	brown，buff，cinnamon，gray，green，pink，purple，red，white，yellow
bruises	yes，no
odor	almond，anise，creosote，fishy，foul，musty，none，pungent，spicy
gill_attachment	attached，free
gill_spacing	close，crowded
gill_size	broad，narrow
gill_color	black，brown，buff，chocolate，gray，green，orange，pink，purple，red，white，yellow
stalk_shape	enlarging，tapering
stalk_root	bulbous，club，equal，missing，rooted
stalk_surface_above_ring	fibrous，scaly，silky，smooth
stalk_surface_below_ring	fibrous，scaly，silky，smooth
stalk_color_above_ring	brown，buff，cinnamon，gray，orange，pink，red，white，yellow
stalk_color_below_ring	brown，buff，cinnamon，gray，orange，pink，red，white，yellow
veil_type	partial，universal
veil_color	brown，orange，white，yellow
ring_number	none，one，two
ring_type	evanescent，flaring，large，none，pendant
spore_print_color	black，brown，buff，chocolate，green，orange，purple，white，yellow
population	abundant，clustered，numerous，scattered，several，solitary
habitate	grasses，leaves，meadows，paths，urban，waste，woods

从数据读入、数据审核、探索性分析到 TAN 贝叶斯模型构建及预测，建立的数据流如图 7.9 所示。

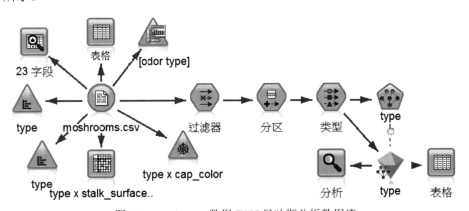

图 7.9　mushroom 数据 TAN 贝叶斯分析数据流

7.4.1 数据读取与审核

1. 数据读取

选择“源”选项卡下的变量“文件”节点读入 mushroom.csv 数据集，通过“表格”节点查看数据，结果如图 7.10 所示，共包括 8124 条记录及如表 7.3 所列的 23 个字段，第一列为标签字段，其余为特征字段。

	type	cap_shape	cap_surface	cap_color	bruises	odor	gill_attachment	gill_spacing	gill_size	gill_color
7	edible	bell	smooth	white	yes	almond	free	close	broad	gray
8	edible	bell	scaly	white	yes	anise	free	close	broad	brown
9	poisonous	convex	scaly	white	yes	pungent	free	close	narrow	pink
10	edible	bell	smooth	yellow	yes	almond	free	close	broad	gray
11	edible	convex	scaly	yellow	yes	anise	free	close	broad	gray
12	edible	convex	scaly	yellow	yes	almond	free	close	broad	brown
13	edible	bell	smooth	yellow	yes	almond	free	close	broad	white
14	poisonous	convex	scaly	white	yes	pungent	free	close	narrow	black
15	edible	convex	fibrous	brown	no	none	free	crowded	broad	brown
16	edible	sunken	fibrous	gray	no	none	free	close	narrow	black
17	edible	flat	fibrous	white	no	none	free	crowded	broad	black
18	poisonous	convex	smooth	brown	yes	pungent	free	close	narrow	brown
19	poisonous	convex	scaly	white	yes	pungent	free	close	narrow	brown
20	poisonous	convex	smooth	brown	yes	pungent	free	close	narrow	black

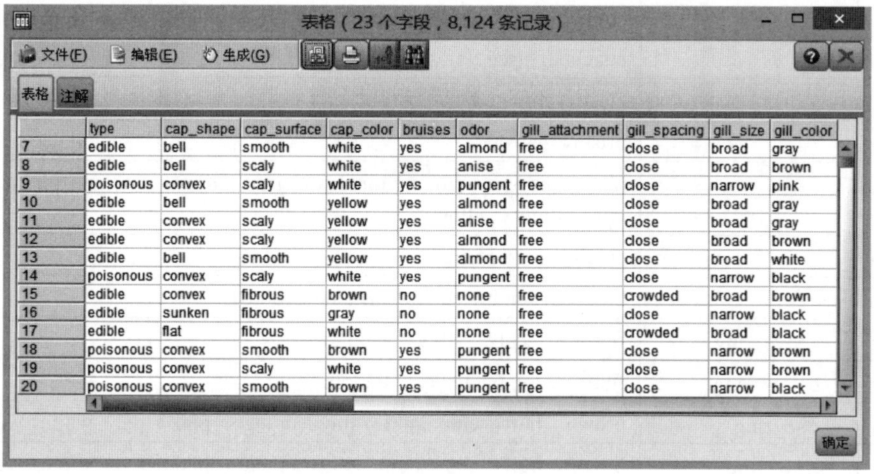

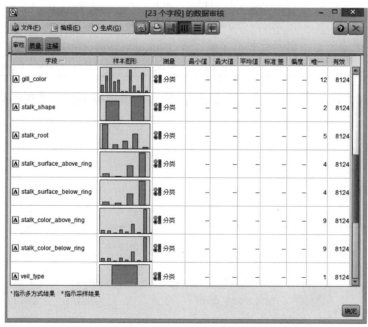

图 7.10 mushroom.csv 数据集

2. 数据审核

连接“输出”选项卡下的“数据审核”节点查看数据基本特征，结果如图 7.11 所示。

字段	样本图形	测量	最小值	最大值	平均值	标准差	偏度	唯一	有效
gill_color		分类	–	–	–	–	–	12	8124
stalk_shape		分类	–	–	–	–	–	2	8124
stalk_root		分类	–	–	–	–	–	5	8124
stalk_surface_above_ring		分类	–	–	–	–	–	4	8124
stalk_surface_below_ring		分类	–	–	–	–	–	4	8124
stalk_color_above_ring		分类	–	–	–	–	–	9	8124
stalk_color_below_ring		分类	–	–	–	–	–	9	8124
veil_type		分类	–	–	–	–	–	1	8124

¹指示多方式结果 ²指示采样结果

图 7.11 “数据审核”节点“审核”选项卡结果

23 个字段均为类别型变量，数据集中取值类别最多的字段为 gill_color，共有 12 类；取值类别最少的字段为 veil_type，只有 1 个类别值。虽然表 7.3 中列出了该字段可能的两个取值：partial 和 universal，但数据集包含的样本都属于 partial。对于只有一个取值的字段，它不能为预测提供任何有用的信息，所以在后续的分析中将会删除该字段。结合"质量"选项卡，分析结果显示，数据集中所有样本和字段均为有效样本和有效字段。

7.4.2　探索性分析

mushroom.csv 数据集所有的字段均为分类型变量，虽然我们可以通过"数据审核"节点的"样本图形"大致了解分类型变量的取值分布情况，但为了进一步探索分类型单变量或双变量间的关系，我们还可以借助常用的统计图(如饼图、条形图、网络图等)及列联表分析。IBM SPSS Modeler "图形"选项卡下的"分布"节点可以绘制分类型变量的条形图，"图形板"节点可以结合变量类型选择绘制多种图形。"输出"选项卡下的"矩阵"节点可以实现列联表分析。mushroom.csv 数据集中字段较多，以下选个别字段为例进行分析。

1. 基于分布节点的变量探索性分析

选择"图形"选项卡下的"分布"节点，添加到数据流，单击鼠标右键，选择弹出菜单中的"编辑"选项进行参数设置，包括"散点图""外观""输出"和"注解"四张选项卡。

注意▷ 因翻译问题，SPSS Modeler "图形"节点中的 plot 选项卡都被翻译为"散点图"，如果想要把软件语言环境从中文改为英文，可在"工具"下拉式菜单中选择"选项"下的"系统选项"进行修改。

如图 7.12 所示，"散点图"选项卡下包含散点图、字段、交叠字段、排序、比例尺等内容。
- 散点图：选中"选定字段"，表示用户可通过下方"字段"选项框自行选择绘图变量；选中"所有标志(true 值)"，表示默认对数据集中所有标志变量绘图，且仅显示取值为"true"的情况。
- 交叠字段：通过"颜色"选项框可以选择用于交叠的变量，选定交叠字段后，可以分析该字段在绘图变量上的分布情况，交叠字段的不同取值将以不同的颜色呈现。选中"按颜色标准化"，SPSS Modeler 将自动把各条形都调整为最长，然后在各条形上再以不同颜色反映交叠字段取值的比例分布。所以，选中该选项，将无法反映绘图变量取值的分布特点。
- 排序：用于设定条形图中各条形(类别)的顺序。可以选择"按字母顺序"或"按计数"进行排序。
- 比例尺：选中该项表示将频数最高的条形长度调整到最长，其他条形以它为标准按比例缩放，这样设置后，图形将更为清晰，更易于比较。

(1) 基于条形图的 type 变量分布探索

本示例中，指定绘制 type 字段的条形图，用于探索数据集中可食用蘑菇和有毒蘑菇的分布情况，如图 7.12 所示。运行"分布"节点，得到如图 7.13 所示的 type 分布结果。结果显示，可食用蘑菇样本量有 4208 个，占所有样本的 51.8%；有毒蘑菇有 3916 个，占所有样本的 48.2%。分类比例非常接近 50/50，所以后续分析不需要担心数据的不平衡问题。

图 7.12　"分布"节点"散点图"选项卡参数设置

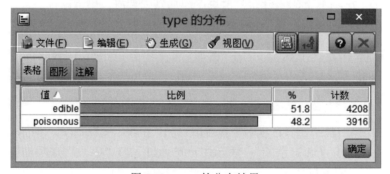

图 7.13　type 的分布结果

(2) 基于条形图的 type 与 cap_shape 间关系探索

如图 7.14 所示，交叠字段"颜色"选项框选择 cap_shape 字段，进一步探索 type 字段与 cap_shape 字段之间的关系。运行结果如图 7.15 所示，不管是可以食用的还是有毒的蘑菇，菌盖形状(cap_shape)排前两位的都是凸圆形(convex)和平展形(flat)，占比最低的都是凹陷形(sunken)；在可以食用的类别中，钟形(bell)超过带节点形(knobbed)，而有毒蘑菇这两项的数量正好相反。由此可知，仅凭蘑菇菌盖形状很难区分其是否有毒。

2. 基于"图形板"节点的变量探索性分析

可视化图形种类繁多，为便于使用，SPSS Modeler 把一些常用的可视化图一并封装到"图形"选项卡下的"图形板"节点。该节点包括"基本""详细""外观""输出"和"注解"五张选项卡。"图形"选项卡核心参数的设定主要通过"详细"选项卡实现。

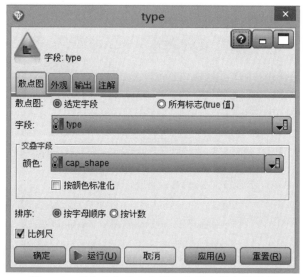

图 7.14　"分布"节点字段与交叠字段参数设置

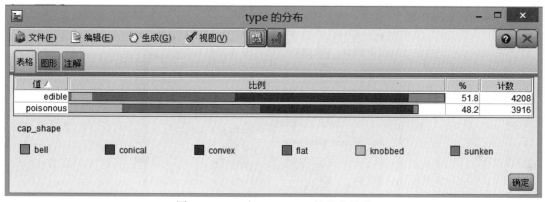

图 7.15　type 与 cap_shape 的分布结果

"基本"选项卡下，提供的变量选择框可用于选择一个或多个变量，图形选择框会根据用户选定的变量自动推荐合适的可视化图形。"摘要"选项可用于设定需要显示的汇总统计量。

"详细"选项卡用于对可视化图形参数的具体设置。

● 可视化类型：包含四十多种可供选择的图形。根据变量类型选定某种图形后，右侧会列出相应的分析变量。

● 可选审美原则：可以通过交叠字段分析变量间的关系。

● 面板与动画：可以通过交叠字段分析变量间的关系。

● 地图文件：如果可视化图形需要在地图上展示，该选项可用于指定所要使用的地图文件。

(1) 基于计数饼图的 stalk_surface_below_ring 变量分布探索

本示例首先选择计数饼图用于探索 stalk_surface_below_ring 单变量的类别分布，参数设置如图 7.16 所示。运行结果如图 7.17 所示，所有样本中，占比最高的为平滑形(smooth)，有 4936 个，其余依次为 2304 个丝滑形(silky)，600 个纤维形(fibrous)和 284 个鳞形(scaly)。

图 7.16 "图形板"节点"详细"选项卡参数设置(单变量计数饼图)

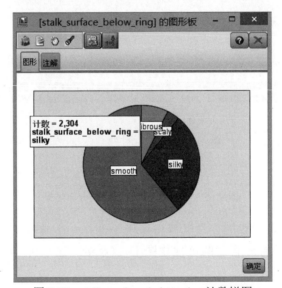

图 7.17 stalk_surface_below_ring 计数饼图

(2) 基于计数饼图的 type 与 stalk_surface_below_ring 间关系探索

为了进一步探索 type 与 stalk_surface_below_ring 两变量间的关系，如图 7.18 所示，在"面板与动画"选项下"面板横跨"交叠字段选择 type 字段。运行结果如图 7.19 所示，可食用的蘑菇中平滑形最多，有 3400 个，占 80.80%。而有毒的蘑菇中，占比最大的为丝滑形，有 2160 个；其次是平滑形，有 1536 个；这两类占比高达 94.38%。所有 stalk_surface_below_ring 为丝滑形的样本中，仅有 144 个是可食用的。由此可得出，如果观察到蘑菇的 stalk_surface_below_ring 为丝滑形，其为有毒蘑菇的可能性非常大。

图 7.18　"图形板"节点"详细"选项卡参数设置(按 type 类别计数饼图)

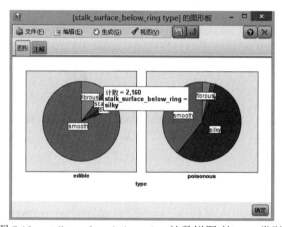

图 7.19　stalk_surface_below_ring 计数饼图(按 type 类别)

(3) 基于计数条形图的 odor 变量分布探索

选择"图形板"节点的计数条形图探索 odor 单变量的类别分布,"详细"选项卡参数设置如图 7.20 所示。运行结果如图 7.21 所示,所有样本中,无气味(none)的占比最大,有3528 个;其次是恶臭味(foul),有 2160 个。鱼腥味(fishy)和辛辣味(spicy)有相同的计数,都是 576 个;杏仁味(almond)和茴香味(anise)也有相同的计数,都是 400 个;刺鼻味(pungent)有 256 个;杂酚油味(creosote)有 192 个;最少的是霉臭味(musty),仅有 36 个。

(4) 基于计数条形图的 type 与 odor 间关系探索

为了进一步探索 type 与 odor 两变量间的关系,如图 7.22 所示,在"面板与动画"选项下"面板横跨"交叠字段选择 type 字段。运行结果如图 7.23 所示,可食用的蘑菇气味有三种类型,样本中所有气味为杏仁味和茴香味的都可以食用,无气味的蘑菇有 3408 个是可以食用的,占所有无气味蘑菇的 96.60%;样本中气味为恶臭味、鱼腥味、辛辣味、刺鼻味、杂酚油味和霉臭味的都是有毒蘑菇,无气味的仅有 120 个是有毒的。 由此可知,odor 变量能较好地区分蘑菇类别。

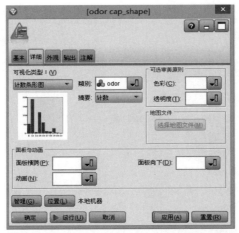

图 7.20 "图形板"节点"详细"选项卡参数设置(单变量计数条形图)

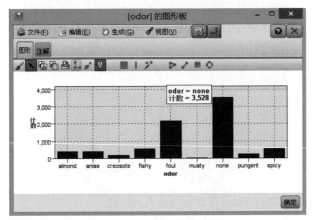

图 7.21 odor 计数条形图

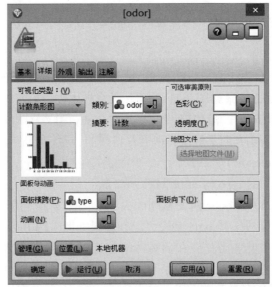

图 7.22 "图形板"节点"详细"选项卡参数设置(按 type 类别计数条形图)

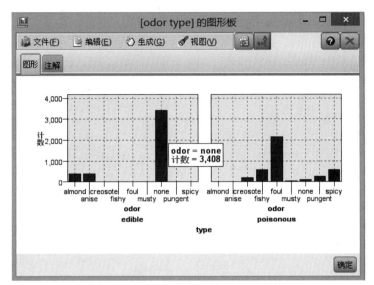

图 7.23　odor 计数条形图(按 type 类别)

3. 基于"网络"节点的变量探索性分析

选择"图形"选项卡下的"网络"节点,添加到数据流,单击鼠标右键,选择弹出菜单中的"编辑"选项,对"散点图"选项卡的参数设置如图 7.24,使用网络图探索 type 与 cap_color 间的关系。运行结果如图 7.25 所示,样本中可食用的蘑菇菌盖颜色列前四位的分别是:棕色(brown,1264)、灰色(gray,1032)、白色(white,720)和红色(red,624);有毒蘑菇菌盖颜色列前四位的分别是:棕色(brown,1020)、红色(red,876)、灰色(gray,808)和黄色(yellow,672)。从网络图连线来看,每种颜色与两类蘑菇的连线粗细区分度并不十分明显,说明仅凭蘑菇菌盖颜色很难区分其是否有毒。

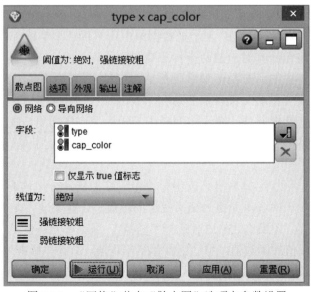

图 7.24　"网络"节点"散点图"选项卡参数设置

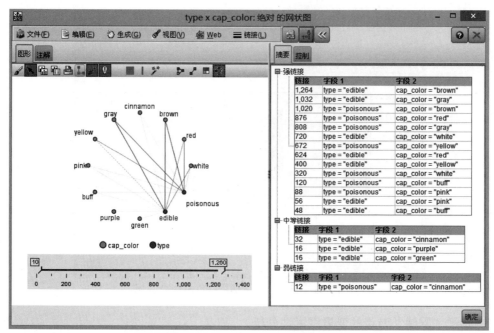

图 7.25　type 与 cap_olor 网络图

4. 基于"矩阵"节点的变量探索性分析

选择"输出"选项卡下的"矩阵"节点，添加到数据流，单击鼠标右键，选择弹出菜单中的"编辑"选项设置节点参数，使用列联表分析及通过卡方检验验证 type 与 stalk_surface_above_ring 是否存在相关性。

"矩阵"节点的参数设置主要是"设置"选项卡与"外观"选项卡的参数设置。"设置"选项卡用于设置列联表分析的主要参数，如图 7.26 所示。

- 字段："选定"表示在下方"行"和"列"选项框中手动指定交叉列表中的行、列变量；"所有标志(true 值)"表示把数据集中所有标志型字段都纳入行和列，列表中每个单元格将统计其对应的两个标志变量取值均为"真"时的数量；"所有数值"表示把数据集中的所有数值型字段都纳入行和列，列表中每个单元格将统计其对应的两个数值型变量的交叉乘积的总和。
- 包含缺失值：选择此项，表示将变量中的缺失值，包括用户缺失值(空白值)和系统缺失值($null$)，作为单独类别进行统计。此选项只适用于单元格内容为交叉列表形式。
- 单元格内容：用于选择输出列表中每个单元格的统计分析内容。"交叉列表"为默认选项，表示表中各单元格为交叉变量的频数。还能通过"外观"选项卡，选择更多的输出内容。如果单元格内容选择"函数"，那么单元格值是下方"字段"选项框所选交叠字段值的函数值。可选函数包括平均值、合计、标准差、最大值和最小值。

本示例中，字段通过"选定"的方式选择 type 为行变量，stalk_surface_above_ring 为列变量，单元格内容选择"交叉列表"。

图 7.26　"矩阵"节点"设置"选项卡参数设置

"外观"选项卡用于设置输出交叉列表的行列排序和突出显示选项，以及交叉列表单元格的内容，如图 7.27 所示。

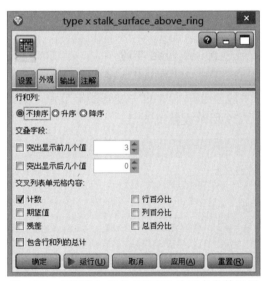

图 7.27　"矩阵"节点"外观"选项卡参数设置

- 行和列：用于控制交叉列表中行和列标题的排序。默认值为"不排序"，选择"升序"或"降序"可按指定的方向为行和列标题排序。
- 交叠字段：用于突出显示交叉列表中前几位的值或后几位的值。突出显示值的数目可通过右侧对话框调整。指定后会以红色显示前几位的值，绿色显示后几位的值。
- 交叉列表单元格内容：用于指定包含在交叉列表中的统计量，当在"设置"选项卡选择了"所有数值"或"函数"时，这些选项不可用。

本示例中，按默认值设置，交叉列表单元格内容只选择计数，运行结果如图 7.28 所示。可食用的蘑菇中，平滑形最多，有 3640 个，占 86.50%。而在有毒的蘑菇中，占比最大的为丝滑形，有 2228 个；其次是平滑形，有 1536 个；这两类占比高达 96.12%。卡方分析显示，卡方值为 2808.286，自由度(df)为 3，概率 p 值为 0，说明如果假设 type 与 stalk_surface_above_ring 不相关成立，则得到现有样本的可能性为 0。所以，两者存在相关性。

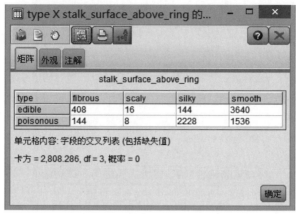

图 7.28　"矩阵"节点分析结果

7.4.3　数据预处理

1. 使用"过滤器"节点过滤 veil_type 字段

由"数据审核"节点分析可知，字段 veil_type 只有 1 个类别值，不会为预测提供任何有用的信息，所以选择"字段"选项卡中的"过滤器"节点，过滤该变量。将"过滤器"节点添加到数据流，如图 7.29 所示设置过滤器。

图 7.29　"过滤器"节点参数设置

2. 使用"分区"节点划分训练集与测试集

为了防止模型的过拟合，将"字段"选项卡下的"分区"节点添加到数据流，如图 7.30 所示，将数据集中 70% 的数据随机设置为训练集，30% 为测试集。

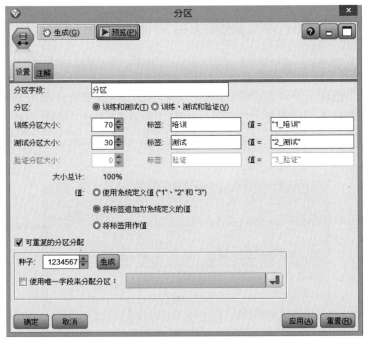

图 7.30 使用"分区"节点划分训练集与测试集

3. 使用"类型"节点重新实例化数据并设置字段角色

经过过滤与分区，使用"类型"节点重新实例化数据，并通过"类型"选项卡下的"角色"选项，设定字段角色。如图 7.31 所示，type 字段为目标变量，分区字段为分区变量，其余字段为输入变量。

图 7.31 "类型"节点参数设置

7.4.4　TAN 贝叶斯分类模型构建与评估

1. TAN 贝叶斯分类模型构建

选择"建模"选项卡下"贝叶斯网络"节点，添加到数据流。双击该节点，可以看到一共包含了 5 张选项卡，分别是"字段""模型""专家""分析"和"注解"。"字段"选项卡中选择"使用预定义角色"。"模型"选项卡用于指定贝叶斯网络的类型等主要参数，如图 7.32 所示。

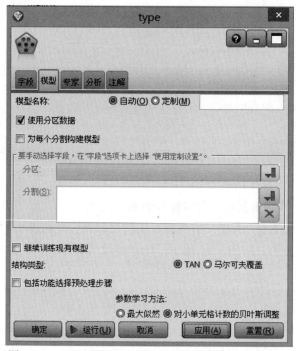

图 7.32　"贝叶斯网络"节点"模型"选项卡参数设置

- 模型名称：默认为"自动"，表示可根据目标字段自动生成模型名称；选择"定制"则需要用户输入模型名称。
- "使用分区数据"和"为每个分割构建模型"功能与 C5.0 节点"模型"选项卡的类似。
- 继续训练现有模型：选择此选项，表示在之前模型结果的基础上，重新调整模型。它无法改变原来的网络形状，包括网络节点和节点间的连线，只能改变条件概率和预测变量重要性。
- 结构类型：用于指定贝叶斯网络的类型，包括"TAN"和"马尔可夫覆盖"两个选项。
- 包括功能(注：此处"功能"是翻译不当，应该翻译为"特征")选择预处理步骤：选中该选项，表示允许利用"专家"选项卡上的"特征选择"选项。可手工选择节点变量或给出节点变量个数的上限(默认为 10)。

- 参数学习方法：贝叶斯网络的参数是指给定每个节点的父项值时，该节点的条件概率。默认选项为"最大似然法"，使用大型数据集时，建议选择此选项。对于较小的数据集，存在模型过度拟合或出现大量条件概率为 0 的可能性，建议选择"对小单元格计数的贝叶斯调整"选项，可通过应用平滑调整 0 概率的问题。

"专家"选项卡的参数设置用于微调模型的构建过程，如图 7.33 所示。"简单"表示将按默认模式建立模型。"专家"表示可使用"专家"选项卡设置参数。

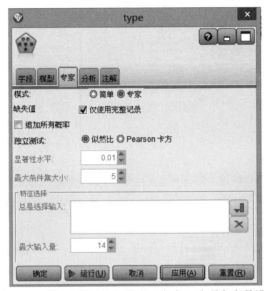

图 7.33　"贝叶斯网络"节点"专家"选项卡参数设置

- 缺失值：默认为选中"仅使用完整记录"，表示只利用完整样本构建模型，具有缺失值的样本会被忽略。
- 追加所有概率：选中该选项，表示给出输出变量取各个类别值的概率。如果未选中该选项，则只输出预测类别的概率。
- 独立测试：用于指定变量独立性检验的方法，包括"似然比"和"Pearson 卡方"两种。该选项只有在"模型"选项卡中选中"马尔可夫覆盖"结构类型或"包括功能(特征)选择预处理步骤"才有效。

本示例中，如图 7.32 和 7.33 所示，在"模型"选项卡中，结构类型选择"TAN"，参数学习方法选择"对小单元格计数的贝叶斯调整"，"专家"选项卡按默认设置。

运行结果如图 7.34 所示，左侧显示的是 TAN 贝叶斯网络，有两种模式可选："基本"和"分布"，图 7.34 呈现的是"基本"模式，不同颜色用于区分输入变量和输出变量，以及输入变量的重要性程度。输入变量重要性程度的测试指标是输入、输出变量独立性检验的 1-概率 p 值经归一化处理后的结果。如果选择"分布"模式，节点还将呈现每个变量取值分布图，如图 7.35 所示。图 7.34 右侧通过选择"查看"选项，可以查看每个节点的条件概率或预测变量重要性，节点可从左侧贝叶斯网络图中选定。预测变量重要性结果显示，排在前 10 的变量为：stalk_root、gill_size、ring_type、bruises、odor、stalk_surface_below_ring、cap_color、stalk_surface_above_ring、cap_surface 和 habitat。

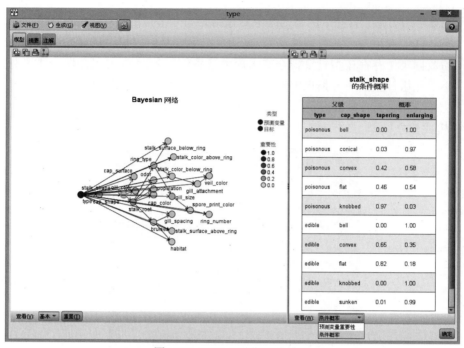

图 7.34　TAN 贝叶斯网络模型

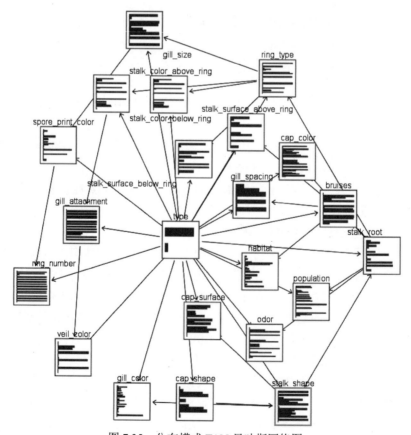

图 7.35　分布模式 TAN 贝叶斯网络图

2. TAN 贝叶斯分类模型评估

选择"输出"选项卡下的"分析"节点，添加到"模型"节点后，用于评估模型。"分析"选项卡参数设置如图 7.36 所示。因为本示例输出变量为二分类变量，所以选择适用于二元分类器的评估度量。

AUC(area under the curve)值被定义为 ROC(receiver operating characteristic)曲线下与坐标轴围成的面积，常被用来评价一个二值分类器(binary classifier)的优劣。ROC 曲线的横坐标是伪正类率(false positive rate)，即预测为正但实际为负的样本占所有负类样本的比例。纵坐标为真正类率(true positive rate)，即预测为正且实际为正的样本占所有正类样本的比例。AUC 值始终介于 0 到 1 之间，ROC 曲线如果为坐标(0，0)与(1，1)之间的对角线，则表示随机分类器，并且其 AUC 值为 0.5。因此，实际分类器的 AUC 值不会小于 0.5，其值越大，分类器的分类效果越好。

Gini 系数的值被定义为 ROC 曲线与对角线之间面积的两倍，或者按照 Gini = 2AUC－1 进行计算。Gini 系数始终介于 0 到 1 之间，数值越大，表示分类器的分类效果越好。

模型评估结果如图 7.37 所示，训练集和测试集的正确率都达到了 100%，AUC 值和 Gini 值都为 1。为了避免模型的过拟合，我们可以自行尝试在"模型"选项卡下选择"包括功能(特征)选择预处理步骤"，在"专家"选项卡下调整特征选择最大输入量的个数，选择性能较优的模型。

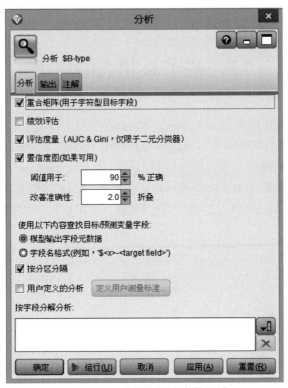

图 7.36 "分析"节点参数设置

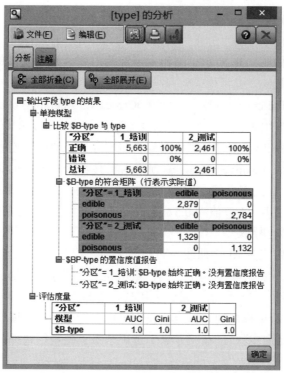

图 7.37   TAN 贝叶斯网络模型分析结果

7.5   基于 R 语言的应用

本节应用示例的数据集来自于 Tiago A. Almeida 等从 Grumbletext 网站、新加坡国立大学短信语料库(NSC)、Caroline Tag 博士论文和垃圾短信语料库(v.0.1)收集整理的短信数据集[①]。本节用于分析的数据集 sms_message.csv 已在原始 ARFF 格式的数据集上作了一些预处理,包含短信的文本信息及标签,垃圾短信标记为 1,正常短信标记为 0。我们在分析前可以把该数据集保存到 R 工作目录下。

sms_message 数据集与 R 代码

7.5.1   数据探索

使用 read.csv( )函数导入 sms_message.csv 数据集,命名为 sms_raw,并使用 str( )函数探索数据集内部结构。结果显示,sms_raw 数据集包含了 5559 条短信,每条短信有 2 个变量:type 与 text。type 取值为 0(正常短信)和 1(垃圾短信);text 包含了每条短信内容。

```
> sms_raw<-read.csv("sms_message.csv",stringsAsFactors=FALSE)
```

---

① 访问 http://www.dt.fee.unicamp.br/~tiago/smsspamcollection/可获取更多相关信息。

```
> str(sms_raw)
'data.frame':   5559 obs. of  2 variables:
 $ type: int  0 0 1 0 0 0 0 0 0 0 ...
 $ text: chr  "fyi I'm at usf now, swing by the room whenever" "Ha ha cool cool chikku
chikku:-):-DB-)" "U have won a nokia 6230 plus a free digital camera. This is what u get
when u win our FREE auction. To take par"| __truncated__ "I anything lor..." ...
```

如上显示，type 变量类型为整数型，但它是一个类别变量，所以为了后续分析，使用 factor( )函数将其转换成因子。进而使用 str( )和 table( )探索、分析 type 变量。

```
> sms_raw$type<-factor(sms_raw$type)
> str(sms_raw$type)
 Factor w/ 2 levels "0","1": 1 1 2 1 1 1 1 1 1 1 ...
> table(sms_raw$type)

   0    1
4812  747
```

我们可以看到，type 变量已经被转换为因子，sms_raw 数据集中包含了 4812 条正常短信和 747 条垃圾短信。

7.5.2 文本数据预处理

R 中 tm 添加包提供了文本挖掘的综合处理功能，包括创建语料库、语料库数据预处理和建立"文档-词条"矩阵等。tm 添加包中管理文件的数据结构称为语料库(corpus)，它表示一系列文档的集合。首先安装 tm 添加包并加载。

```
> install.packages("tm")
> library(tm)
```

tm 添加包支持多种格式的数据。用 getReaders( )函数可以获知 tm 添加包支持的数据文件格式。

```
> getReaders( )
[1] "readDataframe" "readDOC" "readPDF" "readPlain" "readRCV1" "readRCV1asPlain"
[7] "readReut21578XML" "readReut21578XMLasPlain" "readTagged""readXML"
```

以上详细列出了 tm 添加包支持的数据文件格式，包括 Word、PDF 等 10 种文件。我们还可以使用 print(vignette("tm"))命令了解 tm 添加包更详细的使用说明。

1. 创建语料库

使用 Corpus( )函数建立语料库，该函数可以读取以上所列 10 种不同格式的文件。tm 添加包提供了不同的函数处理不同形式的文件，处理目录类的语料使用 DirSource( )函数，处理向量形式的语料使用 VectorSource( )函数，处理 csv 形式的语料使用 DataframeSource( )函数。本示例中，我们已经使用 read.csv( )函数读取了 sms_message.csv 数据集，在此我们使用 VectorSource( )函数来指示 Corpus( )函数读取 sms_raw$text 向量的信息，并将结果存储为 sms_corpus。

```
> sms_corpus<-Corpus(VectorSource(sms_raw$text))
```

我们可以使用 print( )函数输出建立的语料库的基本信息，并使用 inspect( )函数与向量访问结合的方法查看详细的短信内容。

```
> print(sms_corpus)
<<SimpleCorpus>>
Metadata:  corpus specific: 1, document level (indexed): 0
Content:  documents: 5559
> inspect(sms_corpus[1:5])
<<SimpleCorpus>>                          #为了行文简洁，后续查看结果省略与此相同的前三行
Metadata:  corpus specific: 1, document level (indexed): 0
Content:  documents: 5
[1] fyi I'm at usf now, swing by the room whenever
[2] Ha ha cool cool chikku chikku:-):-DB-)
[3] U have won a nokia 6230 plus a free digital camera. This is what u get when u win our
FREE auction. To take part send NOKIA to 83383 now. POBOX114/14TCR/W1 16
[4] I anything lor...
[5] By march ending, i should be ready. But will call you for sure. The problem is that my
capital never complete. How far with you. How's work and the ladies
```

语料库共包含 5559 条短信内容。查看前 5 条信息，我们发现短信中包含了单词大小写、数字、标点符号等。单词大小写如第二条短信中的 Ha 和 ha；数字如第三条短信中的 6230 和 83383 等；标点符号如逗号、句号和省略号等；还有如 to、by 等一些连词、介词等，这些词被称为停用词(stop word)。在将文本分词构建文档-词条矩阵用于分析前，我们需要对短信数据进行转换，去除会影响分析结果的此类问题。

2. 数据转换

以上所提及的数据转换都可以通过 tm 添加包中的 tm_map( )函数实现。

首先，将所有短信的大写字母转换成小写字母，并查看转换后的前 5 条信息：

```
> corpus_clean<-tm_map(sms_corpus,tolower)
> inspect(corpus_clean[1:5])
[1] fyi i'm at usf now, swing by the room whenever
[2] ha ha cool cool chikku chikku:-):-db-)
[3] u have won a nokia 6230 plus a free digital camera. this is what u get when u win our
free auction. to take part send nokia to 83383 now. pobox114/14tcr/w1 16
[4] i anything lor...
[5] by march ending, i should be ready. but will call you for sure. the problem is that my
capital never complete. how far with you. how's work and the ladies
```

其次，去除所有的数字，并查看转换后的前 5 条信息：

```
> corpus_clean<-tm_map(corpus_clean,removeNumbers)
> inspect(corpus_clean[1:5])
[1] fyi i'm at usf now, swing by the room whenever
[2] ha ha cool cool chikku chikku:-):-db-)
[3] u have won a nokia  plus a free digital camera. this is what u get when u win our free
auction. to take part send nokia to  now. pobox/tcr/w
[4] i anything lor...
[5] by march ending, i should be ready. but will call you for sure. the problem is that my
capital never complete. how far with you. how's work and the ladies
```

然后，使用 tm 添加包中提供的 stopwords( ) 函数，去除数据中的停用词，并查看转换后的前 5 条信息：

```
> corpus_clean<-tm_map(corpus_clean,removeWords,stopwords())
> inspect(corpus_clean[1:5])
[1] fyi usf now, swing room whenever
[2] ha ha cool cool chikku chikku:-):-db-)
[3] u won nokia plus free digital camera. u get u win  free auction. take part send
nokia now. pobox/tcr/w
[4]  anything lor...
[5]  march ending, ready. will call sure. problem capital never complete.
far  .  work   ladies
```

接着，去除标点符号，并查看转换后的前 5 条信息：

```
> corpus_clean<-tm_map(corpus_clean,removePunctuation)
> inspect(corpus_clean[1:5])
[1] fyi usf now swing room whenever
[2] ha ha cool cool chikku chikkudb
[3] u won nokia plus free digital camera u get u win free auction take part send nokia
now poboxtcrw
[4]  anything lor
[5]  march ending ready will call sure problem capital never complete far work ladies
```

去除了数字、停用词和标点符号以后，我们发现信息中这些字符所在的位置都变成了空格。所以最后，去除额外的空格，并查看转换后的前 5 条信息：

```
> corpus_clean<-tm_map(corpus_clean,stripWhitespace)
> inspect(corpus_clean[1:5])
[1] fyi usf now swing room whenever
[2] ha ha cool cool chikku chikkudb
[3] u won nokia plus free digital camera u get u win free auction take part send nokia now
poboxtcrw
[4]  anything lor
[5]  march ending ready will call sure problem capital never complete far work ladies
```

3. 建立文档-词条矩阵

在 tm 添加包里，DocumentTermMatrix( )函数可以将一个语料库作为输入，建立一个行为文档编号(短信编号)、列为词条(单词)的稀疏矩阵。也可以使用 TermDocumentMatrix( )函数建立一个行为词条(单词)、列为文档编号(短信编号)的稀疏矩阵。本示例选择 DocumentTermMatrix( )函数建立文档-词条矩阵。矩阵中的每个单元数字默认值为列标识的单词出现在由行所标识的短信中的次数，也可以通过参数调整单元中显示的值。建立的矩阵名为 sms_dtm。

```
> sms_dtm<-DocumentTermMatrix(corpus_clean)
```

显示 sms_dtm 矩阵概况：

```
> sms_dtm
<<DocumentTermMatrix (documents: 5559, terms: 7935)>>
Non-/sparse entries: 42876/44067789
Sparsity           : 100%
Maximal term length: 40
Weighting          : term frequency (tf)
```

sms_dtm 矩阵有 5559 行(短信)、7935 列(单词)，行和列交叉项表示列标识的单词出现在由行所标识的短信中的次数，其中，非 0 的单元格有 42 876 个，其余 44 067 789 个单元格值都为 0。稀疏度(sparsity)，即取值为 0 的单元格数占所有单元格的比例，接近 100%。在所有 7935 个单词中，包含字符数最多的单词，其所含字符数为 40 个。

还可以使用 inspect( )函数查看某些行和某些列的详细信息：

```
> inspect(sms_dtm[1:5,10:16])
<<DocumentTermMatrix (documents: 5, terms: 7)>>
Non-/sparse entries: 7/28
Sparsity           : 80%
Maximal term length: 7
Weighting          : term frequency (tf)
Sample             :
      Terms
Docs  auction camera digital free get nokia part
1     0       0      0       0    0   0     0
2     0       0      0       0    0   0     0
3     1       1      1       2    1   2     1
4     0       0      0       0    0   0     0
5     0       0      0       0    0   0     0
```

查看第 10～16 个单词在 1～5 条短信中出现的次数，我们发现第 3 条短信中 free 和 nokia 等商品信息词汇出现较多，根据词汇的分布，推测该短信为广告推销垃圾短信的可能性较大。

我们可以使用 findAssocs( )函数探索其他单词与 free 的相关性，0.3 意味着找出与 free 相关系数在 0.3 以上的所有单词。

```
> findAssocs(sms_dtm,"free",0.3)
$free
nokia  colour  mobile  mths
0.32   0.31    0.30    0.30
```

结果显示，其他单词与 free 的相关性都比较弱，即便是相关性最强的单词 nokia，两者的相关系数也只有 0.32。其次为 colour、mobile 和 mths。

使用 findFreqTerms( )函数，可以找到至少出现多少次以上的单词：

```
> findFreqTerms(sms_dtm,150)
[1] "now"  "free"  "get"  "send"  "lor"  "call"  "will"  "see"  "sorry"  "got"
"stop"  "can"  "know"  "like"  "拢"  "come"  "just"  "want"  "still"  "going"  "txt"
"love"  "time"  "good"  "day"  "home"  "need"  "text"
[29] "one"  "back"
```

以上显示的是出现 150 次以上的单词，共有 30 个，最频繁出现的单词是 now、free、get、send 等。当参数调整为 5 时，我们发现出现 5 次以上的单词共有 1522 个；参数调整为 10 时，出现 10 次以上的单词共有 826 个；参数调整为 50 时，出现 50 次以上的单词共有 144 个。

7.5.3　划分数据集

1. 创建垃圾短信和正常短信子集

为了探索垃圾短信和正常短信文本中的单词特征，使用 subset( )函数创建垃圾短信 (spam)和正常短信(ham)文本子集：

```
> spam<-subset(sms_raw,type=="1")
> ham<-subset(sms_raw,type=="0")
```

对于垃圾短信子集和正常短信子集，分别创建相应的语料库，并进行如前所述的去数字、停用词等一系列数据转换，创建相应的文档-词条矩阵，过程如下：

```
> spam_corpus<-Corpus(VectorSource(spam$text))           #建立垃圾短信语料库
> spam_clean<-tm_map(spam_corpus,tolower)                 #转换语料库，变成小写字母
> spam_clean<-tm_map(spam_clean,removeNumbers)            #去除所有数字
> spam_clean<-tm_map(spam_clean,removeWords,stopwords())  #去除停用词
> spam_clean<-tm_map(spam_clean,removePunctuation)        #去除标点符号
> spam_clean<-tm_map(spam_clean,stripWhitespace)          #去除额外空格
> spam_dtm<-DocumentTermMatrix(spam_clean)                #创建垃圾短信文档-词条矩阵
> ham_corpus<-Corpus(VectorSource(ham$text))              #建立正常短信语料库
> ham_clean<-tm_map(ham_corpus,tolower)
> ham_clean<-tm_map(ham_clean,removeNumbers)
```

```
> ham_clean<-tm_map(ham_clean,removeWords,stopwords())
> ham_clean<-tm_map(ham_clean,removePunctuation)
> ham_clean<-tm_map(ham_clean,stripWhitespace)
> ham_dtm<-DocumentTermMatrix(ham_clean)
```

探索垃圾短信文档-词条矩阵：

```
> spam_dtm
<<DocumentTermMatrix (documents: 747, terms: 2034)>>
  Non-/sparse entries        : 9808/1509590
  Sparsity                   : 99%
  Maximal term length        : 40
  Weighting                  : term frequency (tf)
```

垃圾短信文档-词条矩阵有 747 行(短信)、2034 列(单词)，其中非 0 的单元格有 9808 个，其余 1 509 590 个单元格值都为 0。稀疏度(sparsity)为 99%。在所有 2034 个单词中，包含字符数最多的单词，其所含字符数为 40 个。

使用 findFreqTerms( )函数，查看出现次数在 100 次以上的单词。我们共发现有 10 个单词，排在首位的单词是 free，这符合我们的猜想。

```
> findFreqTerms(spam_dtm,100)
[1] "free" "now" "call" "stop" "claim" "mobile" "拢" "txt" "text" "reply"
```

探索正常短信文档-词条矩阵：

```
> ham_dtm
<<DocumentTermMatrix (documents: 4812, terms: 6756)>>
Non-/sparse entries: 33068/32476804
Sparsity          : 100%
Maximal term length: 39
Weighting         : term frequency (tf)
```

正常短信文档-词条矩阵有 4812 行(短信)、6756 列(单词)，其中非 0 的单元格有 33 068 个，其余 32 476 804 个单元格值都为 0。稀疏度(sparsity)接近 100%。在所有 6756 个单词中，包含字符数最多的单词，其所含字符数为 39 个。

使用 findFreqTerms( )函数，查看出现次数在 100 次以上的单词。我们共发现有 40 个单词，排在首位的单词是 now，在垃圾短信文档-词条矩阵中，该单词出现的次数位列第二。由此可知，now 对于是否是垃圾短信不具有区分度，单词 call 也类似。

```
> findFreqTerms(ham_dtm,100)
[1] "now" "lor" "call""will" "night" "well" "get" "see" "later" "tell""sorry" "much""got" "can"
[15] "know""think""like""hey""come""just""want" "still""going""today""love""send""time""dont"
[29] "good" "day" "home" "dear" "way" "one" "take""happy" "back" "pls" "need""great"
```

2. 划分训练集和测试集

在进一步分析及建立朴素贝叶斯分类模型前，先把数据分为训练集和测试集。原始数据中短信的排序是随机的，所以我们把位于前 75% 的短信即前 4169 条短信作为训练集用于训练模型，后 25% 的短信即后 1390 条短信作为测试集用于测试模型。

首先，分解原始数据框：

```
> sms_raw_train<-sms_raw[1:4169,]
> sms_raw_test<-sms_raw[4170:5559,]
```

然后，输出文档-词条矩阵：

```
> sms_dtm_train<-sms_dtm[1:4169,]
> sms_dtm_test<-sms_dtm[4170:5559,]
```

最后，得到语料库：

```
> sms_corpus_train<-corpus_clean[1:4169]
> sms_corpus_test<-corpus_clean[4170:5559]
```

为了确认划分好的训练集和测试集是否具有较好的代表性，查看两数据集中各类短信的占比：

```
> prop.table(table(sms_raw_train$type))

        0           1
0.8647158   0.1352842
> prop.table(table(sms_raw_test$type))

        0           1
0.8683453   0.1316547
```

上述结果显示，垃圾短信在训练集和测试集中的占比均约为 13%，与原始数据集中垃圾短信的占比相似，表明两数据集都具有较好的代表性。

7.5.4 词云分析

词云图用于可视化呈现单词出现在文本中的频率，出现频率高的单词会以较大的字体呈现，出现频率低的单词会以较小的字体呈现。R 语言中常用于绘制词云图的添加包主要有 wordcloud 和 wordcloud2，本示例使用 wordcloud 来绘制词云图，安装并加载 wordcloud。

```
> install.packages("wordcloud")
> library(wordcloud)
```

首先，绘制全部语料库 corpus_clean 的词云图。min.freq 表示允许图中显示单词的最低频数，低于此限定频数的单词不会出现在图中。scale 用于限定字号大小，c(最大字号，最小字号)的默认值为(4, .5)，即最大字号为 4，最小字号为 0.5。random.order 用于控制关键词在图中的排列顺序，TRUE 表示关键词随机排列，FALSE 表示关键词按频数从图中心位置往外降序排列，即频数大的词出现在中心位置。

```
> wordcloud(corpus_clean,min.freq=50,scale=c(3,.5),random.order=FALSE)
```

结果如图 7.38 所示。

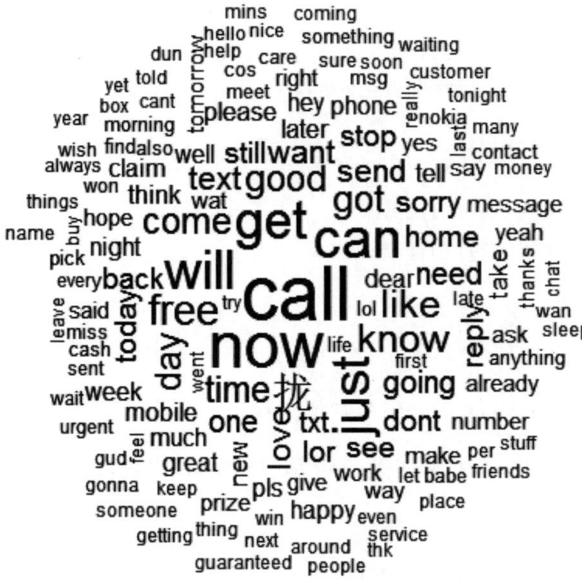

图 7.38 corpus_clean 词云图(min.freq=50)

分别绘制训练集语料库 sms_corpus_train 和测试集语料库 sms_corpus_test 的词云图，结果如图 7.39 所示。

```
> wordcloud(sms_corpus_train,min.freq=50,scale=c(3,.5),random.order=FALSE)
> wordcloud(sms_corpus_test,min.freq=50,scale=c(3,.5),random.order=FALSE)
```

图 7.39 sms_corpus_train 与 sms_corpus_ test 词云图(min.freq=50)

训练集语料与测试集语料是基于全部数据的划分，而且训练集的数据量是测试集的 3 倍，所以两者最小词频为 50 的词云图明显的差异体现在词量上，最高词频的词差异不大，这也反映了两者具有较好的代表性。

分别绘制垃圾短信语料库 spam_clean 和正常短信语料库 ham_clean 的词云图，本示例中 max.words 等于 40，表示选取频数最大的 40 个单词。结果如图 7.40 所示。

```
> wordcloud(spam_clean, max.words=40,scale=c(4,.5),random.order=FALSE)
> wordcloud(ham_clean, max.words=40,scale=c(4,.5),random.order=FALSE)
```

图 7.40　spam_clean 与 ham_clean 词云图(max.words=40)

非常明显，左侧的图为垃圾短信词云图，图中显示的 free、mobile、claim、urgent 和 cash 等词未出现在右侧正常短信词云图中，右侧正常短信词云图中的 can、got、get、come 和 sorry 等词未出现在左侧垃圾短信词云图。这些差异表明朴素贝叶斯模型将会较好地基于关键词对短信类别进行区分。

7.5.5　模型训练与评估

1. 数据准备

sms_dtm 文档-词条矩阵有 7935 列，即至少出现一次的单词有 7935 个，稀疏度接近 100%。为了减少输入特征的数量，我们去除在所有短信中出现 5 次以下的单词。使用 findFreqTerms( )函数找出出现次数不少于 5 次的单词，并建立字典。在对训练集和测试集降维过程中，把字典可以作为一个控制参数传入 DocumentTermMatrix()，从而选择我们需要的词条，分别建立训练集与测试集文档-词条矩阵。

```
> sms_dict <- findFreqTerms(sms_dtm,5)
> sms_train <- DocumentTermMatrix(sms_corpus_train, list(dictionary = sms_dict))
> sms_test <- DocumentTermMatrix(sms_corpus_test, list(dictionary = sms_dict))
```

因为文档-词条矩阵中的每个单元表示列标识的单词出现在由行所标识的短信中的次数，朴素贝叶斯分类器训练前需要将其改变为因子变量，根据单词是否出现，表示成 yes

或 no。

由此，我们定义 convert_count( )函数，将单元格中的计数转换成因子：

```
>convert_count <- function(x) {
  x <- ifelse(x > 0, 1, 0)
  x <- factor(x, levels = c(0, 1), labels = c("No", "Yes"))
  return(x)
  }
```

ifelse 语句表示如果单元格中的值大于 0，则改为 1，否则仍然为 0。factor 命令将值 0 和 1 转换为 no 和 yes 的因子。

apply( )函数可以将 convert_count( )应用于稀疏矩阵的每一行或者每一列，使用参数 MARGIN 来指定作用的对象是矩阵的行或者列，MARGIN=1 表示行，MARGIN=2 表示列。本示例中，我们需要转换的是训练矩阵和测试矩阵中的列。

```
> sms_train <- apply(sms_train, MARGIN = 2, convert_count)
> sms_test <- apply(sms_test, MARGIN = 2, convert_count)
```

2. 模型训练

我们选择 e1071 添加包中的 naiveBayes( )函数创建朴素贝叶斯分类器，相似的还有 klaR 添加包中的 NaiveBayes( )函数。首先安装并加载 e1071 添加包。

```
> install.packages("e1071")
> library(e1071)
```

naiveBayes(train，class，laplace=0)创建朴素贝叶斯分类器，train 为数据框或者包含训练数据的矩阵，class 为训练数据的类别标签，laplace 用于是否使用拉普拉斯调整的控制变量，默认值为 0，不调整。该函数返回一个能够用于预测的朴素贝叶斯模型对象。

```
> sms_classifier <- naiveBayes(sms_train, sms_raw_train$type)
```

3. 模型评估

我们将基于测试数据集评估朴素贝叶斯模型的分类性能，首先使用 predict( )函数基于训练好的 sms_classifier 模型进行预测，并将预测结果保存在名为 sms_test_pred 的向量中。

```
> sms_test_pred <- predict(sms_classifier, sms_test)
```

然后，我们使用 gmodels 添加包中的 CrossTable( )函数比较预测值和真实值，结果如图 7.41 所示。

```
> install.packages("gmodels")
> library(gmodels)
> CrossTable(sms_test_pred, sms_raw_test$type, prop.chisq = FALSE, prop.t = FALSE,
  prop.r = FALSE,dnn = c('predicted', 'actual'))
```

```
Total Observations in Table:  1390

            | actual
predicted   |         0 |         1 | Row Total |
------------|-----------|-----------|-----------|
          0 |      1203 |        26 |      1229 |
            |     0.997 |     0.142 |           |
------------|-----------|-----------|-----------|
          1 |         4 |       157 |       161 |
            |     0.003 |     0.858 |           |
------------|-----------|-----------|-----------|
Column Total|      1207 |       183 |      1390 |
            |     0.868 |     0.132 |           |
------------|-----------|-----------|-----------|
```

图 7.41　sms_classifier 朴素贝叶斯模型测试集预测结果

1207 条正常短信中，有 4 条被预测为垃圾短信，错误率仅为 0.3%，正确率高达 99.7%。183 条垃圾短信中，有 157 条被正确预测，正确率为 85.8%。由于数据集中正常短信数量与垃圾短信数量为 6.44:1，在数据未进行任何平衡化处理的前提下，能取得以上的预测效果，表明该朴素贝叶斯模型分类性能相当好。

7.6　练习与拓展

1. 阐述朴素贝叶斯分类原理。
2. 阐述 TAN 贝叶斯网络构建过程。
3. 当我们使用搜索引擎输入"julh"时，系统会提示"您是不是要找：july"，结合书中提供的资料，说明系统为什么提示的是"july"这个单词，而不是其他？
4. 结合教材案例，调整案例中的参数，练习使用 IBM SPSS Modeler 实现贝叶斯分析。#
5. 查阅相关资料，学习 IBM SPSS Modeler 中"贝叶斯网络"节点"模型"选项卡下马尔可夫覆盖网络的基本原理，说明其与朴素贝叶斯网络和 TAN 贝叶斯网络的差异。
6. 结合教材案例，调整案例中的参数，练习使用 5 语言实现贝叶斯分析。#
7. 结合 7.5 节内容，总结英文文本预处理流程。
8. 查阅相关资料，了解中文文本预处理流程，说明与英文文本预处理流程的差异。

自测题

第8章

神经网络

> **本章内容**
> - 神经网络概述
> - BP 神经网络
> - 卷积神经网络
> - 基于 IBM SPSS Modeler 的应用
> - 基于 R 语言的应用

人工神经网络(artificial neural network，ANN，通常称为神经网络)起源于对生物神经元的研究，通过模拟大脑神经网络的工作方式进行建模，从而实现分类、数值预测甚至无监督的模式识别。本章首先对神经网络进行概述，然后介绍 BP(back propagation，后向传播)神经网络和卷积神经网络的基本原理，最后介绍 BP 算法基于 IBM SPSS Modeler 和 R 语言的应用。

8.1 神经网络概述

从 20 世纪 40 年代开始，人们对神经网络的研究已超过 50 年。以提出"自组织神经网络"而名扬人工智能领域的芬兰计算机科学家托伊沃·科霍宁(Teuvo Kohonen)给神经网络下的定义是：一种由具有自适应性的简单单元构成的广泛并行互联的网络，它的组织结构能够模拟生物神经系统对真实世界所做出的交互反应。随着计算机处理能力变得越来越强大，神经网络也变得越来越复杂，目前众所周知的深度学习正是在此基础上发展的。神经网络目前已经应用于许多领域解决实际问题，如图像处理、视频识别、语音处理、非线性优化等。

8.1.1 生物神经元与人工神经元

1. 生物神经元

人脑大约有 $10^{10} \sim 10^{11}$ 个生物神经元，这些神经元相互连接形成了一个高度复杂的非线性并行处理系统，具有学习推断和分析决策等能力。生物神经元如图 8.1 所示，由细胞体、树突、轴突和突触组成。

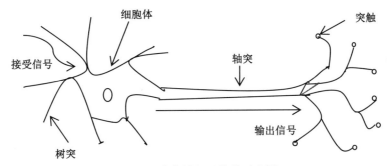

图 8.1　生物神经元简化示意图

细胞体是神经元的本体，完成普通细胞的生存功能。一个神经元有许多树突，用于接受来自其他神经元的信息。神经元之间的信息传递属于化学物质的传递。当神经元各个树突接受的累积信息经过一系列的复杂计算超过某个阈值后，输出信息会通过一个电化过程传送到轴突，在轴突终端通过突触传递给下一个神经元的树突。

2. 人工神经元

人工神经元模拟生物神经元的工作方式如图 8.2 所示，首先从各输入端接受输入信息；然后根据连接权值，汇总所有输入信息；最后对汇总信息使用激活函数 f 来传递。

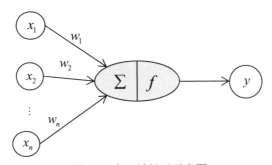

图 8.2　人工神经元示意图

一个典型的有 n 个输入的神经元可以用式(8-1)表示。权重 w_i 表示每个输入对输入信息之和所做的贡献大小。f 为激活函数，对所获得的信息总和进行变换，反映了神经元的特性。y 表示当前神经元的输出。

$$y = f\left(\sum_{i=1}^{n} w_i x_i\right) \tag{8-1}$$

8.1.2　激活函数

激活函数用于对神经元所获得的输入信息进行变换，将其结果映射到一定的取值范围内。激活函数包括线性函数、[0，1]阶跃函数、(0，1)型 Sigmoid 函数和 ReLU 函数等。

1. 线性函数

如式(8-2)所示，对线性函数的线性组合还是线性函数，无论神经网络有多少层，仍然是一个线性组合，所以其适合类似于线性回归模型的神经网络。

$$f(x) = kx + c \tag{8-2}$$

2. [0，1]阶跃函数

[0，1]阶跃函数的数学表达式如式(8-3)所示。[0，1]阶跃函数当输入信息的总和达到 0 及以上时，取值为 1，否则取值为 0，如图 8.3 所示。[0，1]阶跃函数较好地模拟了生物学过程，但由于其不连续、不光滑的特性，较少用于神经网络。

$$f(x) = \begin{cases} 0, & x < 0 \\ 1, & x \geq 0 \end{cases} \tag{8-3}$$

图 8.3 [0，1]阶跃函数

3. (0，1)型 Sigmoid 函数

(0，1)型 Sigmoid 函数的数学表达式如式(8-4)所示。(0，1)型 Sigmoid 函数将$(-\infty, +\infty)$区间映射到(0，1)的连续区间，如图 8.4 所示。而且 $f(x)$ 关于 x 处处可导，并且有 $f(x)$ 的导数 $f'(x) = f(x)[1 - f(x)]$。该特征对于神经网络优化算法至关重要，所以它是最为常用的激活函数之一。

$$f(x) = \frac{1}{1 + \mathrm{e}^{-x}} \tag{8-4}$$

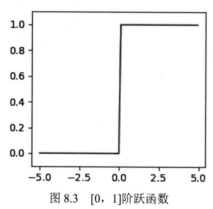

图 8.4 (0，1)型 Sigmoid 函数

(0，1)型 Sigmoid 函数的缺点是当输入的绝对值非常大时，会出现饱和现象，意味着函数会变得很平，并且对输入的微小变化变得不敏感。

4. ReLU 函数

ReLU 函数(rectified linear unit，修正线性单元)是近年来被大量使用的激活函数，其数学表达式如式(8-5)所示。对于深层网络，sigmoid 函数反向传播时，很容易出现梯度消失的情况。在 sigmoid 接近饱和区时，变换非常缓慢，导数趋于 0，这种情况会造成信息丢失。

$$f(x)=\begin{cases}0, & x\leqslant 0 \\ x, & x>0\end{cases} \tag{8-5}$$

ReLU 函数其实是分段线性函数，它把所有的非正值都转变为 0，而正值不变，如图 8.5 所示。这种转变被称为单侧抑制。也就是在输入是非正值的情况下，它会输出 0，那么神经元就不会被激活。这意味着同一时间只有部分神经元会被激活，从而使得网络很稀疏，计算速度非常快，其收敛速度远快于 sigmoid 函数。

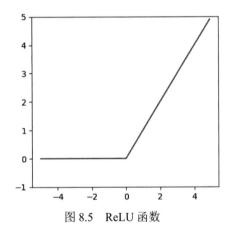

图 8.5　ReLU 函数

【例 8.1】一个人工神经元如图 8.6 所示，采用 $f(x)=\dfrac{1}{1+\mathrm{e}^{-x}}$ 激活函数。输入为(1，1，0)，每个变量的权重分别为 0.4、0.3 和 0.3，求输出 y。

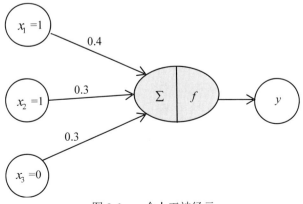

图 8.6　一个人工神经元

解：由题意知

$$\sum_{i=1}^{3} w_i x_i = 1 \times 0.4 + 1 \times 0.3 + 0 \times 0.3 = 0.7$$

故

$$y = f\left(\sum_{i=1}^{3} w_i x_i\right) = \frac{1}{1 + e^{-0.7}} = 0.668$$

所以，当该神经元接受(1，1，0)的输入时，产生的输出为 0.668。

假如一个分类型神经网络只有这样一个神经元，阈值为 0.65，当 $y \geq 0.65$ 时，样本预测为类别 1，否则预测为类别 2。所以，该样本就被预测为类别 1。

很多情况下，会给人工神经元加上一个偏置 θ，一般是一个(-1，1)的值，以改变神经元的活性。如果有多个神经元，每个神经元的偏置可能都不相同。例如，当上例神经元偏置值为-0.1 时，有

$$\sum_{i=1}^{3} w_i x_i + \theta = 1 \times 0.4 + 1 \times 0.3 + 0 \times 0.3 - 0.1 = 0.6$$

$$y = f\left(\sum_{i=1}^{3} w_i x_i + \theta\right) = \frac{1}{1 + e^{-0.6}} = 0.646$$

这样，该样本就会被预测为类别 2 了。

8.1.3 神经网络的拓扑结构

神经网络的学习基于它的拓扑结构，虽然目前已有非常多的网络结构形式，但是它们可以通过三个关键特征来区分：网络中层的数目、网络中每一层内的节点数以及网络中的信息是否允许向后传播。

1. 层的数目

如图 8.7 所示，输入节点所在的层为输入层，负责接收训练样本集中的各输入变量值，每个节点负责处理一个变量值。输出节点所在的层为输出层，输出节点使用激活函数生成预测结果，一个输出节点即为一个神经元。该网络只有一组连接权重(w_1, w_2, w_3)，因此称为单层神经网络。单层神经网络可以用于基本的模式分类，特别是可用于能够线性分割的模式，而大多数的学习需要更多层的网络。

多层网络添加了一层或者更多层的隐藏层，隐藏层的节点称为隐节点。每个隐节点即为一个神经元，使用激活函数对接受的输入进行转变。隐藏层的层数可根据需要自行指定。图 8.8 为二层神经网络，输入层和隐藏层、隐藏层和输出层之间各有一组连接权重。隐藏层有两个隐节点，输出层有一个输出节点。前一层

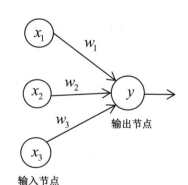

图 8.7　单层神经网络

的每个节点都连接到一下层的每个节点，这样的连接被称为完全连接。

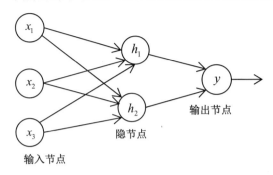

图 8.8　二层神经网络

2. 每一层的节点数

输入层输入节点的个数取决于输入变量的个数，输出层输出节点的个数可由需要建模的结果或结果中的类别数预先确定。如要构建一个用于图像识别的神经网络，图像数据是 28×28 像素的灰度图像，所有 7 万张图像共有 10 个不同类型，则输入节点数为 $28 \times 28 = 784$ 个，输出节点数为 10 个。

隐藏层的节点数和其层数一样，需要在训练模型前自行指定。没有统一的标准来确定隐节点的个数，隐藏层的层数和隐节点的个数越多，网络的复杂程度也越高。虽然从理论上讲，复杂的网络结构能够获得更为精准的预测结果，但同时也存在过拟合的风险。而且，越复杂的网络结构，计算量越大，训练越缓慢。

3. 信息传播的方向

如果网络中从输入层、隐藏层到输出层，信号都是在一个方向上从一个节点到另一个节点连续地传送，即连接线的箭头都是指向一个方向，如图 8.8 所示，这样的网络称为前馈神经网络。

反馈神经网络也称为递归神经网络，允许网络中有些神经元的输出反馈至同层神经元或前层神经元。因此，信号能够从正向和反向流通。一个简单的反馈神经网络如图 8.9 所示。

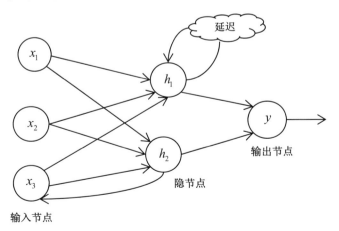

图 8.9　反馈神经网络

反馈神经网络考虑输入输出之间在时间上的延迟，需要用动态方程来描述，是一个非线性动力学系统。反馈神经网络学习的目的是快速寻找到系统的稳定点，一般用能量函数来判别是否趋于稳定。

8.2 BP 神经网络

BP 神经网络是一种使用误差后向传播(back propagation，BP)算法进行学习的前馈神经网络，是应用最广泛的神经网络模型之一。

8.2.1 BP 神经网络的学习过程

BP 算法的学习过程分为两个子过程，即工作信号正向传递子过程和误差信号反向传递子过程。下面以图 8.10 所示的一个全连接的二层前馈神经网络为例来介绍 BP 算法的学习过程。该前馈神经网络包括一个输入层(第 0 层)、一个隐藏层(第 1 层)和一个输出层(第 2 层)，每一层具有若干个节点，每一层内的节点之间没有信息传递，前一层每个节点与后一层每个节点通过有向加权边相连。设输入层到隐藏层的权值为 v_{ij}，隐藏层到输出层的权值为 w_{jk}，输入层节点个数为 n，隐藏层神经元节点个数为 m，输出层神经元节点个数为 l。学习过程采用 $(0，1)$ 型 Sigmoid 激活函数。

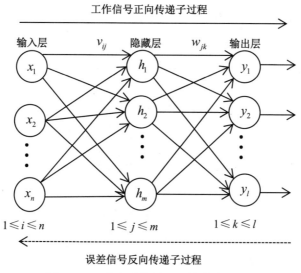

图 8.10　一个全连接的二层前馈神经网络

1. 工作信号正向传递子过程

输入层接受输入信号，然后隐藏层的节点进行计算处理，最后经输出层的节点处理产生输出信号。在工作信号正向传递过程中，网络连接权值保持不变，每一层节点只影响与它直接相连的后层节点。

输入层的输入向量为 $\boldsymbol{X}=(x_1,\ x_2,\ \cdots,\ x_n)$，隐藏层的输出向量为 $\boldsymbol{H}=(h_1,\ h_2,\ \cdots,\ h_m)$，并有式(8-6)、(8-7)：

$$net_j = \sum_{i=1}^{n} v_{ij}x_i + \theta_j \tag{8-6}$$

$$h_j = f(net_j) = \frac{1}{1+\mathrm{e}^{-net_j}} \tag{8-7}$$

式中，θ_j 是隐藏层中节点 j 的偏置。

输出层输出向量为 $\boldsymbol{Y}=(y_1,\ y_2,\ \cdots,\ y_n)$，并有式(8-8)、(8-9)：

$$net_k = \sum_{j=1}^{m} w_{jk}h_j + \theta_k \tag{8-8}$$

$$y_k = f(net_k) = \frac{1}{1+\mathrm{e}^{-net_k}} \tag{8-9}$$

式中，θ_k 是输出层中节点 k 的偏置。

输出向量 $\boldsymbol{Y}$ 就是输入向量 $\boldsymbol{X}$ 的预测输出，y_k 是输入向量 $\boldsymbol{X}$ 对应的第 k 个输出节点的预测输出。

2. 误差信号反向传递子过程

误差信号从输出层开始反向传递回输入层，每向后传递一层，就会修正位于两层之间的连接权值和前一层节点的偏置。

为了简化推导过程，下面仅说明一次误差信号反向传递的过程，计算权修改量 Δv_{ij}、Δw_{jk} 时不考虑偏置 θ_j 和 θ_k，这不影响权修改量的计算。

对于某个训练样本，实际输出与期望输出的误差信号用误差平方和来表示，即 E 定义为式(8-10)。

$$E = \frac{1}{2}\sum_{k=1}^{l}(d_k - y_k)^2 \tag{8-10}$$

式中，d_k 为输出层第 k 个节点基于训练样本的期望输出，即该训练样本对应的真实结果值，y_k 为该样本在训练时的预测输出。

将误差信号 E 向后传递回隐藏层，得式(8-11)。

$$E = \frac{1}{2}\sum_{k=1}^{l}(d_k - y_k)^2 = \frac{1}{2}\sum_{k=1}^{l}[d_k - f(net_k)]^2 = \frac{1}{2}\sum_{k=1}^{l}\left[d_k - f\left(\sum_{j=1}^{m} w_{jk}h_j\right)\right]^2 \tag{8-11}$$

再将误差信号向后传递回输入层，得式(8-12)。

$$E = \frac{1}{2}\sum_{k=1}^{l}\left[d_k - f\left(\sum_{j=1}^{m} w_{jk}h_j\right)\right]^2 = \frac{1}{2}\sum_{k=1}^{l}\left\{d_k - f\left[\sum_{j=1}^{m} w_{jk}f(net_j)\right]\right\}^2$$
$$= \frac{1}{2}\sum_{k=1}^{l}\left\{d_k - f\left[\sum_{j=1}^{m} w_{jk}f\left(\sum_{i=1}^{n} v_{ij}x_i\right)\right]\right\}^2 \tag{8-12}$$

由式(8-12)可以看到,误差信号 E 取决于权值 v_{ij} 和 w_{jk},它是权值的二次函数。为了使误差信号 E 最快地减少,可采用梯度下降法。

知识拓展

梯度下降法

爬山时,我们要想最快爬到山顶,那么必然会选择最陡的地方上山,也就是山势变化最快的地方上山。同样,如果从任意一点出发,想要最快搜索到函数的最大值,也应该从函数值上升最快的方向搜索。函数值上升最快的方向是什么呢?是函数的梯度。

如果函数是一元函数,梯度就是该函数的导数,如式(8-13)所示。

$$\nabla f(x) = grad(f) = f'(x) \tag{8-13}$$

如果函数是二元函数 $f(x,y)$,则梯度为式(8-14),即分别对 x 和 y 求偏导。

$$\nabla f(x,y) = grad(f) = \left(\frac{\partial f}{\partial x}, \frac{\partial f}{\partial y} \right) \tag{8-14}$$

显然,梯度最明显的应用就是快速找到多维变量函数的极大值。而梯度的反方向(即梯度递减),自然就是函数值下降最快的方向。如果函数每次都沿着梯度递减的方向前进,就能走到函数的最小值附近。

假设有函数 $f(x)$,当前所处的位置为 x_0,我们如何从这个点快速走到 $f(x)$ 的最小值点,也就是山底。首先我们要确定前进的方向,也就是梯度的反方向,然后走一段距离的步长 η。走完这段步长,就到达了 x_1 点,如式(8-15)所示。

$$x_1 = x_0 - \eta \nabla f(x) \tag{8-15}$$

式中,梯度前加一个负号,意味着朝着梯度相反的方向前进。梯度的方向是函数在此点上升最快的方向,而我们需要朝着下降最快的方向走,自然就是负的梯度的方向,所以此处需要加上负号。η 在梯度下降算法中被称作学习率或者步长,意味着我们可以通过 η 来控制每一步走的距离,以保证不要步子跨得太大,错过了最低点,同时也要保证不要走得太慢。所以,η 的选择在梯度下降法中非常重要。η 不能太大也不能太小,太小的话,可能导致迟迟走不到最低点,太大的话,会导致错过最低点。一般取值为 $0 \sim 1$ 之间。

【例 8.2】 假设有一个单变量函数 $f(x) = x^2$,$x_0 = 1$,$\eta = 0.4$,写出梯度下降求该函数最小值的迭代过程。

解: $\nabla f(x) = f'(x) = 2x$

$x_0 = 1$

$x_1 = x_0 - \eta \nabla f(x) = 1 - 0.4 \times 2 = 0.2$

$x_2 = x_1 - \eta \nabla f(x) = 0.2 - 0.4 \times 0.4 = 0.04$

$x_3 = x_2 - \eta \nabla f(x) = 0.04 - 0.4 \times 0.08 = 0.008$

$$x_4 = x_3 - \eta \nabla f(x) = 0.008 - 0.4 \times 0.016 = 0.0016$$

如图 8.11，经过四次运算，也就是走了四步，基本就抵达了函数的最低点，即山底。

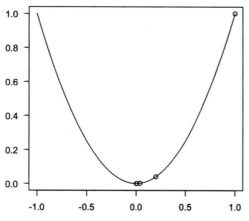

图 8.11　梯度下降求函数最小值的迭代过程

为了使函数 $E(w_{jk})$ 最小化，可以选择任意初始点 w_{jk}，从 w_{jk} 出发沿着负梯度方向走，可使得 $E(w_{jk})$ 下降最快，所以，Δw_{jk} 的计算公式如下

$$\Delta w_{jk} = -\eta \frac{\partial E}{\partial w_{jk}}, \quad 1 \leqslant j \leqslant m, \quad 1 \leqslant k \leqslant l \tag{8-16}$$

式中，η 为学习率，取值为 0~1。

同理，Δv_{ij} 的计算公式如下

$$\Delta v_{ij} = -\eta \frac{\partial E}{\partial v_{ij}}, \quad 1 \leqslant i \leqslant n, \quad 1 \leqslant j \leqslant m \tag{8-17}$$

对于输出层，有

$$\Delta w_{jk} = -\eta \frac{\partial E}{\partial w_{jk}} = -\eta \frac{\partial E}{\partial net_k} \times \frac{\partial net_k}{\partial w_{jk}} = -\eta \frac{\partial E}{\partial net_k} \times h_j \tag{8-18}$$

对于隐藏层，有

$$\Delta v_{ij} = -\eta \frac{\partial E}{\partial v_{ij}} = -\eta \frac{\partial E}{\partial net_j} \times \frac{\partial net_j}{\partial v_{ij}} = -\eta \frac{\partial E}{\partial net_j} \times x_i \tag{8-19}$$

对输出层和隐藏层各定义一个权值误差信号，计算公式分别如下

$$\delta_k^y = -\frac{\partial E}{\partial net_k} \tag{8-20}$$

$$\delta_j^h = -\frac{\partial E}{\partial net_j} \tag{8-21}$$

则有

$$\Delta w_{jk} = \eta \delta_k^y h_j \tag{8-22}$$

$$\Delta v_{ij} = \eta \delta_j^h x_i \tag{8-23}$$

所以，只要计算出 δ_k^y 和 δ_j^h，就可计算出权值调整量 Δw_{jk} 和 Δv_{ij}。

对于输出层，δ_k^y 可展开为

$$\delta_k^y = -\frac{\partial E}{\partial net_k} = -\frac{\partial E}{\partial y_k} \times \frac{\partial y_k}{\partial net_k} = -\frac{\partial E}{\partial y_k} \times f'(net_k) \tag{8-24}$$

对于隐藏层，δ_j^h 可展开为

$$\delta_j^h = -\frac{\partial E}{\partial net_j} = -\frac{\partial E}{\partial h_j} \times \frac{\partial h_j}{\partial net_j} = -\frac{\partial E}{\partial h_j} \times f'(net_j) \tag{8-25}$$

由式(8-11)可得

$$\frac{\partial E}{\partial y_k} = -(d_k - y_k) \tag{8-26}$$

$$\frac{\partial E}{\partial h_j} = -\sum_{k=1}^{l}(d_k - y_k)f'(net_k)w_{jk} \tag{8-27}$$

由式(8-9)和 $f(x)$ 的导数 $f'(x) = f(x)[1 - f(x)]$，可得

$$f'(net_k) = y_k(1 - y_k) \tag{8-28}$$

代入式(8-24)，可得

$$\delta_k^y = -\frac{\partial E}{\partial y_k} \times f'(net_k) = (d_k - y_k)y_k(1 - y_k) \tag{8-29}$$

同样可推出

$$
\begin{aligned}
\delta_j^h &= -\frac{\partial E}{\partial h_j} \times f'(net_j) = \left[\sum_{k=1}^{l}(d_k - y_k)f'(net_k)w_{jk}\right]h_j(1 - h_j) \\
&= \left[\sum_{k=1}^{l}(d_k - y_k)y_k(1 - y_k)w_{jk}\right]h_j(1 - h_j) \\
&= \left(\sum_{k=1}^{l}\delta_k^y w_{jk}\right)h_j(1 - h_j)
\end{aligned}
\tag{8-30}
$$

所以，BP 前馈神经网络权值调整量 Δw_{jk} 和 Δv_{ij} 可基于式(8-22)、(8-29)和式(8-23)、(8-30)计算获得。

再考虑各层的偏置调整量，对于隐藏层，其调整量为

$$\Delta\theta_j = \eta\delta_j^h \tag{8-31}$$

对于输出层，其调整量为

$$\Delta\theta_k = \eta\delta_k^y \tag{8-32}$$

8.2.2　BP 算法描述

基于以上 BP 神经网络学习过程的分析，BP 算法描述如下。

算法 8.1　BP 算法

输入：训练数据集 S，前馈神经网络，学习率 η。

输出：训练后的前馈神经网络。

方法：在区间[-1，1]上随机初始化网络中每条有向加权边的权值、每个隐藏层与输出层节点的偏置；

```
While(结束条件不满足)
{   for(S 中每个训练样本 s)
        for(隐藏层与输出层中每个节点)
        {  if(j 为隐藏层节点)
```
$$\{\ net_j = \sum_{i=1}^{n} v_{ij}x_i + \theta_j\ ;\quad h_j = \frac{1}{1+e^{-net_j}}\ ;\ \}$$
```
            if(k 为输出层节点)
```
$$\{\ net_k = \sum_{j=1}^{m} w_{jk}h_j + \theta_k\ ;\quad y_k = \frac{1}{1+e^{-net_k}}\ ;\ \}$$
```
        }
        for(输出层中每个节点 k)
```
$$\delta_k^y = (d_k - y_k)y_k(1 - y_k)$$
```
        for(隐藏层中每个节点 j)
```
$$\delta_j^h = \left(\sum_{k=1}^{l} \delta_k^y w_{jk}\right) h_j(1 - h_j)$$
```
        for(网络中每条有向加权边的权值)
        {  if(j 是隐藏层节点)
```
$$\{\ \Delta w_{jk} = \eta\delta_k^y h_j\ ;\quad w_{jk} = w_{jk} + \Delta w_{jk}\ ;\ \}$$
```
            if(i 是输入层节点)
```
$$\{\ \Delta v_{ij} = \eta\delta_j^h x_i\ ;\quad v_{ij} = v_{ij} + \Delta v_{ij}\ ;\ \}$$
```
        }
        for(隐藏层与输出层中每个节点的偏置)
        {  if(j 是隐藏层节点)
```
$$\{\ \Delta\theta_j = \eta\delta_j^h\ ;\quad \theta_j = \theta_j + \Delta\theta_j\ ;\ \}$$
```
            if(k 为输出层节点)
```
$$\{\ \Delta\theta_k = \eta\delta_k^y\ ;\quad \theta_k = \theta_k + \Delta\theta_k\ ;\ \}$$
```
        }
    }
```

所有训练样本学习一次被称为一个周期。学习终止的条件一般为：预测误差小于设定的阈值；或前一周期所有的权值调整量都小于设定的阈值；或前一周期正确分类的样本百分比达到设定的阈值；或训练周期数超过设定的阈值。

8.2.3 前馈神经网络计算示例

【例 8.3】图 8.12 是一个简单的前馈神经网络，输入层有 3 个节点，编号为 1～3；隐藏层为一层，有 2 个节点，编号为 1、2；输出层只有一个节点，编号为 1。δ_k^y 为输出层的权值信号误差，δ_j^h 为隐藏层的权值信号误差，θ_k^y 为输出层的偏置，θ_j^h 为隐藏层的偏置。假设学习率 $\eta=0.8$。现有一个训练样本 S，它的输入向量为(1，1，0)，类别值为 1。请用 BP 算法写出一次迭代学习过程。

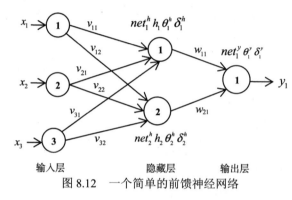

图 8.12　一个简单的前馈神经网络

1. 随机产生初始权值和偏置
随机产生初始权值和偏置的结果如表 8.1 所示。

表 8.1　随机产生初始权值和偏置

v_{11}	v_{12}	v_{21}	v_{22}	v_{31}	v_{32}	w_{11}	w_{21}	θ_1^h	θ_2^h	θ_1^y
0.1	0.3	−0.2	0.4	−0.5	0.3	−0.3	0.2	−0.3	0.1	0.2

2. 求隐藏层输出

$$net_1^h = \sum_{i=1}^{3} v_{i1}x_i + \theta_1^h = 0.1\times1 - 0.2\times1 - 0.5\times0 - 0.3 = -0.4$$

$$h_1 = \frac{1}{1+e^{-net_1^h}} = \frac{1}{1+e^{0.4}} = 0.401\,312$$

$$net_2^h = \sum_{i=1}^{3} v_{i2}x_i + \theta_2^h = 0.3\times1 + 0.4\times1 + 0.3\times0 + 0.1 = 0.8$$

$$h_2 = \frac{1}{1+e^{-net_2^h}} = \frac{1}{1+e^{-0.8}} = 0.689\,974$$

3. 求输出层输出

$$net_1^y = \sum_{j=1}^{2} w_{j1}h_j + \theta_1^y = -0.3 \times 0.401\,312 + 0.2 \times 0.689\,974 + 0.2 = 0.217\,601$$

$$y_1 = \frac{1}{1 + e^{-net_1^y}} = \frac{1}{1 + e^{-0.217\,601}} = 0.554\,187$$

4. 求输出层误差信号

$$\delta_1^y = (d_1 - y_1)y_1(1 - y_1) = (1 - 0.554\,187) \times 0.554\,187 \times (1 - 0.554\,187) = 0.110\,144$$

5. 求隐藏层误差信号

$$\delta_1^h = \delta_1^y w_{11}h_1(1 - h_1) = 0.110\,144 \times (-0.3) \times 0.401\,312 \times (1 - 0.401\,312) = -0.007\,939$$
$$\delta_2^h = \delta_1^y w_{21}h_2(1 - h_2) = 0.110\,144 \times 0.2 \times 0.689\,974 \times (1 - 0.689\,974) = 0.004\,712$$

6. 求隐藏层与输出层之间的权调整量和新权

$$\Delta w_{11} = \eta\delta_1^y h_1 = 0.8 \times 0.110\,144 \times 0.401\,312 = 0.035\,362$$
$$w_{11} = w_{11} + \Delta w_{11} = -0.3 + 0.035\,362 = -0.264\,638$$
$$\Delta w_{21} = \eta\delta_1^y h_2 = 0.8 \times 0.110\,144 \times 0.689\,974 = 0.060\,797$$
$$w_{21} = w_{21} + \Delta w_{21} = 0.2 + 0.060\,797 = 0.260\,797$$

7. 求输入层与隐藏层之间的权调整量和新权

$$\Delta v_{11} = \eta\delta_1^h x_1 = 0.8 \times (-0.007\,939) \times 1 = -0.006\,351$$
$$v_{11} = v_{11} + \Delta v_{11} = 0.1 - 0.006\,351 = 0.093\,649$$
$$\Delta v_{12} = \eta\delta_2^h x_1 = 0.8 \times 0.004\,712 \times 1 = 0.003\,770$$
$$v_{12} = v_{12} + \Delta v_{12} = 0.3 + 0.003\,770 = 0.303\,770$$
$$\Delta v_{21} = \eta\delta_1^h x_2 = 0.8 \times (-0.007\,939) \times 1 = -0.006\,351$$
$$v_{21} = v_{21} + \Delta v_{21} = -0.2 - 0.006\,351 = -0.206\,351$$
$$\Delta v_{22} = \eta\delta_2^h x_2 = 0.8 \times 0.004\,712 \times 1 = 0.003\,770$$
$$v_{22} = v_{22} + \Delta v_{22} = 0.4 + 0.003\,770 = 0.403\,770$$
$$\Delta v_{31} = \eta\delta_1^h x_3 = 0.8 \times (-0.007\,939) \times 0 = 0$$
$$v_{31} = v_{31} + \Delta v_{31} = -0.5 + 0 = -0.5$$
$$\Delta v_{32} = \eta\delta_2^h x_3 = 0.8 \times 0.004\,712 \times 0 = 0$$
$$v_{32} = v_{32} + \Delta v_{32} = 0.3 + 0 = 0.3$$

8. 求隐藏层的偏置调整量和新偏置

$$\Delta\theta_1^h = \eta\delta_1^h = 0.8 \times (-0.007\,939) = -0.006\,351$$
$$\theta_1^h = \theta_1^h + \Delta\theta_1^h = -0.3 - 0.006\,351 = -0.306\,351$$
$$\Delta\theta_2^h = \eta\delta_2^h = 0.8 \times 0.004\,712 = 0.003\,770$$
$$\theta_2^h = \theta_2^h + \Delta\theta_2^h = 0.1 + 0.003\,770 = 0.103\,770$$

9. 输出层的偏置调整量和新偏置

$$\Delta\theta_1^y = \eta\delta_1^y = 0.8 \times 0.110\,144 = 0.088\,115$$
$$\theta_1^y = \theta_1^y + \Delta\theta_1^y = 0.2 + 0.088\,115 = 0.288\,155$$

第一次迭代完成。

8.3　卷积神经网络

卷积神经网络(convolutional neural network，CNN)也是一种前馈神经网络，对于大规模的模式识别有非常好的表现，广泛应用于图像、语音和视频识别。一个典型的卷积神经网络的结构如图 8.13 所示。除了输入层，典型的卷积神经网络通常还包括若干个卷积层、激活层、池化层和全连接层(隐藏层和输出层)。其中，池化层不是必需的，有时候会被省略。

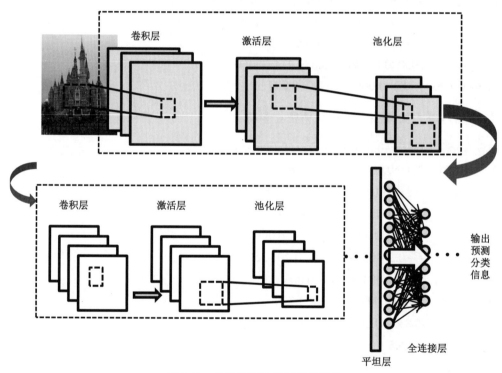

图 8.13　典型卷积神经网络的结构

8.3.1　卷积层

卷积层是卷积神经网络的核心。卷积层通过卷积运算，基于"局部感知"和"参数共享"实现降维处理和提取特征的目的。

1. 卷积的数学定义

卷积的数学定义如式(8-33)所示。

$$h(x) = \int_{-\infty}^{+\infty} f(t)g(x-t)\mathrm{d}t \qquad (8\text{-}33)$$

式中，函数 f 和函数 g 是卷积对象，t 为积分变量。

式(8-33)所示的积分操作被称为连续域上的卷积操作。这种操作通常也被简记为式(8-34)。

$$h(x) = f(x) * g(x) \qquad (8\text{-}34)$$

式中，通常把函数 f 称为输入函数，函数 g 称为卷积核或滤波器，星号*表示卷积。

在理论上，输入函数可以是连续的，通过积分可以得到一个连续的卷积。事实上，一般情况下，我们不需要记录所有时刻的数据，只以一定的时间间隔进行采样即可。对于离散信号，卷积操作可用式(8-35)表示。

$$h(x) = f(x) * g(x) = \sum_{t=-\infty}^{+\infty} f(t)g(x-t) \qquad (8\text{-}35)$$

对于离散卷积的定义可以推广到更高维度的空间上。例如二维的公式可表示为式(8-36)。

$$h(x,\ y) = f(x,\ y) * g(x,\ y) = \sum_{m}\sum_{n} f(m,\ n)g(x-m,\ y-n) \qquad (8\text{-}36)$$

如果函数 f 具有某种功能，函数 g 具有另一种功能，那么函数 h 就是函数 f 和函数 g 的加权叠加结果，也即两种功能的叠加结果。假设 f 是认知函数，表示对已有事物的感知和理解，g 是遗忘函数，那么 f 和 g 的加权叠加结果就可理解成记忆函数 h。

2. 卷积运算

卷积层进行的处理就是卷积运算。卷积运算相当于图像处理中的滤波器运算，卷积核即为滤波器。CNN 中，有时也将卷积层的输入数据称为输入特征图，输出数据称为输出特征图。

如图 8.14 所示，卷积运算对输入数据应用卷积核。输入数据是一个 4×4 的矩阵，卷积核是一个 3×3 的矩阵，输出是一个 2×2 的矩阵。

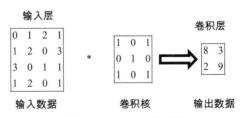

图 8.14　卷积运算示例

图 8.15 展示了卷积运算的实现过程。我们用卷积核矩阵在原始数据上从左到右、从上到下滑动，每次滑动距离(单元个数)称为步幅(stride)。在每个位置上，卷积核矩阵的元素和输入矩阵的对应元素相乘，并把乘积结果累加保存在输出矩阵对应的每一个单元格中，这

样就得到了输出特征矩阵(或称为卷积特征矩阵)。

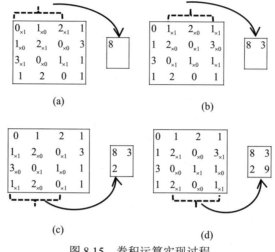

图 8.15 卷积运算实现过程

在全连接的神经网络中，除了权值参数，还存在偏置。在 CNN 中，卷积核矩阵的值就对应全连接的神经网络中的权值。CNN 中也有偏置，卷积运算的偏置处理如图 8.16 所示。一个卷积核通常只有一个偏置，这个值会被加到应用了该卷积核的所有元素上。

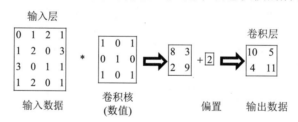

图 8.16 卷积运算的偏置处理

对于图像数据，如果我们采用全连接的神经网络，隐藏层的每个神经元需要与整幅图像的所有输入节点相连，图像的尺寸越大，其连接的权值和偏置也将变得越多，从而导致计算量非常大，整个网络训练的收敛也会非常慢。假如有一幅像素为 28×28 的图像，采用全连接的神经网络，每个像素为一个节点，输入层共有 28×28=784 个节点；如果与输入层相连的隐藏层有 30 个神经元，那么输入层与这个隐藏层之间总共有 784×30 个权值；加上每个神经元的偏置，共有 784×30+30=23 550 个参数。而这仅仅只是一组参数，随着全连接神经网络层数的增加及增加的隐藏层神经元个数的变化，参数还将按相同的计算方法增加。

如果我们使用卷积神经网络(CNN)，将卷积核应用到输入的图像数据矩阵上，与输入层相连的第一个卷积层中的每个神经元只需要与输入层部分区域相连接。这个局部连接区域称为局部感知域(local receptive fields)，其大小等同于卷积核的大小。如图 8.14 所示，卷积核为 3×3 的矩阵，所以卷积层得到的第一个神经元 8，只与输入矩阵的左上 3×3 区域相连接，即图 8.15(a)所示。由图 8.15 卷积运算过程和图 8.16 卷积运算的偏置处理可知，这个卷积层的 4 个神经元具有相同的权值和偏置，也就是所谓的卷积过程的参数共享。这意味着该卷积层的所有神经元提取了完全相同的特征，只是提取的位置不同。因为这个原因，有时把从输入层到卷积层的映射称为一个特征映射。而为了完成图像识别，我们通常需要多个不同的卷积核及偏置以提取图像多个不同的特征。所以，一个完整的卷积层由多个不同的特征映射组成。卷积核的个数称为卷积核的深度。

对于上述像素为 28×28 的图像，如果我们使用 CNN 用于识别，假定卷积核的大小为 5×5 的矩阵，每个卷积核需要 5×5=25 个权值，加上一个共享偏置，每个特征映射需要 26 个参数。如果我们用 20 个不同的卷积核提取不同的特征，那么从输入层到第一个卷积层总共只需要 20×26=520 个参数。CNN 与全连接神经网络相比，大大降低了参数个数，而且由于同一特征映射上的权值相同，可以实现并行学习，所以训练中在达到相同识别率的情况下，其收敛速度明显快于全连接的 BP 网络。

在卷积操作前，还有一个需要注意的操作就是填充(padding)。填充是指用多少个单元来填充输入数据的边界。就像图 8.17 所示，在这四周的区域都进行填充，一般都填上 0 值。

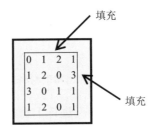

图 8.17　填充操作

填充的目的有三个方面。其一，是为了保留边界信息。如果不加填充的话，最边缘的数据信息仅仅被卷积核扫描了一遍，而中间的数据信息会被扫描多遍，这在一定程度上降低了边界数据信息的参考程度。填充后可以在一定程度上解决这个问题。其二，用来补齐输入数据尺寸的差异。如果输入数据尺寸有差异，通过填充补齐后，使得输入的尺寸一致，避免频繁调整卷积核和其他层的工作模式。其三，用于调整输出的大小。每次进行卷积运算，都会缩小空间，那么在某个时刻输出大小就有可能无法满足下一轮卷积的需要，因此，通过填充可以保证下一轮卷积所需的空间大小要求。

综上分析，卷积层的超参数主要包括卷积核的数量(滤波器的数量，filter_num)，卷积核的大小(滤波器的大小，filter_size)，步幅(stride)和填充方式(pad)。

8.3.2　激活层

CNN 中激活层的作用类似于 BP 神经网络中神经元使用激活函数的作用，其将前一卷积层中的输出，通过非线性的激活函数转换，用以模拟任意函数，从而增强网络的表征能力。在 CNN 中，使用最多的是如式(8-5)所示的 ReLU 函数(rectified linear unit，修正线性单元)。

8.3.3 池化层

池化层(池层，pooling layer)，有些资料也将其称为下采样层(subsampling layer)。简单来说，池化就是把小区域的特征通过整合得到新特征的过程。池化函数考察的是在小区域范围内所有元素具有的某一种特性。常见的统计特性包括最大值、均值、累加及 L_2 范数等。池化层函数力图用统计特性反映出来的一个值来代替原来某个区域的所有值。

常用的池化处理有两种方式，一种是最大池化(max pooling)，一种是平均池化(average pooling)。顾名思义，最大池化就是以小区域内的最大值代替该区域的所有值，平均池化就是以小区域内的平均值代替该区域的所有值。在图像识别领域，常被使用的是最大池化方式。

如图 8.18(a)和(b)所示，前一层的输出为 4×4 的矩阵，池化区域为 2×2，经过最大池化和平均池化，结果为 2×2 的矩阵。

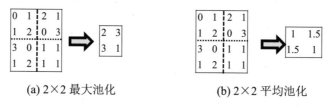

(a) 2×2 最大池化　　　　　　　(b) 2×2 平均池化

图 8.18　2×2 最大池化和平均池化举例 1

所以，池化层实际上在卷积层的基础上又进行了一次特征提取，最直接的结果是降低了下一层待处理的数据量。池化的操作是按卷积层不同特征映射的结果独立进行的，所以池化层的深度(通道数)与前一层的深度一致，不会发生变化。池化层只涉及简单的统计计算(最大值、平均值等)，没有要学习的参数。

由于这个特征的提取，使得有更大的可能进一步获取更为抽象的信息，减少了参数的数量，从而更好地防止过拟合，提高泛化能力。

池化还能够对输入的少量平移、旋转以及缩放等微小变化产生较大的容忍，也就是能保持池化结果的不变性。如图 8.18(a)或者(b)中，前一层的输出变为如图 8.19(a)和(b)所示，其最大池化和平均池化的结果仍然没有变化。

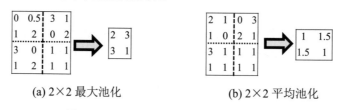

(a) 2×2 最大池化　　　　　　　(b) 2×2 平均池化

图 8.19　2×2 最大池化和平均池化举例 2

8.3.4 全连接层

在 CNN 的前面几层是卷积、激活和池化(可以被省略)的多轮交替转换，这些层中的数据通常是多维的。而全连接层就是传统的多层感知机，它的拓扑结构就是一个简单的 $n×1$

的模式。所以，前面的层在接入全连接层前，必须先将多维张量拉平成一维数组($n\times1$)，这个额外的多维数据变形工作层，有资料称其为平坦层(flatten layer)。然后，这个平坦层成为全连接层的输入层，其后的网络拓扑就和一般的前馈神经网络一样，后面可以跟若干个隐藏层和一个输出层。

8.4　基于 IBM SPSS Modeler 的应用

本节应用示例的数据集来源于 kaggle 平台，Bank customer.csv 数据集在原数据集的基础上进行了一些简单处理，包含了 150 000 位客户的历史信贷信息。变量名称、类型及内涵如表 8.2 所示。Default 为标签字段(因变量)，其余 10 个字段为特征字段(自变量)。

Bank customer 数据集与数据流

表 8.2　Bank customer 数据集变量基本信息

变量名称	变量类型	变量描述
Default	类别	是否违约
Revolving	数值	信用卡和个人信用贷款(不含房贷、类似车贷的分期付款等)除以授信额度之和
age	数值	借款人年龄
Number of Time 30-59 Days	数值	过去两年中借款人逾期 30～59 天的次数
Debt Ratio	数值	每月债务偿还、赡养费、生活成本等除以每月总收入
Monthly Income	数值	月收入(美元)
Number of Open Credit Lines and Loans	数值	开放贷款(分期付款如车贷和抵押贷款)和信用贷款(如信用卡)的数量
Number of Time 90 Days	数值	过去两年中借款人逾期 90 天及以上的次数
Number Real Estate Loans or Lines	数值	抵押和房地产贷款含房屋抵押式信用贷款的次数
Number of Time 60-89 Days	数值	过去两年中借款人逾期 60～89 天的次数
Number of Dependents	数值	不包括本人在内家庭中需要抚养的人数(配偶及子女等)

从数据读入、数据审核节点预处理、探索性分析、分区与平衡到神经网络模型构建和评价，建立的数据流如图 8.20 所示。

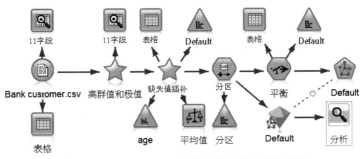

图 8.20　Bank customer 数据神经网络分析数据流

8.4.1 数据读取

选择“源”选项卡下的“变量文件”节点读入 Bank customer.csv 数据集。因为 Default 字段取值为 0 和 1，读取时默认为整数型，但我们知道 0 和 1 表示是否违约，应该是标志型变量；而字段 Monthly Income 和 Number Of Dependents 由于存在缺失值(系统默认以$null$符号填充)，读取时默认为字符串型，但实际应该是数值型变量。所以，我们先通过“数据”选项卡，在对应字段勾选覆盖选项，然后在“存储”选项下拉框中选择合适的数据类型，如图 8.21 所示，接着通过“类型”选项卡读取数据。使用“表格”节点查看数据，结果如图 8.22 所示，共包括 150 000 条记录及 11 个字段，第一列为标签字段，其余为特征字段。

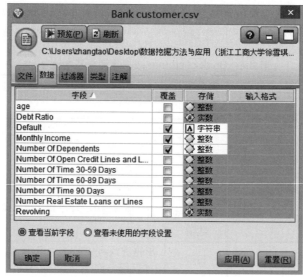

图 8.21 Bank customer 数据读取

	Default	Revolving	age	Number Of Time 30-59 Days	Debt Ratio	Monthly Income	Number Of Ope
1	1	0.766	45	2	0.803	9120	
2	0	0.957	40	0	0.122	2600	
3	0	0.658	38	1	0.085	3042	
4	0	0.234	30	0	0.036	3300	
5	0	0.907	49	1	0.025	63588	
6	0	0.213	74	0	0.376	3500	
7	0	0.306	57	0	5710.000	$null$	
8	0	0.754	39	0	0.210	3500	
9	0	0.117	27	0	46.000	$null$	
10	0	0.189	57	0	0.606	23684	
11	0	0.644	30	0	0.309	2500	
12	0	0.019	51	0	0.532	6501	
13	0	0.010	46	0	0.298	12454	
14	1	0.965	40	3	0.383	13700	
15	0	0.020	76	0	477.000	0	
16	0	0.548	64	0	0.210	11362	
17	0	0.061	78	0	2058.000	$null$	
18	0	0.166	53	0	0.188	8800	
19	0	0.222	43	0	0.528	3280	
20	0	0.603	25	0	0.066	333	

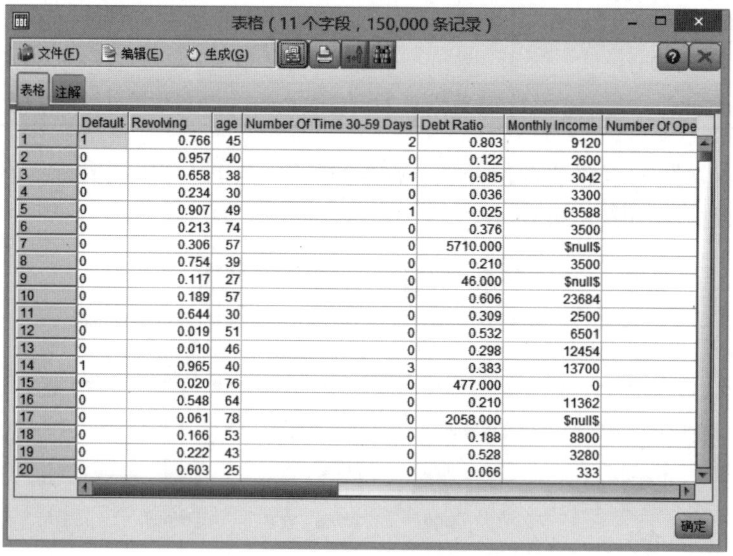

图 8.22 Bank customer 数据表示例

8.4.2 "数据审核"节点预处理

选择"输出"选项卡下的"数据审核"节点，添加到数据流。单击鼠标右键，选择弹出菜单中的"编辑"选项。查看"质量"选项卡的默认设置，结果如图 8.23 所示。默认距离平均值三个标准差的范围之外为离群值，距离平均值五个标准差的范围之外为极值。运行结果分别如图 8.24 和 8.25 所示。只有标签字段 Default 为类别型变量，其他字段均为数值型变量。Monthly Income 字段存在 29 731 个空缺值，而且该字段最大值为 329 664 美元，存在明显异常。Number of Dependents 字段存在 3924 个空缺值。

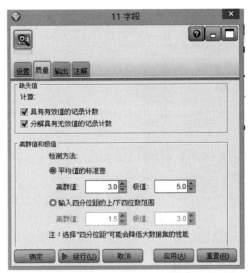

图 8.23 "数据审核"节点"质量"选项卡

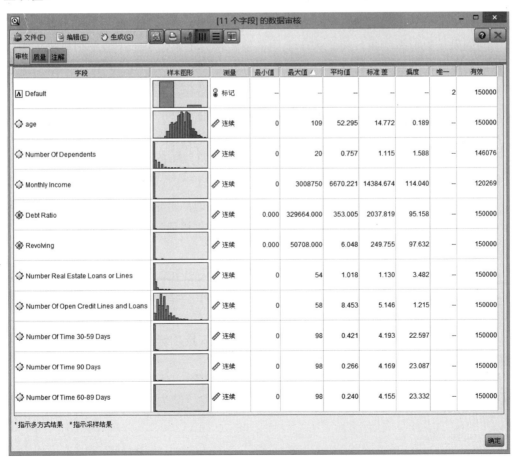

字段	样本图形	测量	最小值	最大值	平均值	标准差	偏度	唯一	有效
A Default		标记	—	—	—	—	—	2	150000
age		连续	0	109	52.295	14.772	0.189	—	150000
Number Of Dependents		连续	0	20	0.757	1.115	1.588	—	146076
Monthly Income		连续	0	3008750	6670.221	14384.674	114.040	—	120269
Debt Ratio		连续	0.000	329664.000	353.005	2037.819	95.158	—	150000
Revolving		连续	0.000	50708.000	6.048	249.755	97.632	—	150000
Number Real Estate Loans or Lines		连续	0	54	1.018	1.130	3.482	—	150000
Number Of Open Credit Lines and Loans		连续	0	58	8.453	5.146	1.215	—	150000
Number Of Time 30-59 Days		连续	0	98	0.421	4.193	22.597	—	150000
Number Of Time 90 Days		连续	0	98	0.266	4.169	23.087	—	150000
Number Of Time 60-89 Days		连续	0	98	0.240	4.155	23.332	—	150000

* 指示多方式结果 * 指示采样结果

图 8.24 "数据审核"节点"审核"选项卡运行结果

字段	测量	离群值	极值	操作	缺失插...	方法	完成...	有效记录	空值	字符型空值	空白	空白值
Default	标记	--	--		从不	固定	100	150000	0	0	0	0
Revolving	连续	31	160	无	从不	固定	100	150000	0	0	0	0
age	连续	46	0	无	从不	固定	100	150000	0	0	0	0
Number Of Ti...	连续	1	269	无	从不	固定	100	150000	0	0	0	0
Debt Ratio	连续	505	154	无	从不	固定	100	150000	0	0	0	0
Monthly Inco...	连续	201	120	无效	从不	固定	80.179	120269	29731	0	0	0
Number Of O...	连续	1752	146	无	从不	固定	100	150000	0	0	0	0
Number Of Ti...	连续	9	269	无	从不	固定	100	150000	0	0	0	0
Number Rea...	连续	1009	473	无	从不	固定	100	150000	0	0	0	0
Number Of Ti...	连续	0	269	无	从不	固定	100	150000	0	0	0	0
Number Of D...	连续	904	87	无	从不	固定	97.384	146076	3924	0	0	0

图 8.25　"数据审核"节点"质量"选项卡运行结果

我们使用"数据审核"节点"质量"选项卡来处理异常值和缺失值。"质量"选项卡下的操作选项包括 6 种，每种操作的具体含义如下。

- 无：默认操作，即不对字段的值进行检查。
- 强制：对不同的数据类型使用不同强制的方法，如果是标志变量，将把真值和假值以外的值转换为假值；如果是类别型变量，将把未知值转换为第一个类别的值；如果是数值型变量，将把大于上限的值转换为上限，小于下限的值转换为下限，空值转换为最大值和最小值的简单平均数。
- 丢弃：表示剔除相应样本。
- 无效：表示将相应值调整为系统缺失值"$null$"。
- 强制替换离群值/丢弃极值：指用以上强制的方法替换离群值并剔除极值。
- 强制替换离群值/使极值无效：指用以上强制的方法替换离群值并把极值调整为系统缺失值"$null$"。

首先，通过"操作"选项卡把 Monthly Income 字段的离群值和极值设为无效，如图 8.25 所示。然后单击上方"生成"选项，选择"离群值"和"极值"超节点选项，把生成的"离群值"和"极值"超节点添加到数据流。

再选择"数据审核"节点连接"离群值"和"极值"超节点，运行结果如图 8.26 和 8.27 所示。Monthly Income 字段的最大值调整为 49 750 美元，已较为合理。设置为无效的离群值和极值(共 321 个)被默认为系统缺失值，所以该字段的空值增加到 30 052 个。

我们对存在空值的两个字段，首先在"缺失插补"选项选择空值，在"方法"选项选择随机方法，使用默认的正态分布产生随机值方法。

单击上方"生成"选项，选择"缺失值"超节点选项，在如图 8.28 所示的样本大小对话框中选择 50%的样本用于随机填补缺失值。把生成的"缺失值"超节点添加到数据流。

字段	样本图形	测量	最小值	最大值	平均值	标准差	偏度	唯一	有效
A Default		标记	—	—	—	—	—	2	150000
Revolving		连续	0.000	50708.000	6.048	249.755	97.632	—	150000
age		连续	0	109	52.295	14.772	0.189	—	150000
Number Of Time 30-...		连续	0	98	0.421	4.193	22.597	—	150000
Debt Ratio		连续	0.000	329664.000	353.005	2037.819	95.158	—	150000
Number Of Open Cre...		连续	0	58	8.453	5.146	1.215	—	150000
Number Of Time 90...		连续	0	98	0.266	4.169	23.087	—	150000
Number Real Estate ...		连续	0	54	1.018	1.130	3.482	—	150000
Number Of Time 60-...		连续	0	98	0.240	4.155	23.332	—	150000
Number Of Depende...		连续	0	20	0.757	1.115	1.588	—	146076
Monthly Income		连续	0	49750	6356.334	4580.067	2.370	—	119948

图 8.26　基于"离群值"和"极值"超节点的"数据审核"节点"审核"选项卡运行结果

完整字段(%): 81.82%　　完整记录(%): 79.97%

字段	测量	离群值	极值	操作	缺失插补	方法	完成...	有效记录	空值	字符型空值	空白	空白值
A Default	标记	—	—		从不	固定	100	150000	0	0	0	0
Revolving	连续	31	160	无	从不	固定	100	150000	0	0	0	0
age	连续	46	0	无	从不	固定	100	150000	0	0	0	0
Number Of Ti...	连续	1	269	无	从不	固定	100	150000	0	0	0	0
Debt Ratio	连续	505	154	无	从不	固定	100	150000	0	0	0	0
Monthly Inco...	连续	1215	557	无	空值	随机	79.965	119948	30052	0	0	0
Number Of O...	连续	1752	146	无	从不	固定	100	150000	0	0	0	0
Number Of Ti...	连续	9	269	无	从不	固定	100	150000	0	0	0	0
Number Rea...	连续	1009	473	无	从不	固定	100	150000	0	0	0	0
Number Of Ti...	连续	0	269	无	从不	固定	100	150000	0	0	0	0
Number Of D...	连续	904	87	无	空值	随机	97.384	146076	3924	0	0	0

图 8.27　基于"离群值"和"极值"超节点的"数据审核"节点"质量"选项卡运行结果

图 8.28　"缺失值"超节点参数设置

8.4.3 探索性分析

1．Default 分布

使用"图形"选项卡下的"分布"节点，运行结果如图 8.29 所示，不违约客户为 139 974 位，占比高达 93.32%，说明数据存在严重的不平衡。为了提高模型对于违约客户的识别能力，需要对数据进行平衡化处理。

2．客户的年龄分布

使用"图形"选项卡下的"直方图"节点，探索年龄的分布特征，运行结果如图 8.30 所示。年龄分布较为接近正态分布，两端少，中间多。老年贷款者违约率较低。

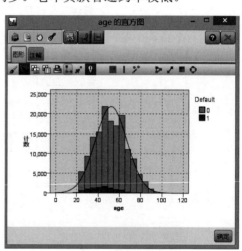

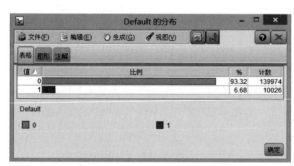

图 8.29　Default 分布

图 8.30　age 的直方图

3．基于"平均值"节点的探索

"平均值"节点主要用于检验不同组别间的均值是否存在显著差异。我们把"输出"选项卡下的"平均值"节点添加到数据流。单击鼠标右键，选择弹出菜单中的"编辑"选项，设置选项卡如图 8.31 所示。

● 在字段组之间：表示独立样本的均值比较。

● 在字段对之间：表示配对样本的均值比较。

我们使用独立样本的均值比较，选择"在字段的组之间"，分组字段为"Default"，测试字段为所有的数值型变量。其余设置使用默认值。

运行结果如图 8.32 所示，该结果详细显示了每个变量不同类别的均值、标准差、标准误差和

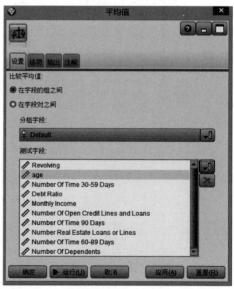

图 8.31　"平均值"节点"设置"选项卡

样本量,以及方差分析的 F 统计量(F 检验)与自由度(df)。根据重要性结果,除了 Revolving 变量,其他所有数值型变量在是否违约客户两组间均存在明显差异。

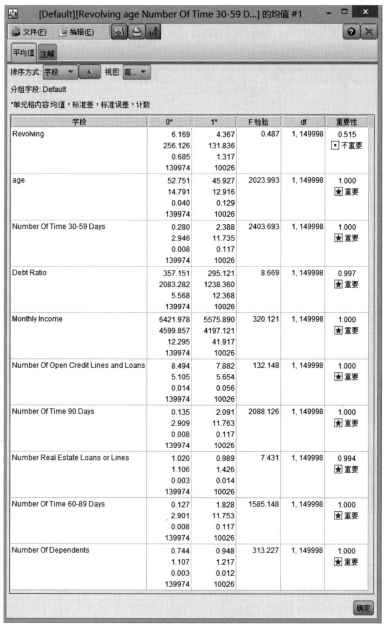

图 8.32 均值比较结果

8.4.4 分区与平衡

1. 分区

我们使用"分区"节点,设置 70%数据为训练集,30%数据为测试集。为了查看分区后正负样本的分布情况，可以使用"分布"节点，运行结果如图 8.33 所示。分区后正负样本的分布较为理想。

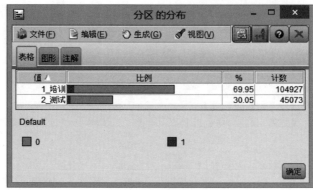

图 8.33　分区的分布

2. 平衡

选择"记录"选项卡下的"平衡"节点，添加到数据流。单击鼠标右键，选择弹出菜单中的"编辑"选项。如图 8.34 所示，在"平衡指令"下的"条件"列中，可以直接输入条件表达式或使用右侧表达式构建器面板输入，本例中，条件表达式分别为 Default="0"和 Default="1"。"因子"列中输入随机抽取的比例，小于 1 表示欠抽样，即达到减少多数类样本的目的；大于 1 表示过抽样，即达到增加少数类样本的目的。同时，选中"仅平衡训练数据"选项。

平衡后 Default 的分布结果如图 8.35 所示，正负样本量之比接近 45%，较为理想。

图 8.34　"平衡"节点

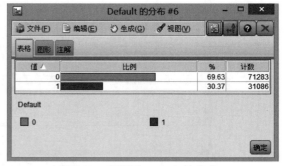

图 8.35　平衡后 Default 的分布

8.4.5　模型构建与评价

1. 模型构建

选择"建模"选项卡下的"类神经网络"节点，添加到数据流。单击鼠标右键，选择弹出菜单中的"编辑"选项进行参数设置。如图 8.36 所示，"字段"选项卡下选择"使用定制字段分配"，设置 Default 为目标变量，其他变量为输入变量。

图 8.36　"类神经网络"节点"字段"选项卡

"构建选项"选项卡下，包括"目标""基本""中止规则""整体"和"高级"五项设置。"目标"选项的设置如图 8.37 所示。

您希望做什么？

● 构建新模型：表示每次运行"模型"节点，将生成一个全新的模型。这是该节点的常用操作。

● 继续训练现有模型：表示每次运行"模型"节点会针对"模型"节点最后一次生成的模型继续训练，这样可以在无需访问原始数据的情况下更新模型，提升模型训练性能。

您的主要目标是什么？

● 创建标准模型：表示构建单个模型，易于理解。

● 增强模型准确度(boosting)：表示使用 boosting 方法构建模型。

● 增强模型稳定性(bagging)：表示使用 bagging 方法构建模型。

● 针对大型数据集优化(需要 Server)：当使用超大数据集时，选择此项，会连接到 SPSS Modeler Server 中，将超大数据集划分为多个单独数据块，构建模型。

本示例选择"构建新模型"。

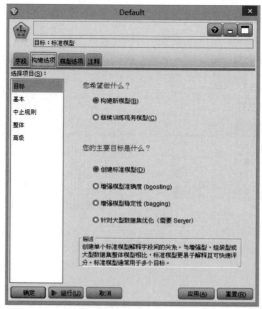

图 8.37 "类神经网络"节点"构建选项"目标设置

"基本"选项用于设置神经网络模型及隐藏层超参数，如图 8.38 所示。可以选择的网络模型有两类：多层感知器(MLP)和径向基函数(RBF)，默认值为多层感知器(MLP)，本示例按默认值设置。

隐藏层用于设置隐藏层数和每层的单元数。

- 自动计算单元格数：该选项用于构建单个隐藏层的网络，隐藏层中的单元数会自动计算。
- 定制单元格数：用于指定每个隐藏层的单元数。多层感知器(MLP)允许最多设置两层隐藏层，径向基函数(RBF)只允许设置一层隐藏层。

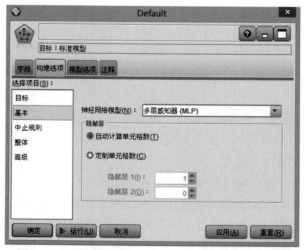

图 8.38 "类神经网络"节点"构建选项"基本设置

"中止规则"选项用于设置模型停止训练的规则，如图 8.39 所示，包括使用最大训练

时间、定制最大训练周期及使用最低准确性。默认为使用最大训练时间 15 分钟，本示例按
默认值设置。

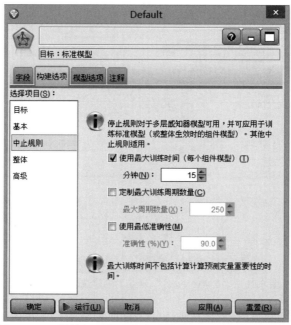

图 8.39　"类神经网络"节点"构建选项"中止规则设置

"整体"选项用于集成学习相关算法的设置，如图 8.40 所示。"Bagging 和大型数据集"
用于设置集成的方式，"Boosting 和 Bagging"用于设置要构建的模型数。

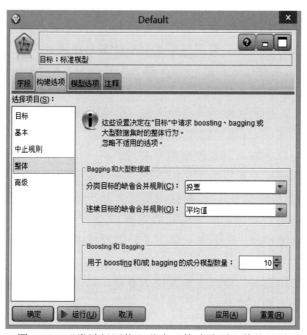

图 8.40　"类神经网络"节点"构建选项"整体设置

"高级"选项设置如图 8.41 所示。

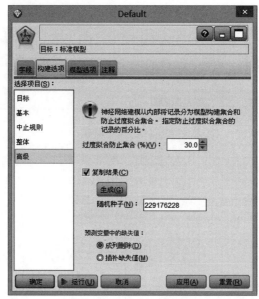

图 8.41 "类神经网络"节点"构建选项"高级设置

- 过度拟合防止集合：表示将从训练集中抽取独立的样本作为验证集，用于错误率的检验。默认值为 30%。
- 复制结果：由于验证集使用随机抽样的方式抽取，所以通过设置随机种子可以保证重现结果。
- 预测变量中的缺失值：选择成列删除会将预测变量存在缺失值的样本直接删除；选择插补缺失值，将会依变量类型对缺失值进行插补。对于连续型变量，会插补最大与最小值的平均值，对于类别型变量会插补最常出现的类别。

本示例中预测变量不存在缺失值，"过度拟合防止集合"和"复制结果"按默认值设置。
"模型选项"的参数如图 8.42 所示。

- 模型名称：可以基于目标字段自动生成，也可以指定自定义名称。本示例选择基于目标字段自动生成，模型名称为 Default。
- 模型评估：可以选择计算预测变量重要性。
- 使其可用于评分：在对模型评分时，始终会计算预测值(适合所有目标变量)和置信度(适合分类型目标变量)。计算置信度可以基于预测值的概率(最高预测概率)或最高预测概率与第二高预测概率之间的差值。
- 分类目标的预测概率：选中表示将生成分类目标的预测概率。为每个类别创建一个字段。
- 标志目标的倾向得分：目标变量为标志变量，选择此项会产生原始倾向得分，即目标字段结果为真的可能性。

图 8.42　"类神经网络"节点"模型选项"设置

2. 模型结果与评价

运行"类神经网络建模"节点，得到模型结果。模型概要如图 8.43 所示，生成的模型共有 1 层隐藏层，包含 6 个神经元。模型的整体准确率为 75.9%。

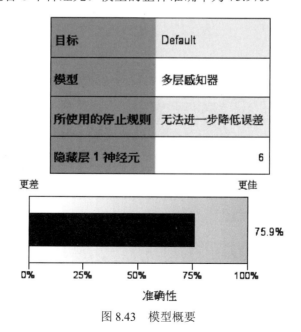

图 8.43　模型概要

图 8.44 显示了用于预测的变量的重要性程度，排在前三位的是不同逾期时长的次数，逾期时间越长的次数，对预测变量的重要性程度越高。

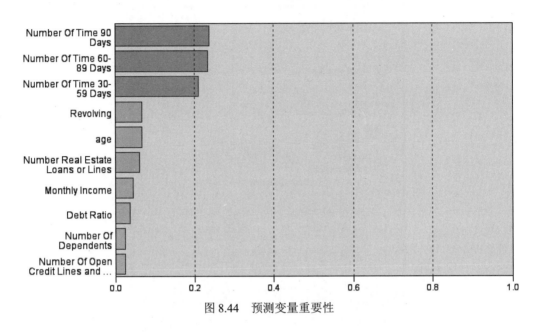

图 8.44　预测变量重要性

图 8.45 以行百分比的形式反映预测的准确性，对于非违约客户的识别能力达到 84.5%，违约客户的识别能力为 66.8%，模型的识别效果已较为理想。

Default 的分类

总体正确率 = 75.9%

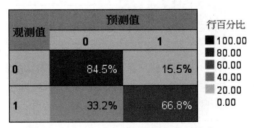

图 8.45　行百分比形式正确率分布

可以呈现的模型形式有两种：效果形式和系数形式。效果形式如图 8.46 所示，预测变量显示为一个节点，由图形可知，隐藏层激活函数选用双曲正切函数，输出层激活函数选用 Softmax 函数。系数形式如图 8.47 所示，预测变量两个类别为两个节点，连接线条根据权值的大小显示为不同的颜色，并且可以通过移动鼠标查看每条连接线的权值。

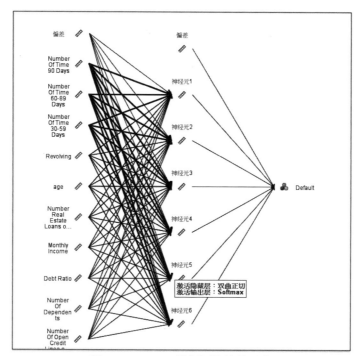

图 8.46　Default 神经网络效果形式

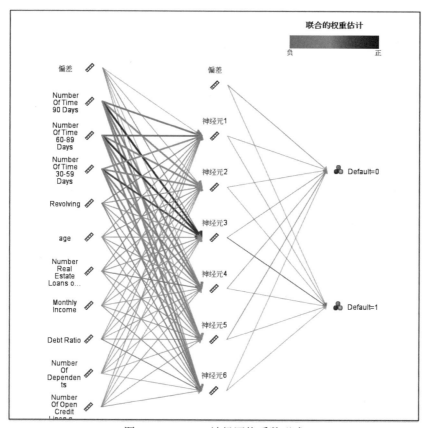

图 8.47　Default 神经网络系数形式

将模型连接分区节点，并使用分析节点，可以查看模型对于未平衡数据的预测效果。运行分析节点，得到如图 8.48 所示的结果。在训练集和测试集上，模型整体准确率都达到了 83% 以上。虽然对于违约客户的识别能力较弱，但相对于严重不平衡的数据集，效果已较为理想。

图 8.48　模型预测能力分析

8.5　基于 R 语言的应用

本节应用示例的数据集来自于 UCI 机器学习数据仓库(machine learning data repository)，由 P.Cortez、A.Cerdeira、F.Almeida、T.Matos 和 J.Reis 捐赠。本示例选用该数据集中的白葡萄酒数据 Whitewines.csv，共 4898 个白葡萄酒案例，每个案例包含 11 种化学特性信息及葡萄酒专家的质量评分，评分区间从 0(很差)到 10(非常好)。我们在分析前可以把该数据集保存到 R 工作目录下。

Whitewines 数据集与 R 代码

8.5.1　数据初探

1. 数据集初探
使用 read.csv( )函数导入数据，并使用 str( )函数显示数据集内部结构。

```
> wine<-read.csv("Whitewines.csv")
> str(wine)
'data.frame':    4898 obs. of  12 variables:
$ fixed.acidity      : num  6.7 5.7 5.9 5.3 6.4 7 7.9 6.6 7 6.5 ...
$ volatile.acidity   : num  0.62 0.22 0.19 0.47 0.29 0.14 0.12 0.38 0.16 0.37 ...
$ citric.acid        : num  0.24 0.2 0.26 0.1 0.21 0.41 0.49 0.28 0.3 0.33 ...
$ residual.sugar     : num  1.1 16 7.4 1.3 9.65 0.9 5.2 2.8 2.6 3.9 ...
$ chlorides          : num  0.039 0.044 0.034 0.036 0.041 0.037 0.049 0.043 0.043 0.027 ...
$ free.sulfur.dioxide : num  6 41 33 11 36 22 33 17 34 40 ...
```

```
$ total.sulfur.dioxide : num  62 113 123 74 119 95 152 67 90 130 ...
$ density              : num  0.993 0.999 0.995 0.991 0.993 ...
$ pH                   : num  3.41 3.22 3.49 3.48 2.99 3.25 3.18 3.21 2.88 3.28 ...
$ sulphates            : num  0.32 0.46 0.42 0.54 0.34 0.43 0.47 0.47 0.47 0.39 ...
$ alcohol              : num  10.4 8.9 10.1 11.2 10.9 ...
$ quality              : int  5 6 6 4 6 6 6 6 6 7 ...
```

结果显示 Whitewines.csv 数据集共有 4898 个样本和 12 个变量，其中 11 个为特征变量，分别为：fixed.acidity(非挥发性酸)、volatile.acidity(挥发性酸)、citric.acid(柠檬酸)、residual.sugar(剩余糖分)、chlorides(氯化物含量)、free. sulfur. dioxide(游离二氧化硫含量)、total.sulfur.dioxide(总二氧化硫含量)、density(密度)、pH(PH 值)、sulphates(硫酸盐)和 alcohol(酒精度)。quality 为目标变量。所有变量均为数值型变量。

2. 数值型变量探索

我们首先使用 summary( )函数探索 quality 变量的描述统计量。

```
> summary(wine$quality)
Min.  1st Qu.  Median  Mean  3rd Qu.  Max.
3.000  5.000  6.000  5.878  6.000  9.000
```

专家打的最低分为 3 分，最高分为 9 分，平均数为 5.878，非常接近中位数和四分之三位数，所以我们结合直方图来进一步探索白葡萄酒质量的分布。结果如图 8.49 所示。

```
> hist(wine$quality)
```

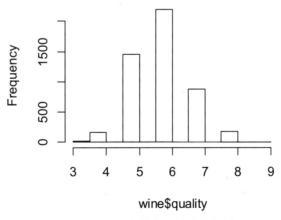

图 8.49　白葡萄酒质量直方图

从质量直方图我们可以看到，白葡萄酒的质量分布近似正态分布，大约以 6 为中心，评分等级为 6 的样本量最大。其次为 5 和 7。

使用 summary()函数探索非挥发性酸、挥发性酸和柠檬酸的描述统计量，结果如下所示：

```
> summary(wine[c("fixed.acidity","volatile.acidity","citric.acid")])
    fixed.acidity     volatile.acidity    citric.acid
 Min.    : 3.800   Min.    :0.0800   Min.    :0.0000
 1st Qu. : 6.300   1st Qu. :0.2100   1st Qu. :0.2700
 Median  : 6.800   Median  :0.2600   Median  :0.3200
 Mean    : 6.855   Mean    :0.2782   Mean    :0.3342
 3rd Qu. : 7.300   3rd Qu. :0.3200   3rd Qu. :0.3900
 Max.    :14.200   Max.    :1.1000   Max.    :1.6600
```

从绝对含量来看，非挥发性的含量最高，最小值为 3.8，最大值为 14.2。挥发性酸和柠檬酸的绝对含量相差不大，最小值、最大值及平均值较为接近。

使用 cor( )函数探索变量间的相关性：

```
> var=c(1:12)                              #设置列变量的列号向量 var
> cor_matrix=cor(wine[var],use="pairwise") #对 12 个变量两两计算相关系数
> cor_matrix                               #显示相关系数矩阵
```

相关系数矩阵结果如图 8.50 所示，特征变量之间总体线性相关性较弱，只有 residual.sugar 和 density 两变量具有较高的线性相关性，两者的 pearson 相关系数为 0.838 966 45。目标变量 quality 与 free. sulfur. dioxide、pH 和 sulphates 三个变量之间存在非常弱的正向相关性，与 alcohol 变量存在中等正向线性相关关系，而与其他变量都存在负向线性相关关系，且线性相关程度都非常低。

```
                     fixed.acidity  volatile.acidity  citric.acid  residual.sugar
fixed.acidity          1.00000000       -0.02269729   0.289180698      0.08902070
volatile.acidity      -0.02269729        1.00000000  -0.149471811      0.06428606
citric.acid            0.28918070       -0.14947181   1.000000000      0.09421162
residual.sugar         0.08902070        0.06428606   0.094211624      1.00000000
chlorides              0.02308564        0.07051157   0.114364448      0.08868454
free.sulfur.dioxide   -0.04939586       -0.09701194   0.094077221      0.29909835
total.sulfur.dioxide   0.09106976        0.08926050   0.121130798      0.40143931
density                0.26533101        0.02711385   0.149502571      0.83896645
pH                    -0.42585829       -0.03191537  -0.163748211     -0.19413345
sulphates             -0.01714299       -0.03572815   0.062330940     -0.02666437
alcohol               -0.12088112        0.06771794  -0.075728730     -0.45063122
quality               -0.11366283       -0.19472297  -0.009209091     -0.09757683
                     chlorides  free.sulfur.dioxide  total.sulfur.dioxide
fixed.acidity       0.02308564        -0.0493958591            0.091069756
volatile.acidity    0.07051157        -0.0970119393            0.089260504
citric.acid         0.11436445         0.0940772210            0.121130798
residual.sugar      0.08868454         0.2990983537            0.401439311
chlorides           1.00000000         0.1013923521            0.198910300
free.sulfur.dioxide 0.10139235         1.0000000000            0.615500965
total.sulfur.dioxide 0.19891030        0.6155009650            1.000000000
density             0.25721132         0.2942104109            0.529881324
pH                 -0.09043946        -0.0006177961            0.002320972
sulphates           0.01676288         0.0592172458            0.134562367
alcohol            -0.36018871        -0.2501039415           -0.448892102
quality            -0.20993441         0.0081580671           -0.174737218
                        density           pH     sulphates       alcohol       quality
fixed.acidity        0.26533101  -0.4258582910  -0.01714299  -0.12088112  -0.113662831
volatile.acidity     0.02711385  -0.0319153683  -0.03572815   0.06771794  -0.194722969
citric.acid          0.14950257  -0.1637482114   0.06233094  -0.07572873  -0.009209091
residual.sugar       0.83896645  -0.1941334540  -0.02666437  -0.45063122  -0.097576829
chlorides            0.25721132  -0.0904394560   0.01676288  -0.36018871  -0.209934411
free.sulfur.dioxide  0.29421041  -0.0006177961   0.05921725  -0.25010394   0.008158067
total.sulfur.dioxide 0.52988132   0.0023209718   0.13456237  -0.44889210  -0.174737218
density              1.00000000  -0.0935914935   0.07449315  -0.78013762  -0.307123313
pH                  -0.09359149   1.0000000000   0.15595150   0.12143210   0.099427246
sulphates            0.07449315   0.1559514973   1.00000000  -0.01743277   0.053677877
alcohol             -0.78013762   0.1214320987  -0.01743277   1.00000000   0.435574715
quality             -0.30712331   0.0994272457   0.05367788   0.43557472   1.000000000
```

图 8.50　相关系数矩阵

8.5.2　数据转换与分区

我们自定义规范化函数 normalize( )，使用最大值最小值规范化方法。

```
> normalize<-function(x){return((x-min(x))/(max(x)-min(x)))}
```

执行此代码后，使用 lapply( )函数，把定义的 normalize( )函数用于 wine 数据框的每一列，如下所示：

```
> wine_norm<-as.data.frame(lapply(wine,normalize))
```

使用 summary( )函数查看规范化后的 quality 变量的描述统计量。

```
> summary(wine_norm$quality)
Min.   1st Qu. Median  Mean    3rd Qu. Max.
0.0000 0.3333  0.5000  0.4797  0.5000  1.0000
```

我们看到规范化后 quality 的最大值为 1，最小值为 0。

按 7:3 的比例划分 wine_norm 数据集，70%为训练集(3429 个样本)，30%为测试集(1469 个样本)。

```
> wine_train<-wine_norm[1:3429,]
> wine_test<-wine_norm[3430:4898,]
```

8.5.3　模型构建与评价

BP 反向传播网络的 R 函数主要集中在 neuralnet 和 nnet 两个包中，本示例使用 neuralnet 包。首先安装并加载 neuralnet 包。

```
> install.packages("neuralnet")
> library(neuralnet)
```

neuralnet 包中的 neuralnet 函数可实现传统 BP 反向传播网络及弹性 BP 网络。输入层节点为输入变量个数，隐藏层的层数和节点数为超参数，需要指定一个输出节点。neuralnet 函数的基本形式为：

```
neuralnet(target~predictors,data=mydata,hidden=1,threshold=0.01,stepmax=100000,rep=
迭代次数,err.fct=误差函数名,linear.output=FALSE,learningrate=学习率, algorithm=算法名)
```

其中：
- hidden 用于指定隐藏层的层数和各隐藏层的节点个数，默认值为 1，表示有 1 个隐藏层，包括一个隐节点。若 hidden=c(4,3,1)，则表示有 3 个隐藏层，第 1 至第 3 个隐藏层分别有 4、3、1 个隐节点。
- threshold 用于指定迭代停止的条件，当权值的最大调整小于指定值时迭代停止，默认值为 0.01。

- stepmax 用于指定迭代停止的条件，当迭代次数达到指定次数时迭代停止，默认值为 10 0000 次。
- rep 用于指定迭代周期，默认值为 1。
- err.fct 用于指定损失函数的形式，sse 表示误差函数为误差平方，ce 表示误差函数为交互熵。
- linear.output 取值为 TRUE 或 FALSE，分别表示输出节点的激活函数为线性函数还是非线性函数，默认为 sigmoid 函数，在 BP 中为 FALSE。
- learningrate 用于指定学习率，当参数 algorithm 取值为 backpop 时，需指定该参数为一个常数，否则学习率就是一个动态变化的量。
- algorithm 用于指定算法，backpop 指传统 BP 算法，rprop+或 rprop-为弹性 BP 算法，分别表示采用权重回溯或不回溯，不回溯将加速收敛，默认为 rprop+。

neuralnet 函数返回值是一个包含众多计算结果的列表，主要内容包括如下几项。

- net.result：各观测输出变量的预测值，即回归预测值或预测类别的概率。
- weights：各个节点的权值列表。
- result.matrix：终止迭代时各个节点的权值、迭代次数、损失函数和权值的最大调整量。
- startweights：各个节点的初始权值，neuralnet 函数令初始权值为(-1，1)的正态分布随机数。

我们先训练一个最简单的只有一个隐节点的二层前馈神经网络。

```
> wine_net1<-neuralnet(quality~.,data=wine_train)
```

然后使用 plot( )函数将 wine_net1 网络拓扑结构可视化，结果如图 8.51 所示。

```
> plot(wine_net1)
```

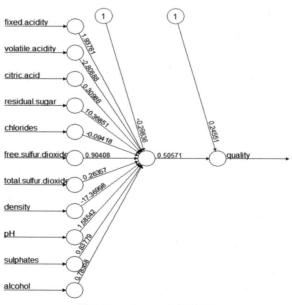

图 8.51　wine_net1 拓扑图

查看 wine_net1 网络误差、迭代次数、迭代终止时的权值和偏置等信息。

```
> wine_net1$result.matrix
error                               2.727571e+01
reached.threshold                   8.640998e-03
steps                               3.252000e+03
Intercept.to.1layhid1               -2.983604e-01
fixed.acidity.to.1layhid1           1.937607e+00
volatile.acidity.to.1layhid1        -2.808875e+00
citric.acid.to.1layhid1             3.098582e-01
residual.sugar.to.1layhid1          1.036851e+01
chlorides.to.1layhid1               -9.417548e-02
free.sulfur.dioxide.to.1layhid1     9.040763e-01
total.sulfur.dioxide.to.1layhid     2.635711e-01
density.to.1layhid1                 -1.736998e+01
pH.to.1layhid1                      1.585420e+00
sulphates.to.1layhid1               8.377936e-01
alcohol.to.1layhid1                 7.835841e-01
Intercept.to.quality                2.455086e-01
1layhid1.to.quality                 5.057107e-01
```

wine_net1 网络误差平方和为 27.275 71，总迭代次数为 3252 次，权值的最大调整量为 0.008 640 998。result.matrix 中逐一列出的迭代结束时网络的权值和偏置值与图 8.51 中显示一致。

基于测试数据集使用 compute( ) 函数生成预测结果。

```
> wine_net1results<-compute(wine_net1,wine_test)
```

compute( ) 函数返回带有两个分量的列表：$neurons 用来存储网络中每一层的神经元；$net.results 用来存储预测值。我们需要的是后者。

```
> predicted_quality1<- wine_net1results$net.result
```

因为 quality 是数值预测问题，所以可以通过预测值与实际值的相关性来度量模型的效果。我们使用 cor( ) 函数分析预测值和实际值之间的相关性。

```
> cor(predicted_quality1,wine_test$quality)
          [,1]
[1,] 0.5606663
```

结果显示，两者相关系数仅为 0.560 666 3，属于中等相关程度，模型性能还可进一步提升。通过增加隐含层的节点数，我们构建第二个模型。

```
> wine_net2<-neuralnet(quality~.,data=wine_train,hidden=5)
> plot(wine_net2)
```

使用 plot( )函数将 wine_net2 网络拓扑结构可视化，结果如图 8.52 所示。

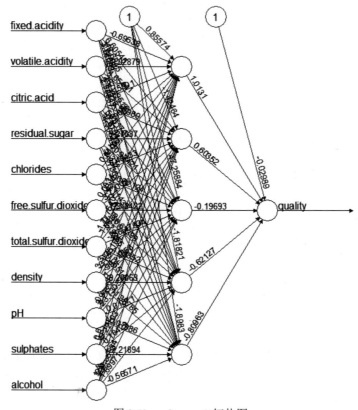

图 8.52　wine_net2 拓扑图

查看 wine_net2 网络误差、迭代次数、迭代终止时的权值和偏置等信息。

```
> wine_net2$result.matrix
error                             2.271485e+01
reached.threshold                 9.587561e-03
steps                             3.802800e+04
Intercept.to.1layhid1             8.557362e-01
fixed.acidity.to.1layhid1        -6.953828e-01
volatile.acidity.to.1layhid1     -2.028790e+00
citric.acid.to.1layhid1           1.590130e-01
residual.sugar.to.1layhid1       -1.390357e+00
chlorides.to.1layhid1             5.109729e-01
free.sulfur.dioxide.to.1layhid1   8.340057e-02
total.sulfur.dioxide.to.1layhid1 -1.777544e+00
density.to.1layhid1               3.394004e+00
pH.to.1layhid1                   -2.025721e-01
sulphates.to.1layhid1             1.631836e-02
alcohol.to.1layhid1               1.459505e+00
Intercept.to.1layhid2            -1.424636e+00
```

```
fixed.acidity.to.1layhid2              6.605452e+00
volatile.acidity.to.1layhid2           4.654411e+00
citric.acid.to.1layhid2               -1.559888e+00
residual.sugar.to.1layhid2             9.270365e+00
chlorides.to.1layhid2                 -6.494334e+00
free.sulfur.dioxide.to.1layhid2        3.720089e+00
total.sulfur.dioxide.to.1layhid2       1.668598e+00
density.to.1layhid2                   -3.145108e+01
pH.to.1layhid2                         2.949654e+00
sulphates.to.1layhid2                  3.719006e-01
alcohol.to.1layhid2                   -2.629903e+00
Intercept.to.1layhid3                  4.725884e+01
fixed.acidity.to.1layhid3             -1.868450e+01
volatile.acidity.to.1layhid3           2.674952e+02
citric.acid.to.1layhid3                5.651797e+01
residual.sugar.to.1layhid3            -7.093421e+01
chlorides.to.1layhid3                 -9.082124e+01
free.sulfur.dioxide.to.1layhid3        1.238422e+02
total.sulfur.dioxide.to.1layhid3      -2.564793e+02
density.to.1layhid3                   -9.924858e+01
pH.to.1layhid3                         2.373033e+01
sulphates.to.1layhid3                 -9.221028e+00
alcohol.to.1layhid3                    2.345563e+02
Intercept.to.1layhid4                 -1.818208e+00
fixed.acidity.to.1layhid4              1.128813e+00
volatile.acidity.to.1layhid4           1.532263e+00
citric.acid.to.1layhid4               -6.184521e-01
residual.sugar.to.1layhid4            -9.331997e+00
chlorides.to.1layhid4                 -1.143542e-01
free.sulfur.dioxide.to.1layhid4       -1.662399e+01
total.sulfur.dioxide.to.1layhid4      -4.693518e+00
density.to.1layhid4                    9.280626e+00
pH.to.1layhid4                         1.871277e-02
sulphates.to.1layhid4                  1.642891e-01
alcohol.to.1layhid4                    1.699711e+00
Intercept.to.1layhid5                 -1.898303e+00
fixed.acidity.to.1layhid5              3.940878e+00
volatile.acidity.to.1layhid5           2.508367e+00
citric.acid.to.1layhid5               -4.306443e+00
residual.sugar.to.1layhid5            -8.373602e+00
chlorides.to.1layhid5                 -4.026305e+00
free.sulfur.dioxide.to.1layhid5        9.292552e+00
total.sulfur.dioxide.to.1layhid5       5.513521e-02
```

```
density.to.1layhid5            -1.138785e+01
pH.to.1layhid5                 7.986072e-02
sulphates.to.1layhid5          -2.218941e+00
alcohol.to.1layhid5            -5.657113e-01
Intercept.to.quality           -2.989476e-02
1layhid1.to.quality            1.013102e+00
1layhid2.to.quality            6.035154e-01
1layhid3.to.quality            -1.969345e-01
1layhid4.to.quality            -6.212651e-01
1layhid5.to.quality            -8.096257e-01
```

wine_net2 网络误差平方和为 22.714 85，总迭代次数为 38 028 次，权值的最大调整量为 0.009 587 561。

基于测试数据集生成预测结果，分析预测值和实际值之间的相关性。

```
> wine_net2results<-compute(wine_net2,wine_test)
> predicted_quality2<-wine_net2results$net.result
> cor(predicted_quality2,wine_test$quality)
          [,1]
[1,]  0.6403511
```

结果显示两者的相关性提升到 0.640 351 1，wine_net2 网络误差平方和较 wine_net1 网络下降，而且在测试集上的预测效果优于 wine_net1 网络。

相关系数只是度量了预测值和实际值的相关性，而不是度量预测值离真实值有多远。所以，为了进一步反映两模型的预测效果，我们创建一个平均绝对误差函数 MAE 来度量预测值与真实值的距离。

```
> MAE<-function(actual,predicted){mean(abs(actual-predicted))}
```

分别计算 wine_net1 和 wine_net2 在测试集上的 MAE 值。

```
> MAE(predicted_quality1,wine_test$quality)
[1] 0.09540236
> MAE(predicted_quality2,wine_test$quality)
[1] 0.09077604
```

结果显示，两模型在测试集上的 MAE 值分别为 0.095 402 36 和 0.090 776 04，都非常小，模型预测效果较好，而且 wine_net2 在测试集上的预测效果优于 wine_net1。

8.6　练习与拓展

1. 简述神经元的特点。
2. 常用的激活函数有哪些？各有什么特点？

3. 神经网络的拓扑结构包含哪些元素？从信息传播的方向分，可以分为哪些类型？

4. 前馈神经网络训练时，常用的迭代结束条件有哪些？

5. 以二层前馈神经网络为例，简述 BP 算法的学习过程。

6. 什么是梯度下降法？一般梯度下降法会出现什么问题？查阅相关资料，了解现有的解决方法。

7. 简述卷积神经网络的结构及每个组成部分的作用。

8. 解释卷积核、步长及填充，举例说明卷积运算的实现过程。

9. 结合教材案例，调整案例中的参数，练习使用 IBM SPSS Modeler 实现神经网络分析。

10. 结合教材案例，调整案例中的参数，练习使用 R 语言实现神经网络分析。

自测题

参考文献

[1] Robert Grossman. Supporting the Data Mining Process with Next Generation Data Mining Systems. https://esj.com/articles/1998/08/13/supporting-the-data-mining-process-with-next-generation-data-mining-systems.aspx.

[2] JiaWei Han, Jenny Y. Chiang, Sonny Chee, etc. DBMiner:A System for Data Mining in Relational Database and Data Warehouses[J]. Proc.CASCON'97:Meeting of Minds, Toronto, Canada, 1997.

[3] 朱建秋.数据挖掘系统发展综述[EB/OL]. http://read.pudn.com/downloads91/ebook/ 351494/ 01.pdf, 2014-08-21/2019-03-04.

[4] Tim Mather, Subra Kumaraswamy, Shahed Latif. 云计算安全与隐私[M]. 北京：机械工业出版社，2011.

[5] Luis M. Vaquero, Luis Rodero-Merino, Juan Caceres, etc. A Break in the Clouds: Towards a Cloud Definition[J]. ACM SIGCOMM Computer Communication Review, 2009(1): 50-55.

[6] Lizhe Wang, Jie Tao, Marcel. Kunze, etc. Scientific Cloud Computing: Early Definition and Experience [C]. 10th IEEE International Conference on High Performance Computing and Communications, 2008:825-830.

[7] Peter Fingar. 云计算：21 世纪的商业平台[M]. 北京：电子工业出版社，2009.

[8] Michael Armbrust, Armando Fox, Rean Griffith, etc. Above the Clouds: A Berkeley View of Cloud Computing[EB/OL]. http://www.eecs. berkeley.edu/Pubs/TechRpts/2009/EECS-2009-28.pdf，2009-10-08/2019-03-20.

[9] 姚宏宇，田溯宁. 云计算大数据时代的系统工程[M]. 北京：电子工业出版社，2013.

[10] Usama Fayyad, Gregory Piatetsky-Shapiro, Padhraic Smyth. From Data Mining To Knowledge Discovery in Databases[J]. AI Magazine, 1996(17)37-54.

[11] CRISP-DM 联盟. CRISP-DM1.0 循序渐进数据挖掘指南[EB/OL]. http://image.sciencenet. cn/olddata/kexue.com.cn/upload/blog/file/2010/11/2010116111321210346.0%E3%80%8B.pdf, 2010-11-06/2019-04-21.

[12] JiaWei Han，Michelline Kamber，Jian Pei. 数据挖掘概念与技术[M]. 北京：机械工业出版社，2012.

[13] Siva Ganesh. Data Mining: Should It Be Included In the 'Statistics' Curriculum? [EB/OL]. https://iase-web.org/documents/papers/icots6/3l4_gane.pdf,2011-03-04/2019-02-18.